MIND TO
THE ASTONISHING SCIENCE OF HOW YOUR BRAIN CREATES MATERIAL REALITY
MATTER

思考が物質に変わる時

科学で解明したフィールド、共鳴、思考の力

ドーソン・チャーチ 著
DAWSON CHURCH

島津公美 訳　東京医科大学名誉教授 工藤玄恵 監修

ダイヤモンド社

MIND TO MATTER

by

Dawson Church

Originally published in 2018 by Hay House Inc., USA

Japanese translation published by arrangement with Hay House UK Ltd.
through The English Agency (Japan) Ltd.

推薦の言葉

科学はいまや「神秘主義」を語る言葉の1つとなった。宗教、古代からの伝統、宗教以外の文化、あるいは新たな時代の理想主義などに関する言葉を耳にした人の反応はそれぞれだ。

それでも科学がそれらを踏襲して社会ができあがっていることは事実だ。量子物理学、電磁気学、神経科学や神経内分泌学、エピジェネティクスなどの新たな発見の数々により、これまで神秘とされていたことへの理解が進むだろう。まずは、これまでの思考と現実の関係を見直し、それらの本質を解明することが必要になる。

新たな分野の研究には、私たちの未来への可能性が詰まっている。人間には一定の能力しか内在しないわけでも、遺伝子によって運命がすでに決定されているのでもない。むしろ素晴らしい適応力によって変化できる力がある。

新たなことを学ぶたびに、それまで気づけずにいた自分の可能性に気づき、その結果、自分が変化する。これを知識と呼び、知識を得れば、物事を自分の思うように生かしていくことができるようになる。これこそが「学習」であり、学べば学ぶほど、あなたの脳には新たなシナプス（神経活動の接点）のつながりができあがる。

本書には最新科学で明らかになった、わずか1時間集中して学べば神経のつながりが2倍強くなるという事実や、できあがった経路も繰り返し実践しなければたった1時間か数日で消滅してしまうことが語られている。学んだことを記憶しておくには、シナプスによって構築されたそのつながりを維持していくことが必要となる。

世界中の人々と行った実験で私が気づいたのは、人は何らかのアイディアなり情報なりを得て、それを周りにいる人々に伝えようとするとき互いの脳にも結びつきができることだ。そのつながりはやがて脳内に3次元的物質として広がっていき、さらに知識や経験を積み重ねたうえで必要なつながりをも構築していく。あなたが新たに得た知識を記憶にとどめて思考し続ければ、次にどんな経験をするかが決まる。自分が何をしているのか、なぜそうするのかを意識できるようになっていく。

今やただ知っているというだけでは不十分である。これまで自分が哲学や理論として学んできた知識を応用し、自分なりに解釈して実証していく時がきた。この先、あなたは、これまでとは異なる選択をし、実践することになる。自分の意図を明確にできれば、行動が意図と一致し、心と体がひとつになる。何をすべきかにきちんと導かれ、新たな経験に出合えば、脳内にはさらに経路が加えられていくことになる。それによって脳は進化し、進化した脳が化学物質を作り出す。

化学物質こそが情動を作り出している。自由、豊かさ、感謝、一体感や喜びなどを経験するたびに、それまで頭で理解していたことを化学物質によってあなたの体に伝えていることになる。知識は心に、経験は肉体に働きかける。今、あなたがたはこの哲学の真実を実践しようとし始めたところだ。

新たな遺伝子情報は周囲の環境からもたらされる。エピジェネティクスの分野でも明らかにされているように、取り巻く環境が新たな遺伝子を生み出し、ある経験は感情を引き起こすだけでなく、遺伝子にも伝わっている。遺伝子はタンパク質を生成し、タンパク質は肉体の構造と機能を司る。つまり、タンパク質は人生の出来事を創り出していると言える。

タンパク質の変化が、自分の運命を変え、体を癒すことにつながる可能性が大きい。やがて、ある経験をいつでもどこでも自分で創り出せるようにもなるだろう。

つまり心と体の意識を簡単かつ自然に一致させ、習慣づけてしまうのだ。習慣となってしまえば、自分の行動をいちいち熟考する必要もなくなり、習慣が潜在意識までしみ込んでくる。ここで初めて、知識を習得したと言える。

単なる知識で終わっていたことを実践し修得すれば知識は生かせるようになる。心から体、やがては魂にしみ込み、すべてを頭ではなく心で理解するようになる。素晴らしいことに、これは生物学的にも神経学的機能からしても、私たち誰もがなし得ることなのだ。

繰り返し努力をすれば、自分自身を変え、人生の可能性をも広げていくことができる。私がここで述べている可能性とは、心だけでなく肉体の不調もすべて癒すことができるということだ。

そうすることができれば新たな仕事に巡り合い、人間関係が広がり、チャンスにも恵まれ、新たに挑戦するべきことも生まれてくるだろう。創造力が身についたあなたには、シンクロニシティ（訳注：意味のある偶然の一致）や新たなチャンスが目の前に現れる。こうしてあなたは、人生の出来事に振り回されず、意欲的な人生の創造者へと生まれ変わることができる。

本書は、あなたには「今」を創り出す力が備わっていることを説いたものである。そして、内容を理解するにとどまらず、繰り返し実践しながら役立てれば、その努力は必ず報われるだろう。

主観的な考えが現実世界に影響を与えられることを科学的に説明するのは、決して簡単なことではなく、これに関する研究を見つけ出すだけでも大変な作業である。それでも私の親友であり仲間でもあるドーソン・チャーチは見事に本書を書き上げた。

ドーソン・チャーチについて簡単に紹介すると、彼に初めて会ったのは2006年、ペンシルベニア州フィラデルフィアの会合でのことであり、出会った瞬間に長い付き合いになるだろうと思われた。お互いの間に交わされたエネルギーが共鳴し、話し合うたびに、互いの共通点が多く、まるで雷に打たれるような刺激を与え合った。

以来、いくつかのプロジェクトで互いに協力してきた。

彼は、綿密な研究に基づいてエネルギー心理学に関する著書を何冊も出版しただけでなく、瞑想が脳に与える影響を数値化する研究チームに参加してくれ、自ら指導した研究についてはその意義を世に広めてくれた。

ドーソンは、私がメールや電話で「長期記憶にあるトラウマを乗り越えるにはどのくらいの期間がかかると思う?」と率直に質問できる人間だ。彼は何のためらいもなく、最も適切な資料について的確に答えてくれるだろう。まるでスーパーマーケットがどこにあるかを教えるぐらい簡単に。

ふと、私が一緒にいるのは普通の科学者ではなく、ずば抜けた頭脳の持ち主なのだと気がついた。

ドーソンはカリスマ性のある愛すべき、そして活気に満ちた人物である。彼と私は、人間とは本当はどんな存在なのか、そしてこの変化の時代に私たち人間には何ができるのだろうという課題に情熱を傾けて研究を続けている。

本書が素晴らしいと思えるのは、エネルギーと物質の関連のみならず、思考と物質世界の関係についての答えを得ることができるからだ。新たな概念を得た途端、私には世界が異なって見え、自分自身にも変化が感じられた。本書があなた自身や世界観を変化させるだけでなく、人生における自分の本当の可能性を実現できるように実践されることを願う。

もし、科学が新たな神秘学の言語だとしたら、その秘伝を現代でどう生かしていくかをドーソンから学んでいることになる。彼もまた、あなたがた自身がそれぞれのコツを見出して、思考は物質になると証明する存在になってほしいと望んでいる。

ジョー・ディスペンザ

思考が物質に変わる時／目次

第2章 エネルギーは物質化する

第4章 エネルギーがDNA、細胞を創る……138

第5章 共鳴した思考のパワー……178

第6章 シンクロニシティが起こる仕組み……244

第7章 思考は現実を超える

思考が物質に変わる時

序章　哲学が科学と出合う時

思考は現実になる。これは明らかな事実だ。

今、私は椅子に座っているが、まずこの椅子をどう作るかを誰かが詳細に思い浮かべたところから始まっている。誰かが、椅子の枠、素材、形、そして色と思考を巡らせて、椅子になった。

しかし、すべての思考が現実となるわけではないこともまた明らかな事実だ。私がどんなに望んだところで、アメリカンフットボールのナショナルチームのクォーターバックにはなれないだろうし、16歳に戻ることもなければ、映画「スタートレック」の宇宙船エンタープライズ号を操縦することもできないだろう。

思考が現実になる場合と、なり得ない場合の間には大きな隔たりがある。本書は、その「隔たり」の部分を模索しようとしたものだ。

私たちは、自分が持っている思考の力の限界を超えて、どんどん広げていけるようになりたい、できるだけ幸せで健康で、豊かで賢く、満ち足りて、創造力を活かし、人から愛されたいと望んでいると同時に、いつまでも現実とならない夢や思考を無駄に延々と重ねることは望んでいない。科学的基準に照らし合わせると、思考が現実となるか、なり得ないかの隔たりはかなり大きい。けれども、思考を意識的にコントロールできれば、普通では考えられないことを実現することもできる。

そして、現在どんどん広まってきている「思考が現実となる」という概念は、ただの哲学的概念だとされる一方で、スピリチュアルな指導者の中には思考には無限の力があると言う人もいる。人間の創造力には限界がある。明らかにただ頭の中で考えただけでは飛行機を作ることはできないし、エベレストの山頂への瞬間移動も鉛を金に変えることもできない。

けれどもエピジェネティクス（DNA配列には変化がない遺伝子機能を扱う学問）、神経学、電磁気学、心理学、サイマティクス（訳注：砂や水などで物体の振動や音を可視化する研究）、公衆衛生学、量子物理学の分野では、人の思考にはとてつもない創造力があることが示されている。民主主義も、水着も、宇宙旅行も、予防接種も、お金を手に入れることも、流れ作業のラインも、誰かがどうすれば実現するかに思考を巡らせ、そして現実となった。

科学者VS神秘主義者

通常、科学と神秘主義は、対極にあるものだと思われている。科学とは、実験的、実践的、経験的、物質主義的、客観的そして知的で厳格であるとされる。その一方、神秘主義は、精神的、抽象的、神秘に満ち、一瞬で変化するもの、人間の内面を扱う、再現不可能で主観的で不確実なもの、あるいは空想にすぎない、現実でない、いわゆる証明できない分野と表現される。科学は物質の世界を、哲学や神秘主義はそれを超越したものを研究する。

私自身は科学と哲学を別々の分野として区別することなく、神秘的なものにも科学的な研究にも進んで挑んできた。厳格な科学的条件下で「意識」を捉えようとすると、逆に神秘主義における「意識」が映し出されることがある。

人間の思考の力には、科学で証明されたこと以上の部分があるはずだ。本書では、思考がいかにして現実となって現れるかを示した研究を段階的にたどっていく。そしてさまざまな疑問に対して、科学には哲学や神秘学以上に驚くべき答えが含まれていることに気づくのだ。

本書では思考が現実化した事例を、多数紹介している。医学、心理学、スポーツ、ビジネス、そして科学的発見にまで及び、時に感動的だったり、時には心の痛むものだったりするこれらの事例は、私たちが存在する時空が広がって思考が現実となったことを示すものである。

証拠は連鎖して現れる

拙書『The Genie in Your Genes』（未邦訳：遺伝子の中の精霊）の原稿締め切り日が迫っていた2004年のことだ。感情によって体内の遺伝子が働いたり働かなくなったりするという題材はとても興味深いものであったが、当時、一人で子育てをしながら2つの仕事をかけもちしていた上、博士号取得のための研究にも時間を割いての執筆はかなり厳しい状況だった。そこで、集中して執筆しようと思い立ち、カウアイ島の海辺にあるコンドミニアムを予約し、海に潜るシュノーケルの道具を積んでおけるように4輪駆動のジープも借りた。

ある晴れた日、私はビーチに出かけた。全長150メートルほどの砂浜から90メートルほど沖合にできた砂州はウミガメの生息地でもあり、熱帯魚が元気に泳いでいる私のお気に入りの場所だ。私はシュノーケルの道具を車から出して鍵をかけ、ポケットに鍵をしまうと海に飛び込んだ。

1時間も泳いだだろうか、ゴーグルと足ヒレを水で洗って車に戻り、ポケットを探ると、鍵がない。私は来た道を丹念にたどって鍵を捜したが、何往復しても見当たらない。となると、海中に落としたに違いない。キーリングには、車の鍵と一緒に滞在していた部屋の鍵もつけていたので、私は車からも部屋からも閉め出されてしまったのだ。とにかく鍵が自分のところに戻ってくると思うことに集中して、鍵を捜しに海に潜った。絶対に鍵を見つけてやると思って。

私が泳いでいたのは、およそ12メートル四方で、色とりどりの珊瑚が生息する深さ3～4メートルほどの海底で鍵のような小さなものを見つけ出すなんてとても不可能に思えたが、それでも丹念に何度も行き来しながら鍵を捜し続けた。頭では馬鹿らしいことをしていると思いつつ、心を柔軟に開いておくようにと自分に言い聞かせ、パニックに陥りそうになるたびに意識をその心に向けた。

1時間も捜し続けただろうか、日が暮れ始めてあたりが暗くなってくると、どんどん視界が悪くなり、やがて海の底の珊瑚もはっきりとは見えなくなってきたので、仕方なく捜すのをあきらめて岸に戻った。

日が暮れたビーチには人影もほとんどなくなっていたが、近くにシュノーケルを楽しんでいる父親と息子たちを見かけた。彼らはずっと、代わる代わる海底まで泳いでは海面に上がるのを繰り返していた。直感が働いた私は、彼らに近づいて、「海底で何か見つけませんでしたか？」と尋ねてみた。すると、一番幼い子どもが、私の鍵を差し出したのだ！

こうして鍵が見つかったことも論理的に説明できるのではないだろうか。鍵を捜しまわっていた私は、たまたま少年が鍵を見つけ出してくれたことを知るまで泳いでいただけであり、その家族はたまたま鍵が沈んだ場所で潜り始め、その少年は落ちていたキーリングをたまたま見つけただけだと思えば、すべてはただ、偶然が重なっただけだ。

けれども何十年もこれと同じようなことを何百回となく繰り返し経験したことがあるとすれば、逆に自分の心のほうを考え直さなくてはならないだろう。果たして自分が望んだ結果が出るまで多くの偶然が重なる確率はどのくらいなのだろう、と思うようになった。この経験が、思考と現実の間にあるつながりを科学的に証明したものがないかを調べるきっかけとなったのだ。

数多くの臨床実験を行っている学術誌「エネルギー心理学」の編集者で「ハフポスト」紙の科学ブロガーでもある研究者が書いた研究記事を年に何千も読み続けていると、偶然と思える出来事にはパターンがあることに私は気づいた。そして思考と現実の間には鎖のようなつながりが数多く存在しており、科学的にもその事実を証明できるのではないかと思うようになった。

確固たる証拠のある1つひとつの点のような出来事につながりを見出そうとした者が、これまでいただろうか？

思考と現実をつなぐ鎖が強い時とは？　逆に、そのつながりが切れてしまうのはどんな時だろう？　もし、単なる仮説ではなく、思考の持つ力でそれが現実となる科学的証拠を探し出せば、これらの現実をうまく説明できるのだろうか？

科学的分野の第一人者がこの問題を取り扱った研究や対談の中にその答えがないかを探り始めた私は、その証拠の数々が、散らばった真珠のように誰にでも見つけられそうな砂の中に隠れていることを知って心が躍った。こうした事実を集めて、「ネックレス」にした人が今までいなかっただけだ。この分野を取り扱った比較的新しい発見の中から、最初に私が拾い上げた真珠は、誰にでもすぐに見つけられるようなものだった。

ノーベル賞受賞者であるエリック・カンデル医師は、脳から神経束へと信号が伝わると、その神経束が急速に成長することを証明した。同じ刺激をわずか1時間繰り返すだけで、脳は神経活動を伝える通路を瞬時に書き換え続け、神経束の伝達力は2倍になる。意図的な思考や感情がこのように変化した神経によって伝えられることが、遺伝子の発現を促すきっかけとなる。そして、その遺伝子が細胞中のタンパク質合成を誘発するが、この細胞内の出来事は、精巧な脳波計やＭＲＩといった精密な医療測定画像機器で測定可能な微小な電磁場を作り出す。

11次元の宇宙

さて、次の「真珠」の粒、量子物理学の世界を先ほどの発見とつなげるのはちょっと厄介だ。量子物理学の世界は、私たちがこれまで捉えてきた空間と時間の感覚を不思議なほど混乱させる。「ひも理論」では、私たちが物体として捉えているものの実際はエネルギーが弦のようにひも状につながったもので、質量計測可能な分子も素早く動くエネルギーがひも状に連なったものであるとする。

これまでの物理学で４次元とされてきた宇宙が、ひも理論では11次元となる。４次元を捉えている脳が、11次元の世界をどう捉えるのだろうか？　つまり、意識という「真珠」のようなものをつなぐものもエネルギーということになるが、アルベルト・アインシュタインによると、「人間は宇宙と呼ばれているものの一部であり、時間と空間の制約を受けている。人は自分の思考と感覚が他と切り離されていると思っているが、これは意識が作り出す視覚的な妄想の一種である」という。そして、このことを「時間と空間という縛りから解き放たれて拡大した意識では、すべての生き物や自然をそのまま受け入れられるようになる」と言い換えてもいる。

私たちの意識は宇宙のエネルギーと互いにつながっているのだ。

医師ラリー・ドッシーは、自然全体を包み込むまでに広がった意識を「高次元の心」と呼ぶ。私たちは、ある限られた場所に在る心で現実を生きているが、高次元の心というもっと広大な意識とも無意識につながっている。海に落としてしまった鍵が見つかった時のようなシンクロニシティに出会うと、人の心は高次元とつながっているということを思い出す。ドッシーは、心が高次元にあることを示す確固たる証拠を見つけ出し、私たちの互いの心は、協調性を持ちながら生きていくことができると主張する。

私たち人間は何を意識して選ぶか、判断できる。ノーベル賞受賞の物理学者ユージン・ウィグナーは、「自分自身が外の世界を研究し続けると、意識していることが現実化するという結論に行きついた」と述べている。

意識をどう定義するかには諸説あるが、私が最も好きなのは「注意が向いていること」という最も単純な説明だ。私たちが、「どの方向に注意を向けているか」という意識が、瞬時に私たちの体内の原子や分子に大きな影響を与える。意識が周りの環境に実際に影響を与えることは科学的にも証明されており、意識が変われば周りの環境も変化する。

こうして本書の執筆中、私は丹念に研究を重ねて「真珠の粒」を集め続けた。まるで海の底で見つかった鍵のように、次々と新たな証拠となるものが偶然にも私の目の前に現れた。それを順序よくつなぎ合わせてみると、思考が現実になることを科学的に説明できることに気づいたのだ。

これから、エピソードや分析のための実験や研究、事例や逸話を通して、思考があなたの周りの物質界をどのように作り上げているかを細かくたどっていくことにしよう。きっと自分にも創造の力があり、思考が現実になると認識でき、思考を豊かにすることで現実を創造していくことや意識の在り方をどう作り上げていけばいいかもわかってくるだろう。

自分の意識を変えるだけで創造する現実がどれだけ変わり、体内の細胞内の分子から、家族、社会、国、そして地球、宇宙へと、いかに壮大なスケールで物事が働いていくかがわかるだろう。そして、どこにでも伝わるあなたの意識が、次々と物事を創り出しながら、壮大な創造のダンスに参加していることもわかるだろう。これがわかれば、私たちが捉えている現実の限界を壮大に広げていくことができると気づく。

どこにでも伝わる自分の心と、どこにでも伝わり広がっている人々の意識をひとつにすれば、これまで想像もできなかった夢のようなことさえ創造していけるのだ。

第1章 脳はこうして世界を創る

脳は、肝臓や心臓など他の器官と同じで、全体的な形や構造は決まっていて変化することはない。1970年代の理科の授業では、脳は17歳頃まで成長を続け、成長した後は神経ネットワークによって日常の多くの事柄を調整しつつも、一生変化することがないとされていた。

私たちは、意識とは何か、ある程度はわかっているつもりでいる。比較的単純な神経節を持った昆虫のような生き物の脳は、どんどん複雑化して、やがて思考が生まれる人間の脳の前頭前野まで進化してきた。1970年代の科学者にとって、意識とは複雑化した脳の二次的副産物だとされていた。人間は、詩を詠み、歴史を書き残し、音楽を作り、微積分もこなすが、それができるのは頭蓋骨の中に閉じ込められたままの脳が生み出す意識の力だとされていた。今や多くの科学者が、かつての教科書に書かれていたように脳が変化しないなどあり得ないと知っている。

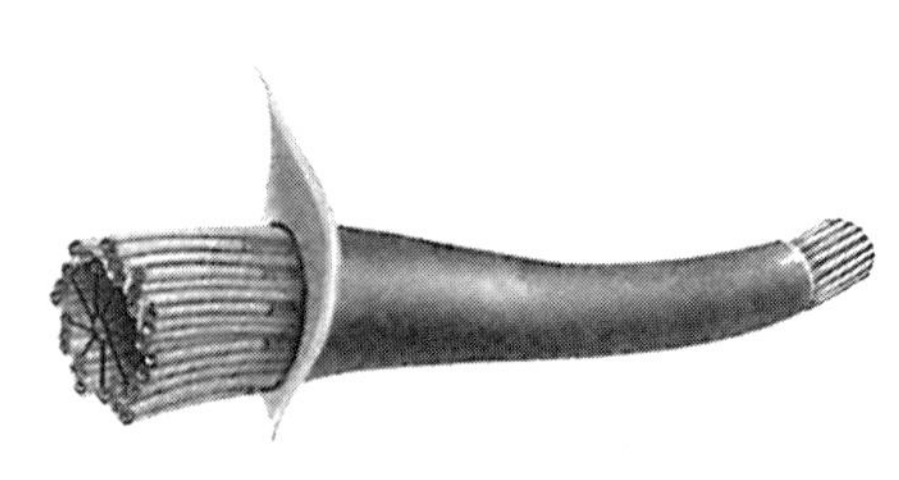

微小管は、細胞の構造を強固なものにする

脳は、私たちが目覚めていようが眠っていようが、分子や細胞を形成したり破壊したりしながら、まるで沸騰しているかのように活発な活動を常に繰り返している。[1] そして、神経細胞の構造さえも常に変化しているのだ。

細胞中の微小管（訳注：直径約25ミリの管状の構造で、主にチューブリンと呼ばれるタンパク質からなる細胞骨格の一種）は構造を強化するための建物の梁と同じような役割をしているが、脳神経細胞内の微小管は、製造されて消滅するまでわずか10分の寿命しかない。[2] つまり、私たちの脳が、ものすごいスピードで変化している間、頻繁に情報や信号が何度も繰り返し伝わった神経束はさらに成長して、その神経路は強化される。まるで、ボディービルダーが重い負荷をかけて筋肉を増やすように、神経路も使えば使うほど成長する。

神経伝達の速度

1990年代、伝達が繰り返されると神経路の伝達速度は80歳代になっても進化するという驚くべき発見が、神経科学者の研究で公表された。1998年11月5日、「サイエンス」誌に掲載された「今週のニュース」のヘッドラインを飾ったのは「脳内ニューロン再生への新たな手がかり」という文字だった。[3] この神経路の伝達速度についての発見は、科学的常識に世界的激震をもたらした。神経

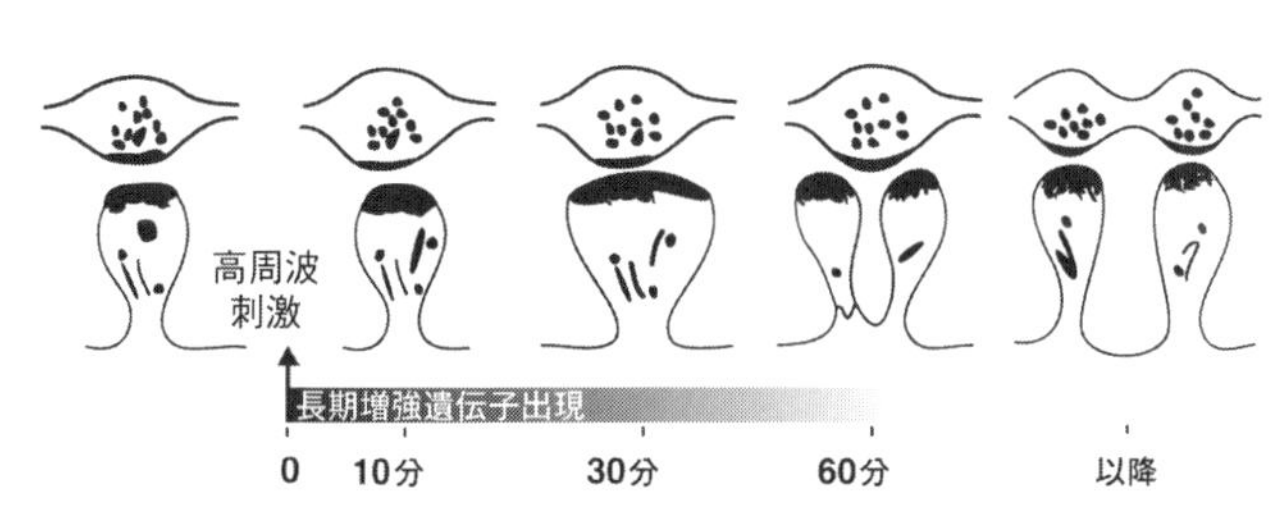

繰り返される刺激が1時間続くと、信号の通り道である神経の接合部分のシナプスの数が2倍になる

束の中の神経がたったの1時間繰り返し刺激を受けただけで、シナプス接合部分の数が2倍になるというのだ[4]。

この現象を家にたとえれば、電気のスイッチを1時間も入れたり消したりを繰り返せば電気回路に流れる電気が2倍になる、ということである。つまり、頻繁に電気を使う部屋に向けて必要なパワーが他のところから得られるように電気回路が変化することになる。

体内でも同じことが起こっている。逆に今ある神経路を3週間も使わずにいると、体内ではより使用頻度の高い神経路を構築する原材料確保のために、その不活化した部分は除去され始める。

最も使用頻度の高い領域

このような神経路の柔軟な変化は、機械操作や知的作業を新しく習得しようとする時に顕著に表れる。たとえば、あなたが地元の大学で開かれている大人のためのクラスでロシア語を学んでいたとしよう。授業が始まって1時間もすれば、あなたはすでにいくつかのロシア語の単語を学ぶことになり、1年もすれば、あまり苦労せずとも簡単なロシア語の文章を話せるぐらいの神経束ができあがることだろう。

また、自分の退職金年金プランを眺めてみると、あなたの担当のファンド・マネジャーが、年２％は退職金を増やしてくれていると気づく。だが、もっと儲けられるのではと思ったあなたが、自分で運用してみようと株式市場投資のオンラインコースを取ってみたとしよう。最初は使われている専門用語さえまったくわからないだろうし最初のうちは利益を出せないかもしれない。だが数か月間チャートを眺め、投資ニュースを読んでいるうちに、自信がついて上達するかもしれない。

新たな言語を学ぶにせよ、趣味を極めるにせよ、新たな人間関係を築くにせよ、転職に取り組むにせよ、瞑想を始めるにせよ、脳内神経路の構築と除去は常に続いている。何か新しいことに取り組んでいる間は、最も使われている神経路の許容量が増え、逆に古くなった神経路が衰えていく「シナプス刈り込み」が起こり、やがて最も活動している神経路は脳内全域に広がる。

現在では、ＭＲＩスキャンで人間の脳の各領域の大きさを測ることができるが、ロンドンの町中の複雑な道路を走り回るタクシーの運転手をはじめ記憶したものをよく使う人々は記憶や学習を司る海馬という脳の領域が通常より大きいことがわかった。一方、ダンサーは自分の姿勢、体の各部位の位置、方向、そして動きを完璧に把握する脳の領域が発達している。

ロシア語のクラスに入ろうか、チェス倶楽部に入ろうかなど、あなたは意思の力で常に選択を繰り返しながら、同時に脳のどの領域を活発化させるのかをも決めていることになる。そうして選択した脳の神経路はどんどん強化され、脳の状態を作り出すこととなる。

マインドフルネスで変化を見せた脳

心が軽くなるとされている瞑想などの手法の効果に疑いを持っていたオーストラリア人天体物理学者でテレビ・ジャーナリストでもあるグラハム・フィリップスは、自ら瞑想を試してみることにした[5]。

瞑想での実験を始める前に、彼は生物心理学教授ニール・ベイリー博士と臨床心理学者リチャード・チェンバース博士率いるオーストラリアのビクトリア州立モナシュ大学チームによる記憶力、反射能力、集中力などの一連の検査を受け、ＭＲＩで記憶力、学習能力、運動能力、感情コントロール力などを中心とした脳の各領域の大きさも調べられた。

フィリップスはマインドフルネス瞑想を開始してわずか2週間後、ストレスが減り、仕事や私生活でのトラブルにうまく対処できるようになっている自分に気づいた。彼によると、「ストレスを受けていることに気づいても、その現象に飲み込まれないでいられるようになった」という。

8週間後、彼が再びモナシュ大学でベイリー博士とチェンバース博士に一連の検査を受けてわかったのは、脳の全体の活動が減少しているにもかかわらず、脳の作業効率は向上していることだった。神経活動が全体的に抑えられたまま、より多くの仕事をこなしエネルギー消費も少なくなったことになる。

また記憶力も向上しており、予期せぬ出来事に対する反応速度が約0・5秒も速くなっていた。

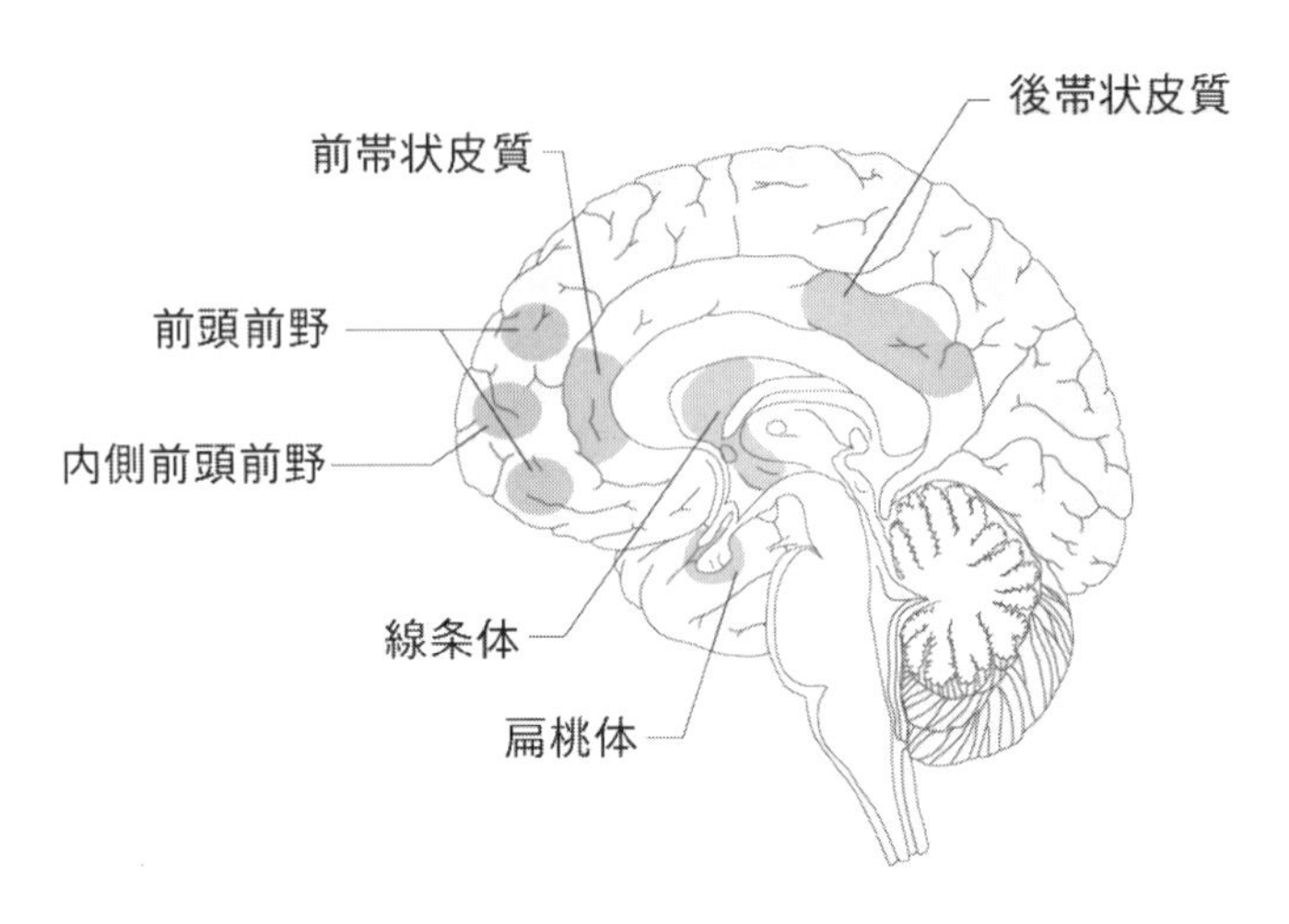

瞑想で増大が見られた脳領域

フィリップスの感覚では、混雑している通りを運転中、急に歩行者が飛び出してきても以前より速く反応できるようになった。

脳の海馬領域の大きさの測定検査では特に、私たちが何らかの作業を中断した時に活性化して働く海馬の一部、歯状回の大きさが22・2%も増加したことがわかった。こういった変化は、脳がいまだ成長中とされている若者にはしばしば見られ、成人してからは一般的にあまり変化しないとされている。

フィリップスの脳の示した大きな変化は、感情をコントロールする力が増大したことを示しており、現に心理テストでは認知能力が大幅に向上していた。

瞑想が脳の構造を変化させることは、数多くの研究でわかっている。

「ネイチャー」誌の神経科学の特集では、フィリップスと同様、マインドフルネス瞑想開始前後でMRIで脳の各領域を測定した21の研究が取り上げられている。そして、「瞑想法の効果が脳のさまざまな領域で見られ、脳内のネットワークに大規模な影響を与える」という研究結果により、神経は瞑想によって成長するという確固たる証拠が認められ、同じような効果が次々と現れているとしている。

その記事には、「集中力（前帯状皮質および線条体）、感情抑制（前頭前野、大脳辺縁系、線条体）、自己認識（島皮質、内側前頭前野、後帯状皮質、楔前部）」に関する領域の増加が見られたと書かれている。[6]

感情コントロールは何をもたらすか

フィリップスの脳のように、あなたの脳も常に書き換えられながら、あなたが使っている脳の領域の許容量が増大しているのだ。

つまり、意識の方向が変われば脳内の新たな神経路に情報が流れ始め、それによる新たな行動に即して神経路が書き換えられ、再構築される。

ここで少しだけフィリップスの話の要点を挙げておこう。

- 感情コントロールを司る脳の領域の大きさが22・8％増加した。
- 脳の反射能力が強化されて、記憶力が増し、認知力が向上、行動力も改善された。
- 脳がリラックスして、エネルギー効率が上がった。
- この変化には、わずか8週間しかかからなかった。

■この間、薬物やサプリメントの服用、手術もせず、生活パターンの変化もほとんどなく、マインドフルネスを行った。

神経路が22・8％も増大し、感情コントロールが脳内でうまく処理されるようになったらどんな変化が起こるのだろう。感情コントロールという言葉自体が何を指すのかわかりにくいが、日常生活に多大な影響を与えるので、うまくコントロールできれば一般的に次のような事柄を難なく回避できると言われている。

■職場の同僚から感情的な影響を受ける
■配偶者の言葉や行動に悩まされる
■予期せぬ音や光景に驚く
■わが子の問題行動に悩まされる
■政治家の言動が気になる
■人混みの中で立ち往生する
■ニュース報道が気にかかる
■自分の外見や能力が気になる
■勝負にこだわる、他人と争う
■株や投資、経済的な困難

- 周りの人がストレスを抱えていると、自分も冷静でいられない
- 太刀打ちできなかった経験の影響を長く引きずる
- どれぐらいお金を持っているか、あるいはこれからの収入が気になる
- 他人の車の運転が気になる
- 年齢を重ね、体型が変化することが気になる
- あなたと異なる他人の意見が気に障る
- 自分が思い描いたような生活が送れているかどうか悩む
- 親の考えや言葉
- 列に並んで待つことや、欲しいものがやって来るまで待てない
- 芸能人やセレブをうらやむ
- 自分の時間や注意を奪うような人がいる
- 自分が所有しているもの、していないものが気になる
- 親戚づきあい
- 日常生活での災難
- 昇進、報酬など自分の望むものが手に入るかどうか
- その他あなたをたびたび悩ませる事柄

こうした困難をうまく処理できる能力が飛躍的に向上し、あなたの幸福を脅かす事柄を避けられ

るような脳を持てたら、と想像してみてほしい。瞑想をすることで、ある瞬間を自分がどう感じるかに影響を与えられるだけでなく、未来を左右する脳に刻まれたあなたの性格を永遠に変えてしまうことだってできる。瞑想によって促されるポジティブな性格によって、広告に惑わされず、他人への同情心を持てるようになる、自分に対しても深い思いやりが持てる、といった効果がある。[7]また、自制心が強くなり、感情の奴隷になることなく制御できるようになるとされる。

1972年に行われたスタンフォード大学でのマシュマロ実験と呼ばれる研究では、子どもの自制心がその対象となった。子どもの前にマシュマロを置き、それを15分間食べずに我慢できたらもう1つマシュマロをあげる、という約束のもと、子ども一人を部屋に残して観察が行われた。すぐにでもマシュマロを食べたいという欲求を我慢できた子どもは、それから30年後の追跡調査の結果、さまざまな面で豊かに暮らしていることがわかった。彼らは大学入試の成績もよく、経済的にも恵まれ、幸せな結婚生活を送り、体重インデックスBMIも低く、中毒症状に陥っている者はわずかだった。[8]

また、感情をコントロールする時に働く脳の領域をMRIスキャンで調べると、同じ領域が情報を短期間保って作業をこなす能力をも司っていることがわかった。[9]この能力には、自分が取りかかっている作業に集中し、必要な情報とそうでない情報を振り分けることができる認識力が含まれている。感情が乱れると、認識力の神経路が切断されてしまうので、意思決定がしづらくなる。感情コントロールが効果的にできれば、フィリップスのように感情抑制が利くようになり、結果的に脳の記憶のための経路が解放されて、日々を賢明に過ごすことができるようになるだろう。

日常にある素晴らしい能力

　この力は、あなたが日常的に発揮することができるもので、一瞬一瞬の意識をどう使いこなすかを変えることで、脳の神経路も変えることができるようになる。思考を意図してある方向に向けると、その思考があなたの脳内の細胞となって現れる。

　映画のヒーローが自分の思いのまま姿形を変える場面を観て驚くが、あなたにも今この瞬間に、ヒーローたちのように脳を変えてしまう力が備わっているのだ。あなたが何かを思いつき、それに思考を向けるたびに、脳内に新たな神経路を作るよう信号を出していることになる。

　だから、思考をただあちこちに巡らすのではなく、意識できるようになれば、神経組織の構造を意図的に変化させていけるようになり、数週間後にはあなたの脳はすっかり変化していることだろう。そして数年もすれば、当たり前のように愛や平和、幸福という信号を出し続ける脳を作れるようになる。こんなことは漫画や映画の中だけでなく、日常で起こりうるのだ。

　あなたは脳の神経路を変化させながら日々を生きているのだから、人生が好転するようなプロセスが生まれるようにしよう。ＰＣやスマートフォンをアップデートするように思考を変えれば、あなたの脳もアップグレードされ、思考が現実化する。

伝導体が作り出すエネルギーフィールド

作動中の装置のコードに電気が流れているように、脳内の神経路にもわずかな活動電位が流れていて、その周りには結果的にエネルギーフィールドが出現する。MRIや脳波計は脳のエネルギーフィールドを読み取る装置であり、MRIは磁界、脳波計は電界を読み取る仕組みになっている。コインの表裏のように切り離せない磁界と電界の研究は電磁気学と呼ばれている。

電気や磁気だけでなくさまざまな形をとるエネルギーで脳と思考は常に相互に関わっている。そんなエネルギーの形の1つが光の粒子フォトンだ。すべての生体組織からはフォトンがさまざまな方法や強さで放出されており、もちろん細胞1つひとつからもフォトンが放出されている。健全な細胞からはフォトンが安定して放出され、崩壊の際(きわ)にある細胞からは、超新星から放たれる放射能のようにフォトンが一気に放出される。

生物学的シグナルを発するフォトンや電気、磁気はエネルギーフィールドを作り出している。

生物学者ジェームス・L・オスチマンは、「エネルギーとは、自然界のすべてのやりとりを示す流れである」としている。(10)

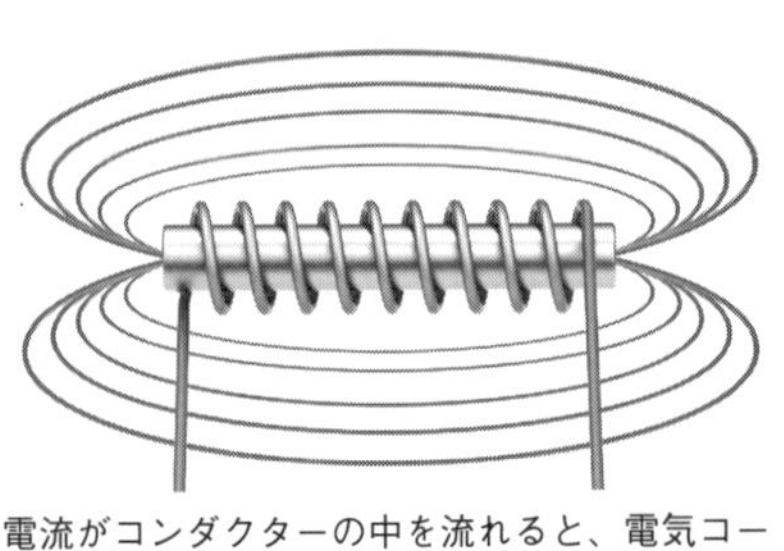

電流がコンダクターの中を流れると、電気コードでも神経であってもコンダクターの周囲には磁界が生まれる

細胞内のアンテナ

ここに2つの磁石があるとしよう。その周りに砂鉄を振りまくと、2つの磁石で作られたエネルギーフィールドの線が現れる。

そこで、もっと大きな磁石をその2つの磁石に近づけてみよう。すると大きな磁石が砂鉄にさらなる影響を与えて、フィールドの形そのものが変化し、さらに大きな磁石を近づけると、フィールドはまた変化する。フィールドの中にフィールドができあがると、エネルギーの流れが複雑化するが、脳内の神経はそんな状態なのだ。

磁石が砂鉄を左右対称に並べるように、脳内の神経路が作り出したフィールドが周りにある物質を形作る。

地球の引力という、より大きなフィールドは、まるで大きな磁石のようにあなたの体内のフィールドに影響を与えている。また体内のフィールドが脳や細胞の働きに影響を与えながら同時に体も、より大きなフィールドに対してわずかな影響を与える。つまり、より大きなフィールドによって影響を受ける私たちの体は、同時により大きなフィールドに影響を与えてもいるのだ。

また、一般的にあなたの体から放出された電磁波は、およそ5メートル先まで影響を与えることができるとされているので、もし他の誰かと5メートルほどに接近したら互いのフィールドが影響し合い始めることになる。人は互いに言葉を交わすことなく、目には見えないエネルギーのフィー

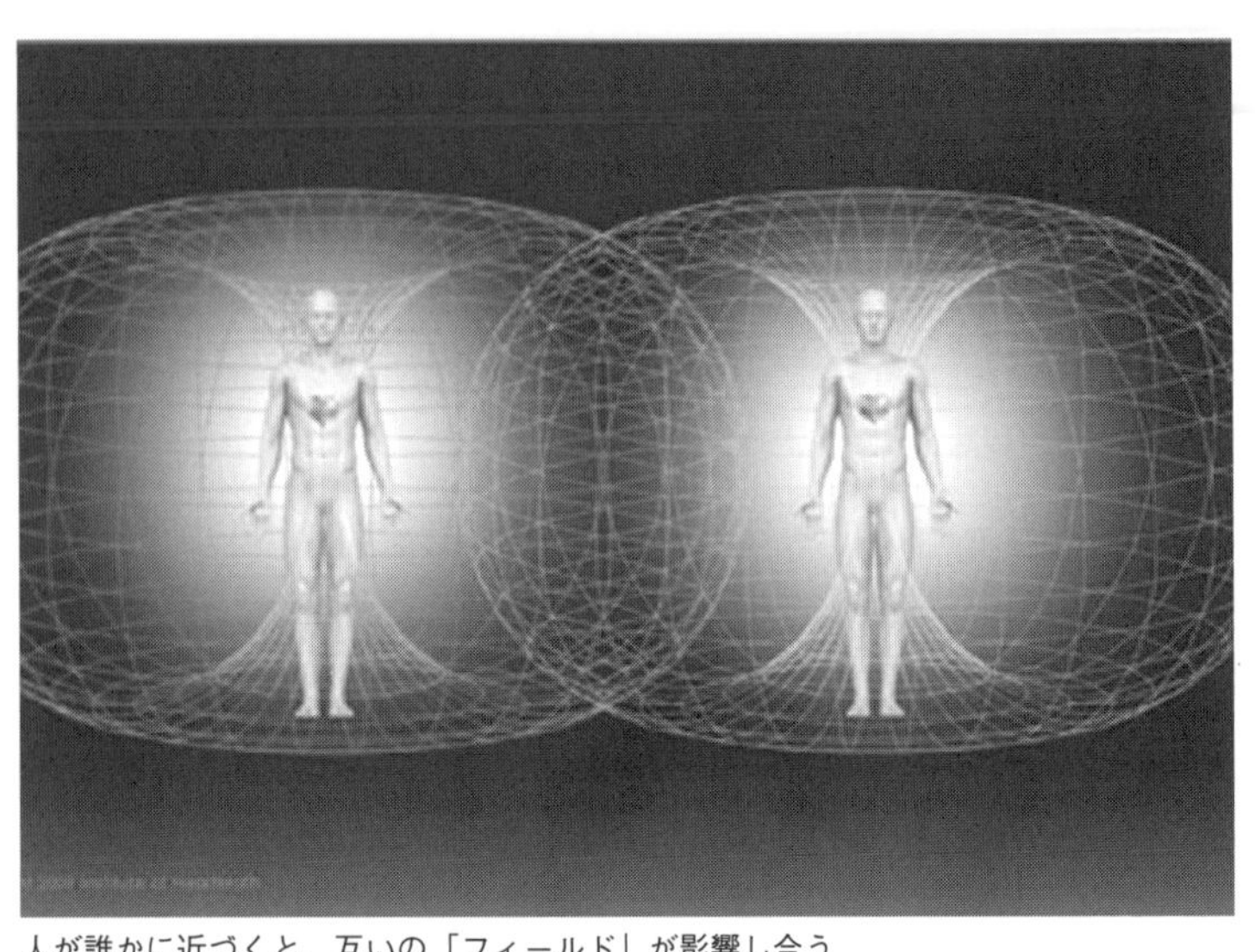
人が誰かに近づくと、互いの「フィールド」が影響し合う

ルドで実際は互いにコミュニケーションをとっている。まるで一緒にダンスをしているかのようにエネルギーフィールドができあがっていく。[11]

建物の足場のようにあなたの体のそれぞれの部位にしっかりとした構造を作り上げている微小管は実は数十年もの間、単なる細胞の構造の1つとしか見なされてこなかった。ところが、長い円柱状で内部が空洞の微小管は、ドラムのように敏感に共鳴し、またエネルギーフィールドからの信号を受け取れるようになっていることがわかった。[12]微小管を通して伝わる信号は、体の複雑な構造を作り上げている何兆個もの細胞間の調整を促しているのだ。[10]

シャーマンと心臓外科医

肉体の放つフィールドは、距離的に離れた場所でも相互に影響し合う。心の癒しに関する本を書こうと研究をしていた私に、元心臓病患者だったリチャード・ジェシーが次のような話をしてくれた。[13]

「１９９０年代当初、カナダのトロントに滞在していた私は、疲労感と倦怠感を感じて医師を訪ねました。心電図を取ると、心臓に深刻な問題があることがわかり、医師からできるだけ安静にして頑張り過ぎないようにし、常にニトログリセリンを持ち歩くようにして一人では絶対に外出しないようにと言われました。

それから3日間、さまざまな検査を受けると、ことごとく異常が見つかり、深刻な動脈内閉塞症と診断されました。検査には血管造影法やトレッドミルのストレステストも含まれており、測定用の自転車をこいでいる途中で係の人に止められる始末でした。何しろ血管の閉塞が深刻な状態で、検査室で死んでしまいかねなかったのです。私は緊急患者として、すぐに心臓のバイパス手術を受けることになりました。

手術の前日、これまでより気分よく目覚めた私は、病院へと向かい、血管造影法の検査を受けました。その造影図をもとに外科医はすぐに手術箇所を特定し、手術に向けて私の胸毛を剃り、医師がメスを入れる場所に印をつけようとした時でした。

検査室から送られてきた新たな血管造影図をのぞき込んだ途端、担当医が慌て始めたのです。そして、『血管の閉塞はどこにも見当たらず、自分の血管もこれほどきれいだったらと思うほどの状態だ』と言うのです。医師は、これまでの検査でなぜ深刻な問題ありという結果が出たのか、まったく説明ができませんでした。

あとでわかったことですが、カリフォルニアにいる友人で、アメリカ先住民ポモ族のシャーマンであるロリン・スミスが、私が心臓病になったと聞いて、私が2度目の血管造影図を撮った前日に弟子を集めて癒しの儀式を行ったそうです。儀式参加者から選んだ一人に、『君の名はリチャード・ジェシーだ』とみんなで声に出して称すと、彼に向かって数時間にわたり、ロリンをはじめみんなで歌い、祈り、踊ったそうです。その翌日、私の病気は治ったことになります」

それから13年後の経過観察でも、ジェシーの健康状態は良好だった。このような遠隔治療は、データ上でもはっきりと効果が見られると記録されている。(14)

意識の流れる方向

シャーマンであるロリン・スミスが癒しの意識を送ったように、あなたも意図的にある方向に向けて意識を送ることができるものなのだ。あなたが自らの思考のパワーで意識を向けて、脳の素晴らしい働きを活性化させれば、自分の周囲にも影響を与えることができる。(15)

思考が現実を創り出しているのだという目で、自分の周りを見回してみよう。たとえば絨毯は、まずは誰かが完成品を頭の中で思い浮かべ、それからどうやったらその色合いや織りを出せるかを考えた人がいる。あなたが使っている携帯電話やノートパソコンも、まずはこんな形にしようと決めた人がいるはずだし、住んでいる家のどんな部分も、まずは家が建つ前に大工がどう組み立てるか意識を働かせるところから始まっている。

　また、私たちが日々使っているスマートフォンやノートパソコンといった電波受信装置では、周囲に電波を送るルーターを通じて情報が交換される。ルーターによって生じる目には見えないエネルギーフィールドの範囲内にあなたのノートパソコンがあれば、それで情報が交換できる。

　同じように脳、心理状態、細胞、意識などすべてが自分の周りの「フィールド」に信号を送り出している[10]。

　このことを天才的発明家ニコラ・テスラが次のように言ったとして、しばしば引用される。

「宇宙の秘密を知りたければ、エネルギー、周波数、振動といった観点から物事を考えなくてはならない」

　あなたが意図的にある案を生み出すと、同時に宇宙に向かっても信号を発していることになり、その信号を送り出すのに必要なハードウエアが脳、ソフトウエアは意識ということになる。人は通常、神経を通って伝わる信号でエネルギーフィールドを作り出すが、そのエネルギーフィールドはその人がどんな意識を持っているかで変化することから、癒しの意識もフィールドを通じて相手との距離に関係なく影響を与えることができるのだ。

ネズミから消えたがん

　私の友人で同僚でもある、セント・ジョセフ・カレッジの社会学教授ビル・ベングストンは、癒しの意識の持つ潜在的エネルギーフィールドの存在を証明する実験にチームで挑んだ[16]。

ビル自身も1971年に社会学の学位を取り終えた当初は超自然的な力の存在を信じていなかったが、ヒーラーのベネット・メイリックと出会って、疑いながらもまずは偏見なく調べてみることにした。

そんなある日、突然ヒーラーのベネットが「君の車の調子がおかしい」と言った時、ビルは内心がっかりした。たまたまその前日に点検してもらったばかりの車には何の不調もないはずだったのだ。だが、ビルが帰宅の途中に、車の排気システムが故障してしまった。

以来、数年越しの付き合いとなった二人に、ついにベネットの才能を科学的に証明する機会がやってきた。ニューヨーク市立大学に在籍していたビルと同じ学部に、人の持つエネルギーが癒しをもたらすかどうかを客観的に測定する実験方法を発案した友人、デイヴ・キリンズリーがいた[17]。

キリンズリーの実験方法はいたってシンプルで、ネズミに乳がん、腺がんを植え付けてがんを誘発したのち、さまざまな化学物質を投与しながら病気の経過を観察するという手順だった。

それまでがんが植え付けられたネズミが生き延びた最長記録は27日で、がんの腫瘍は植え付けた直後から急速に大きくなり、ネズミは通常14日から27日で死に至る[18]。

実験でネズミはまず、無作為に対照実験グループと実験対象グループの2つに分けられ、対照実験グループは送られてくる癒しの意識の影響が及ばないように、異なる建物に隔離されることになっていた。

ところが、不運にも実験用のネズミが研究所に予定通りに届かないことが度重なり、最後にはベネットが実験に対する興味を失ってしまったので、キリンズリーはベネットではなくビルが自分で癒してはどうかと提案した。ようやく研究所に届いたネズミにがんを植え付けると、毎日1時間、ビルがネズミの入ったかごを手に抱えるという形で実験を行った。

もし癒しのエネルギーが本物ならば、通常の速さでネズミの腫瘍が大きくなることはないというのがビルの仮説だった。そして、実験開始から1週間もしないうちに実験対象のネズミ2匹の腫瘍が目に見えるほどの大きさになった。やがて5匹のネズミすべてに腫瘍が現れると、ビルは実験は失敗だったとして、悲惨な状態のネズミを救ってほしいとキリンズリーに頼んだ。そこで、キリンズリーが確認してみると、ビルが治療を施したネズミは腫瘍があるにもかかわらずかごの中を走り回るほど元気で、健康なネズミとまったく同じような行動を見せていたのだ。一方、もう1つの実験室に置いた対照実験のかごの中のネズミの健康状態はあまり芳しくなく、うち2匹は死んでしまった。

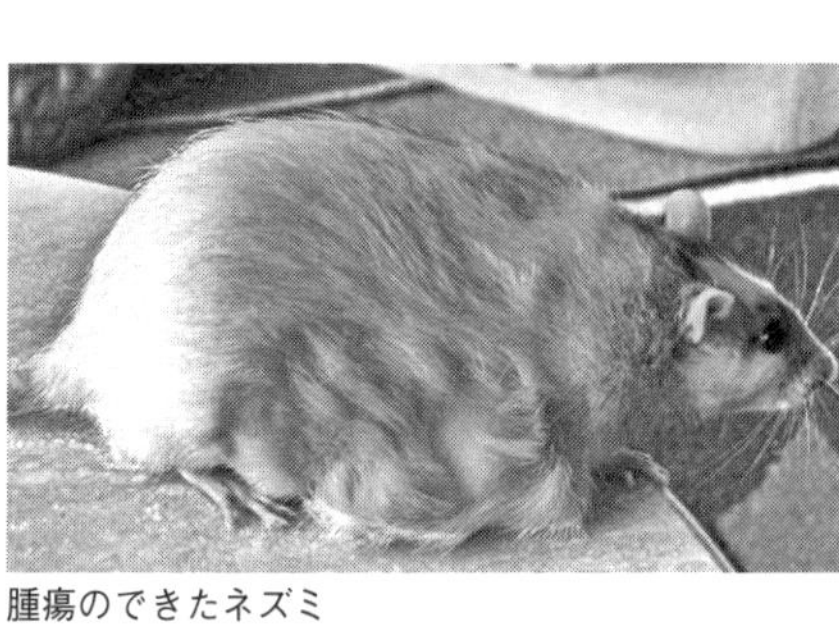
腫瘍のできたネズミ

それを見てキリンズリーは、「たぶん腫瘍を消すことはできないにしても、腫瘍の進行を遅らせることはできているのかもしれない。これまで27日以上生きたネズミはいない。だから、1匹でも28日まで生きられれば世界記録を樹立したことになるよ。実験というのは、計画通りの結果が得られることはめったにないものだ。だからこそ実験を繰り返すんだ」と言って実験を継続した。

そして実験開始から17日目頃になると、誰もが驚いたのはネズミの腫瘍に変化が起こり始め、かさぶたとなっていた患部の皮膚から再び毛が生え始めた。28日目には、毛が生えてきたあたりにあったはずの腫瘍が消え、ビルは新記録を樹立したと確信した。

さらに1週間後にネズミを検査した生物学者が、「ネズミからがんが消えた」という報告をしてきた。

懐疑心があっても癒しは起こる

たとえ癒しを施す人間自身にその効果を疑う気持ちがあったとしても結果が出たということは、さまざまな研究者によるさまざまな実験で何度も再現されてきた。癒しの意識がネズミに送られれば送られるほど結果もはっきりと出るということも発見され、効果が高い場合には、他の建物に移された対照実験のネズミにまで症状の改善が見られたり、死に至らなかったネズミもいた[19]。

また、ビルと同様に癒しの意識を送る効果に疑いを持っている大学院生を選んで癒しの意識を送る訓練を施したのちに行った実験でも、ヒーラーとしては初心者である大学院生による癒しでも効果に違いはなく、ネズミは回復を見せたことがわかった。さらに、ネズミは回復しただけでなく免疫力が上がり、実験後にがんを植え付けられてもがんが大きく広がることはなかった。次に、癒しの意識を込めた水をネズミに与えてみると、ネズミに直接癒しの意識を送るのと同じような効果があった。

実験に参加した大学院生の記録ノートを後で読むと、初めは自分たちが癒しの効果をもたらす実験に参加している者はほとんどいなかった。大学院生たちは、実験対象はネズミではなく自分自身で、だまされやすさを秘密裏に試されているのだと思っていたのだ。

これは、ノセボ効果といわれ、自分が治ると信じているとその信念が治癒をもたらすとされるプラセボ効果とは逆に、あるはずがないという信念のせいで状態が悪化することを指す。ビルの実験に参加した大学院生たちは、癒しの効果に対しては疑いを持っていたので、ネズミにもたらされた効果は人が作り出した信念によるものではないことになる。

もっともありうる説明としては、癒しのエネルギーフィールドが効果をもたらしたということだ。ビルも含め大学院生の多くは、「癒しのエネルギーが流れ始めると自分の手が温かくなり、癒しのセッションが終了した時には、自分の感情が停止している」と感じたという。やがて彼らは、自分の手を通じていかに癒しのエネルギーが流れるかが認識できるようになっていった。

さまざまな実験でわかったことは、癒しの意識を送るのに対象との距離は関係なく、ネズミがヒーラーのごく近くにいても遠くにいても効果が表れることだった。癒しのエネルギーが伝わるのに、通常考えられているような時間と空間に制限されるようなことはないと思われる。[10] だから、ヒーラーが癒しを受ける対象と同じ部屋にいても離れたところにいても、同じ効果を出すことができる。[20]

医学ジャーナリストのリン・マクタガートは『意思のサイエンス』（早野依子訳　ＰＨＰ研究所）の中で、脳波計とＭＲＩ装置を用いた６つの研究からヒーラーは離れた場所にいる人の脳波に影響を与えることがわかったとまとめており、意識を受け取っている側の脳波は、まるで送られてくる映像を自分で見ているかのような反応を示したと結論づけている。[21]

ビル・ベングストンもまた、離れたところにいる人間の脳波に影響を与えることができることを見出した。ネズミでの実験後、人を対象に癒しの意識を送る実験を始めたビルは、たとえ腫瘍が良性であっても悪性であっても消滅することがあると確信した。

癒しの力は修得できるか

ビルの実験に参加した大学院生たちが疑いつつ始めた実験で癒しの手法は誰にでも習得できることがわかった。私の友人ドナ・イーデンとデイヴィッド・ファインスタインは「イーデンエネルギー療法」を世界中で展開しており、卒業生はすでに千人を超える。[22]エネルギー療法はネズミだけでなく人間にも効果があることが、何百もの症例で確認されている。

1980年代、私は癒しの手法は特定の人に与えられた才能だという考え方にすでに疑問を抱いてはいたが、きちんと証明できるほどの癒しの力の才能がある人がいたのも事実だ。

全米ホリスティック医学協会の創立者である医師ノーマン・シーリーと私の共著『Soul Medicine』（未邦訳：魂への処方箋）の中で、癒しの力を持っていることを明らかに証明できる人々について語っている。[23]私たちの言う癒しによる「治癒」とは、医師からある病気だと診断された患者が、癒しを施された後の診断でその病気の兆候が見られなくなったことを基準とする。このようなことが起こった事例を研究していると、初めは特別な才能だと思っていた癒しの力は、ビル、デイヴィッド、ドナなどのおかげで私の考えが間違っていると気づかされた。

ビルやドナなどによって提供されているエネルギー療法でわかることだが、癒しは誰にでも習得可能で、彼らから学んだ生徒が施した症例には、がん、心臓病、自己免疫疾患など重篤な状態から回復した患者の記録もある。私は「統合医療総合研究所（niih.org）」という非営利団体を立ち上げ、そのウェブサイトには、査読の上出版された科学雑誌に掲載されているエネルギー療法の一覧を掲載している。そこに載せた研究は次のような基準を満たしている。

- 施術者が直接患者に手を触れて癒しを施したもの、あるいは体内のエネルギーフィールドが使われていると認められるもの。
- 患者の体内のエネルギーシステムの均衡を保ち、向上させるような訓練や手法が用いられていること。
- 施術による効果の分析が、肉体のエネルギーフィールドの変化に基づいていること。

針灸、ＥＦＴ（Emotional Freedom Techniques：感情解放テクニック。主に上半身のツボ「経穴」を軽くたたく「タッピング」といわれる手法で、肉体的、精神的癒しを施すエネルギー療法の一種。https://www.eftuniverse.com/）などといったものは、他に詳しいデータベースがあることからこの一覧から除外しているが、それでもその数は６００件を超える。もしＥＦＴ、針治療、他のエネルギー療法を加えれば、効果があることが示された症例は１０００件を超える。

エネルギー療法の効果が認められた症状

アルツハイマー型認知症をはじめとする認知症、不安障害、関節炎、喘息、自閉症、燃え尽き症候群、やけど、がん、心臓血管病、手根管症候群（訳注：手のしびれ）、子どもの問題行動、認知機能障害、コルチゾール（訳注：副腎皮質ホルモンの一種）分泌疾患、糖尿病、麻薬中毒、頭痛、高血圧、エイズ、不眠症、過敏性腸症候群、腰痛、記憶障害、月経痛、偏頭痛、うつなどの気分障害、乗り物酔い、肥満、痛み、心的外傷ストレス障害、前立腺がん、肺疾患、皮膚の傷、薬物中毒、甲状腺機能障害

こうした効果の認められた症例は、施術者が患者のエネルギーフィールドに意識を向けることで急激な物質変化をもたらすことができる有力な証拠となっている。

「エネルギーと情報は、頭蓋骨や皮膚に閉じ込められているわけではない[24]」とは、ＵＣＬＡ精神科医ダニエル・シーゲルが著書『Mind』（未邦訳：心）の中で語っていることでもある。

癒しは、ネズミのような小動物からさらに大きな動物であるホモサピエンスにまで起こり、癒しを施す者と対象との間の距離も問題ではないとされているが、一体どのぐらいまで癒しは届くのだろうか？

実は、かなり広範囲に効果をもたらし、たった一人の意識で、社会全体を癒すほどの力がある。細胞、器官など体内の分子や原子などとても細かいレベルの物質の変化をもたらすことができる思考が、さらに社会の中の集団、そして国全体を変化させることもできる。個人の意識がどうやって

社会を変えるほどになったかという歴史上の例を見てみよう。

社会を変えた一人の意識

ジョセフィン・ベーカーは、ニューヨーク大学公衆衛生学の博士課程を卒業した史上初の女性であり、１９０８年、新たに児童の衛生問題を扱う部署が設立されると、その責任者に任命された。貧困と病の関係を理解していた彼女は、人々の苦しみを取り除こうと懸命に働き、ニューヨーク市にさまざまな改革をもたらした[25]。

ベーカーは、12歳までの女子を対象に幼児の面倒を見る基本的な訓練プログラム「リトル・マザー・リーグ（小さな母親連盟）」を制定した。両親の共働きが普通だった時代、このプログラムは幼児の健康増進に大いに役立った。

次にベーカーは梅毒を防ぐために新生児の目に投与されていた銀硝酸塩の基準量を規定した。改革以前には処方量が多すぎて失明する幼児がいた。また当時幼児に与えられていたミルクの中に、水で薄め、本物に見えるように小麦粉、でんぷん、石灰などが加えられているものがあったので、ミルクの質の基準値を定めて、改革をもたらした。

第一次世界大戦中、ベーカーによる「ニューヨーク市の幼児の死亡率が最前線で戦う兵士たちより高い」という統計値を示した「ニューヨーク・タイムズ」紙の論説は一大旋風を巻き起こし、公衆衛生や健康改革への機運が一気に高まった[26]。

ベーカーは、自分の父親を腸チフスで亡くしたこともあってこの職業についたが、子どもも大人も死に至る腸チフスの拡散防止に尽力した。まず同僚ジョージ・ソーパーと一緒にチフス発生地域の地図を作成し、当時はまだ病原菌の理論が確立していなかったこともあり、チフスの発生元となった個人を特定することに集中した。

腸チフス患者と特定された中に、アイルランド、タイロン郡からの移民メアリー・マロンという女性がいた。彼女は裕福な家に料理人として仕えていたが、ベーカーとソーパーは、メアリーが働き始めた直後、その家で次々と腸チフスが発生していることを見つけた。彼女の調理した料理を食べた人が感染していたのだ。彼女の血液から多量の腸チフス菌が見つかったが、彼女本人には何の症状も表れていなかったため、病気の自覚がなかった。

調理はしないという条件で解放された彼女は、しかしその後すぐに元の仕事に戻ってしまった。ベーカーは再び彼女の足取りを追い、警察とともに彼女が滞在する家の扉を叩いた。伝染病を阻止する決意が誰より固かったベーカーは、裏口から逃走して近所の小屋に隠れていたメアリーを見つけ出した。こうして、腸チフスを患っていたメアリーは、社会から永遠に追放された。

ベーカーの改革は、医療機関との激しい論争をも巻き起こした。彼女の腸チフスに対する活動がうまく進むと、彼女のせいで小児科医にかかる子どもがいなくなったと不満を覚えたブルックリン地区の小児科医が、彼女の属する部署を廃止するよう市長に懇願した。それでも彼女は頑として自分の姿勢を崩さず、最後に勝利を勝ち取ることとなる。

彼女が退職する頃には、ニューヨークは幼児死亡率が国内で最下位の地域となった。その後、ベーカーの改革は瞬く間に各州に広がり、彼女が定めた基準は35の州で採用され、1912年には青少年局の国内基準となった。人類学者のマーガレット・ミードは次のような言葉で彼女を支援した。
「ごく少数の思慮深く献身的な市民がいれば世界を変えられることに疑いの余地はない。世の中を変えてきたのは、まさにそんな人たちなのだ」

あなたの思考が変化すると、あなたの脳の神経路には新たな信号が流れ始め、周りのエネルギーフィールドを変化させる。その影響がどれほど届くか想像もつかないが、このような例の1つが奴隷制度廃止に見てとれる。人類発祥の地から送られ続けた奴隷は、およそ50年前、世界中で広がったある思想により廃止された。女性参政権と市民権も同じような道のりで達成された。

フランスの文豪ヴィクトル・ユーゴーは、次のように述べた。
「人は軍の侵略には耐えられるが、思考の侵入を避けることはできない[27]」また、同じ意味で「時機が来た思想ほど力のあるものはない」とも言った。

ある人の心に浮かんだ思想がやがて世界中に広がるのだ。あなたは日々、自分の意識にどんな思想を詰め込んでいるのだろうか？

すべてを生み出すものとは

私が出版業界で仕事を始めた頃、たくさんのベストセラー作家に出会うことがあった。ある日私はふと、彼らの共通点は何だろうと思った。

ほとんどの人は情報に対して受動的であり、情報を取り入れようとラジオを聞き、映画などを観て、時折読書をするなど、情報を発信するより取り入れることに多くの時間を割きながらその情報に常に影響されている。ところが、ベストセラー作家たちの情報の流れは逆だ。入ってくる情報より自分から発信する情報に意識が向いていて、受動的に受け取るより自分から積極的に情報を発信する。


数年前、友人とピクニックに行った時、数年ぶりにかつて心の通う会話を交わしていた50代のデリラという女性と再会した。美しくて聡明で、経済的にも恵まれていた彼女は、ピアニストとして成功していた。

ピクニックに行った日の朝にはダンスを楽しみ、その後、春の公園の芝生に座っていた私たちに、デリラが世界で起こっているさまざまな問題に心を痛めていると話し始めた。各地での戦争、難民問題、自然災害、汚染問題、地下水の消失、多くの絶滅種、海面上昇、政治の質の低下、森林伐採……。彼女は、外の世界から流れ込んでくるすべての情報を受け取ることに時間のほとんどを費やしているようだが、これでは彼女が幸せな気持ちになることはない。前回言葉を交わした時からかなり老けた感じのするデリラが、たくさんの問題を語っているのを見ながら、彼女のエネルギーが重くなっていることに私は気づいた。

思考は脳に神経路の成長方向を伝えるので、習慣となってしまった信号をより効果的に伝えようという神経路が成長する。なので、その神経が成長すればするほど彼女の意識はよくないニュースに向いてしまうようになる。彼女が耳にしたよくないニュースは世界のどこかで実際に起こっていただろうが、同時に、彼女が自分の注意を向けることでストレスに満ちた現実を自ら創り出しているというのももう1つの真実だった。

ニュースに注意を向ければ、新たな神経路が始動し、そこに強固な電磁波の伝わる領域を作り出す。そして、彼女は似たような信号を受け取りやすくなる。彼女は世界で起こっている状況と同じぐらい、自分の主観でストレスを創り出してしまっていたのだ。

彼女の例こそ、情報を受け取るばかりで発信することがない人が陥りやすい危険性を表している。情報が流れ込んでくると、まるでその人質にでもなったかのように情報を作り出している人の意識に自分の意識が縛られてしまう。そして、心の中が面白くないことでいっぱいになると、もはや幸せな気分でいるのは難しくなる。誰かの意識で自分の心を満たすと、あなたは相手の意のままになってしまうのだ。

私の妻クリスティーンも情報を受け取るタイプの人間ではあるが、自分がインスピレーションを得られるようなものを選んでから受け入れる。職場までの長時間の運転中には、自分の好きな意識変容について語る講演を聞いているし、心惹かれる本を読み、テレビでは自然の織り成す風景を観る。彼女の家族や友人とのメールのやり取りでも、相手をその気にさせるような言葉で語る。確かに流れ込んでくる情報をたくさん浴びているが、自分の気持ちが明るくなるような、幸せな気持ちで賢くいられるような情報を選んでいる。そして、わくわくするようなプロジェクトの話や、自分が学んだ素晴らしいアイディアを私に話して聞かせようとする。

自分の意識を満たしている思考、信念、アイディアは、脳の外の世界にまで強力な影響力を及ぼす。あなたはいつだって常に創造しているのだ。そして、その力を「物質」を創り出すのにも使うことができる。ジョセフィン・ベーカーのように、たった一人の思考にあったものが広がって世界を変えた例は他にもたくさんあるのだ。

思考を宇宙に放つ

ある一人のビジョンが業界全体を再編成するまでに至ったことがある。その人物の一人がイーロン・マスクだ。彼は、電気自動車会社とその関連商品を扱うテスラやその子会社ソーラーシティの創立者であり、ビジネス界の成功者として有名だ。彼は12歳で初めてブラスターと呼ばれるゲームを自分で作って世に売り出した。

希望の職に就くことが叶わないまま、スタンフォード大学院を退学した彼は、オンラインソフトを提供する会社を設立し、のちにその会社は3億7００万ドルで買収された。こうして仕事がどんどん好転する間にも、私生活では幾多の不運に襲われる。南アフリカでの休暇中、おおよそ20%が死に至るというマラリアにかかって20キロ以上も体重を落として臨死体験までするほどの状態になったこともあったし、その2年後には生後10週間の長男を亡くした。２００２年にはスペースエックスという3つ目の会社を設立し、大胆にも宇宙旅行を商業化しようとしたが、２００６年に打ち上げられた最初のロケットは彼がつぎ込んだ何百万ドルとともに燃えつきた。それでも彼はあきらめることなく次のように述べている。

「スペースエックスは、どんなに長期にわたっても、どんなことがあろうと、絶対に成し遂げてみせる[28]」

翌年、2機目のロケットを打ち上げたが、早々にエンジンが停止した。またもや失敗に終わり、深刻な資金不足に陥った。

2008年、3回目のロケット発射では、第2ステージのロケットが分離した後に本体と互いに衝突。マスクがNASAから請け負った最初の貨物などとともに海に沈んだ。マスクは完全に金策が尽き、破産寸前の状況だったが、最後の最後に億万長者ピーター・ティールから投資を受けて何とか経済的に立ち直った。

今日、テスラやスペースエックス、ソーラーシティといったマスクの会社は巨大な成功を収めているが、それは幾度かに及ぶ障害を耐え忍んだ結果だ。マスクの決心の方法はとてつもなくポジティブで、どんな困難があってもその姿勢は変わらず、その思考には物質的現実をも一変させてしまうようなアイディアが詰まっている。

あなたは自分の脳で何を創り上げるのか?

あなたの心には何が浮かび、その思考でどんな物質を創り出しているだろう?

あなたには、豊かで幸福な、健康で健やかな、自分自身や周りの人の人生をも創り出すことのできる素晴らしい脳と思考がある。あなたの意識の力は自分で認識しているより大きいのだが、ほとんどの人は能力のわずか一部しか使っていないことにも、自分の思考が物質を創り出していることにさえも気づいていない。本書はあなたが自らの素晴らしい力を意識して、自分や周りの人たちの人生を豊かにするためのものである。すでにあなたの思考はこれまでも物質化してきたが、無意識に毎日そうしてきただけだ。さて、整然と慎重に自分の思考を現実化していく時がきた。心が物質を創り出すという表現は、何も比喩的なものではなく、生物学的な概念なのだ。

次の章では、自分の脳にあるニューロン（神経細胞）やシナプス（神経接合部）があなたの意識にどう反応して物質を創り出すのかを見ていくことにする。

思考と物質はあなたの周りのフィールドで互いに影響し合い、その結果、物質的な現実としてできあがっていく。自分の意識を慎重に用い、自分の外からうっかり流れ込んできた情報ではなく、自分の内の思考を意図して物質を創り上げることができるようになるだろう。

また、そうやって現実を、世界のために最大限に創り上げようという意識を持つ人たちがいることに気づき、その壮大な創造を善意で成し遂げている人たちの一人に自分もなれると認識できるようになるだろう。思考と物質の未来の世界へ、ようこそ！

第2章　エネルギーは物質化する

16世紀、マゼランの航海を可能にしたのは、電磁石の発明品、コンパスだった。

中国で発明されたコンパスが、記録に初めて登場するのは1040年の資料である。[1]「鉄の魚」と呼ばれた中国のコンパスは、「指南針」と呼ばれ、水中で静止すると必ず南を指す。1088年には宋王朝時代の学者、沈括（しんかつ）によるコンパスについて残された記録には「天然磁石で針の先をこすると、針は南を指す……水面に浮かべて南を指す針はとても不安定な状態なので、針の中心を繭糸1本、蝋で固めて支えるのが最適かと思われ、まったく風のない場所に針を下げておいても常に南を指す」と書かれている。こうした現象は、まだ電磁波フィールドが知られていなかった11世紀にはまるで魔法のように見えただろう。

マゼランが航海するおよそ200年前、ヨーロッパ最初のコンパスがイタリアのアマルフィで使

地球の磁界フィールド

19世紀の中国のコンパス

われた。イギリス、フランス、オランダ、スペイン、ポルトガルといった国々の船乗りたちはこの素晴らしい技術の重要性を認識しており、デザインを洗練させながら進化させていった。ヨーロッパのコンパスは、薄い銀色の磁気を帯びた金属をその中心で吊るすと、世界のどこにあっても必ず地球の磁界の北極を指す。

地球のマントルを磁力線が囲んでおり、コンパスの針がそれを検出する。宇宙にある星や惑星などの天体にも、また結晶や岩のような小さな物体や生き物すべてにもそれぞれの電磁場がある。あなたの体の周りにも電磁場があり、それは5メートル先まで届く。

どこにでもある電磁場

今やさまざまな植物や動物の周囲の電磁場は測定可能となった。「サイエンス」誌に掲載された、ある研究チームによる花と受粉を助けるミツバチとの電磁的関係を調べた研究で明らかになったのは、ミツバチは花から発せられる電磁波を検知し、どの花に最も蜜があるかがわかるという。[2] ブリストル大学の生物学者ダニエル・ロバートが共同執筆した研究論文には、「マルハナバチは、電磁場から他のマルハナバチが訪れた花かどうかを読み取り、その花を訪れる価値があるかどうかを検知できると私たちは考えている」と記されている。生物の周りにある電磁場の特性を、現実的な事実として説明できることに科学者も驚いた。

今では藻、アリなどの昆虫、アリクイ、カモノハシ、ハチドリなどは電磁場を感知できることがわかっている。さらに最近になってイルカもまた電磁場を探知できることが研究者によって証明された。

ギアナイルカは、南アメリカ海岸沖の河口近くの外敵から守られた場所で暮らす種であるが、ドイツ人研究者たちがこの川に住むイルカを調べたところ、ごくわずかな電磁波にも敏感に反応することを発見した。[3] さらに、イルカがどうやって電磁場を感知しているのかを調べてみると、イルカの口の周りに生えている小さな毛包がその役割を果たしていることを発見した。ギザギザしたこの部分はゲル状の粘液で満たされ、たくさんの血管や神経末端が走っている。研究者たちはイルカがこの毛包の部分で電磁場を感知しているのだと確信している。

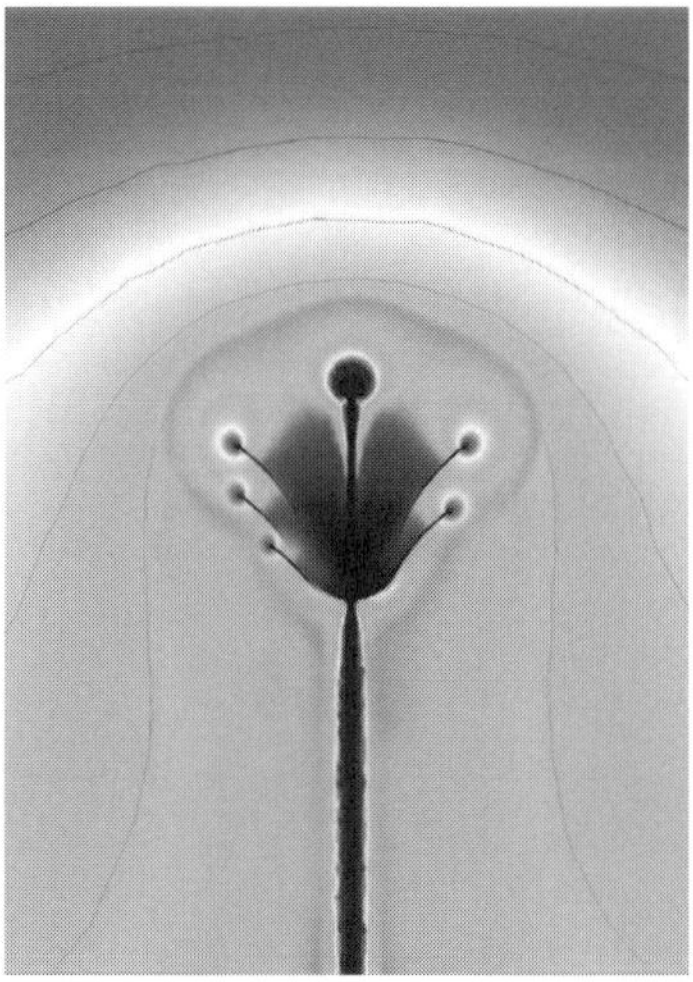

花の持つ電磁界

フィールドが分子を形作る

電磁気学の授業での最初の経験を私は鮮明に覚えている。小学1年生の頃、科学の授業で紙の上に砂鉄をばらまき、紙の下で磁石を動かすと、砂鉄が列に並んだ。紙から少し離れたところに磁石を置いても紙の上の砂鉄は列に並ぶ。

このシンプルな実験は世界中のあらゆるところで何千回も繰り返されているので、それがどんなにすごい発見かなどすぐに忘れてしまいがちだ。そして電磁場の存在も、それに物質を動かす力があることも、いつしか当たり前となっている私たちは、現実の日常トラブルに遭っても、これを利用してみることをすっかり忘れてしまっている。

地球や銀河のような壮大なスケールでも、原子1つでも、そこに電磁場が存在する。あなたの体の1つひとつの細胞にも独自の電磁場があるし、その細胞にある分子にもまた独自の電磁場が存在する。電磁場は生物の生命活動の中心なのだ。

水分を除けば、体内の分子のほとんどはタンパク質でできている。体内で生成されるタンパク質は実に10万種類以上にのぼる。ある細胞で、多数の原子が複雑に組み合った分子構造を持つタンパク質合成がなされる際、私が1年生の授業で体験した砂鉄を使った科学実験と同じことが起こっている。

タンパク質を構成している分子の接合部分には、それぞれプラス、マイナスの電荷がかかってい

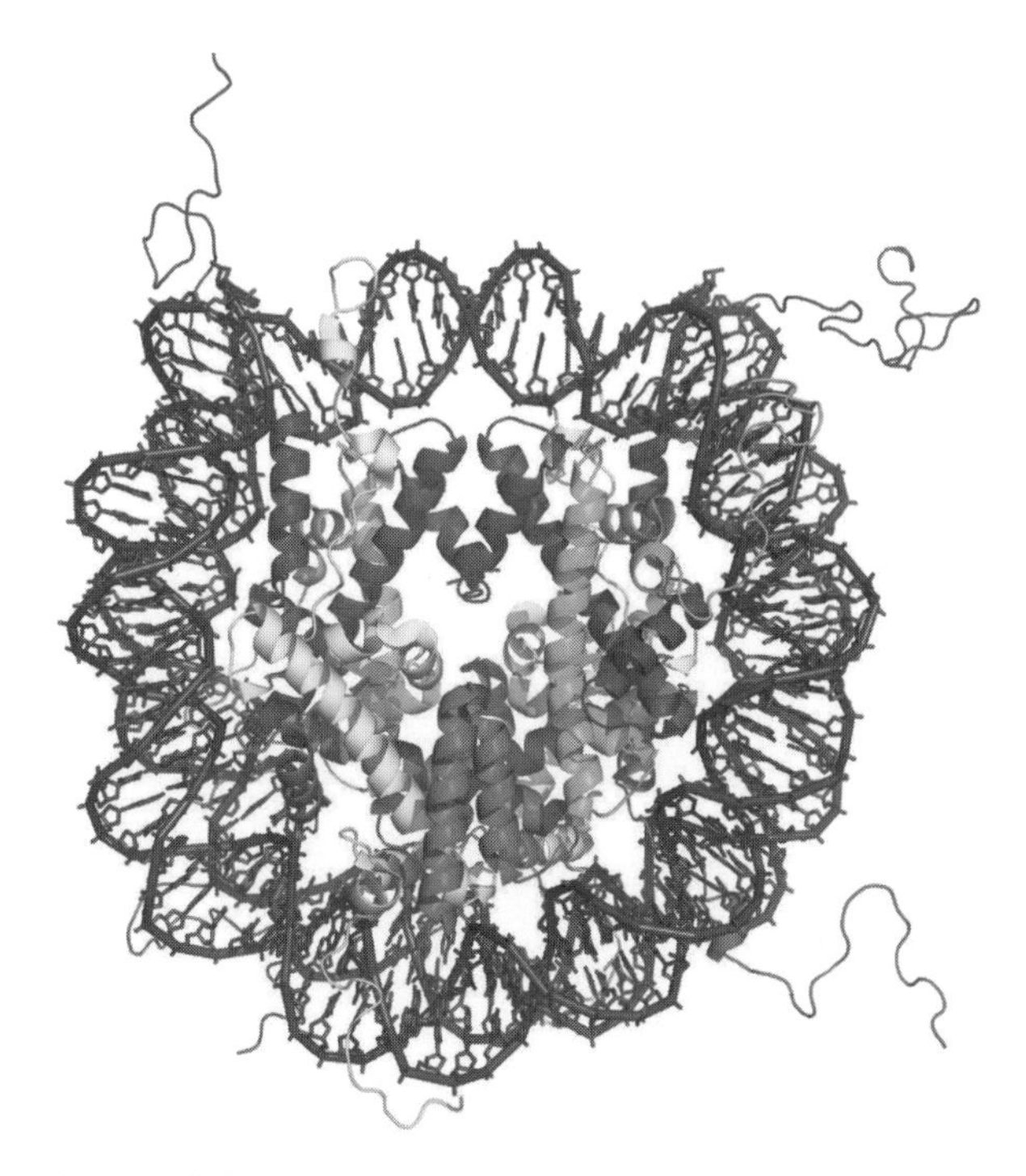

タンパク質の分子は複雑に折りたたまれている

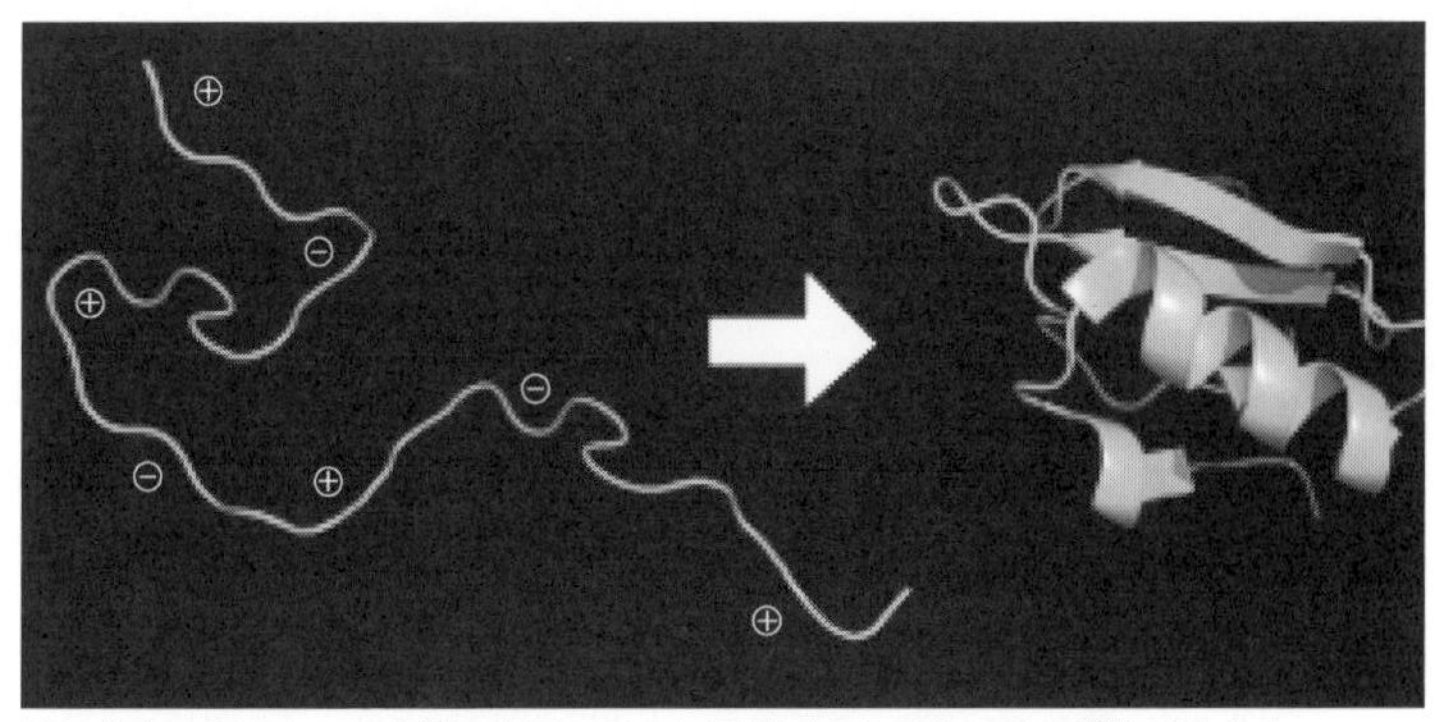

折りたたまれるタンパク質。分子のどこに電荷がかかるかでその構造が決まる

る。もし接合部が両方ともマイナス電荷、あるいはプラス電荷同士であれば互いに反発して接合することはないが、一方がプラスでもう一方がマイナスの電荷であれば、互いに引き寄せ合って接合する。このように引き寄せ合ったり反発し合ったりする力が、タンパク質のつながりをどんどん大きく複雑にしながら、その形状を決めていく。

電磁場を求めて

1860年生まれのウィレム・アイントホーフェンは、ちょっと風変わりなオランダ人内科医だった。1890年代後期、彼は、人間の心臓から放たれる電磁波を測定するためにガルバノメータと呼ばれる微量な電流を測る装置を作り始めたが、多くの人から疑いと反対を受けることとなった。物質だけを観察することが正しいとしていた医師仲間には、目に見えないエネルギーフィールドという概念自体が疑わしく思われたのだ。しかもアイントホーフェンの行った最初の実験がうまくいく望みはあまりなかった。というのも、彼が作り上げた実に270キロもの重さの装置を作動させるには、水を満たしたラジエーターの強力な電磁石を冷却しなければならず、その操作は5人がかりだったからだ。

アイントホーフェンは何年にもわたって懸命に研究を重ねてガルバノメータの改良に努め、やがてかなり微小な電磁波や心拍数を計ることができるまでになった。

そしてついに心臓がどう機能し、ＥＫＧｓと呼ばれる心電図をどう診断して治療に役立てるかに

初期の脳波計に記録された脳の電磁気活動

ついて強固な理論を作り上げた。

ここまできて、彼を批判する者がまだいただろうか？　アイントホーフェンは1924年、ノーベル医学生理学賞を受賞した。

1926年、彼はついに脳の電磁場を発見し、その後の研究では、わずか細胞1つの電磁場さえ図式化できるようになった。

電磁場はどんな働きをするのか

1929年、イエール大学医学部教授となったハロルド・サックストン・バーは、動植物の周りにできるエネルギーフィールドに着目し、物質（原子、分子、細胞）が形成される際のフィールドからの影響を調べるために生体の進化と成長を計測することにした。

1949年の研究では、神経の周りに磁界のようなものがあると仮定して、神経の電磁場を丹念に測定することで、神経に近づけば近づくほど電磁波が強くなり、神経から離れるほど弱くなることを発見した。[4]バーの洞察によれば、フィールドは単に命ある生体から作られるだけでなく、物質が自ら原子、分子、細胞を配置できるような力線を創り出す。

バーが『The Fields of Life』（未邦訳：生体の「フィールド」）という自著で

用いた例は、私が子どもの頃遊んでいた砂鉄を使った遊びと似通ったものだった。いったん磁石で並んだ砂鉄を振り落として、新たに別の砂鉄を紙の上に置くと、新たな砂鉄は以前の砂鉄が作った形に自動的に並ぶ。このフィールドは砂鉄自体によって作り出されたものではない。バーは次のように記している。

「このような事象が…（中略）…人間の体内でも起こっていて、体内では古くなった分子や細胞が常に取り除かれては、私たちが口にした食べ物から得た新鮮な材料をもとに再構築されている。その際、制御されている生体のフィールドのおかげで、新たにできあがる分子や細胞は、自然と以前と同じような状態に整いつつ再構築される[5]」

うっかり指を切ってしまっても、すぐに皮膚の再生が始まるが、その際新たな細胞が自然とできあがるような青写真を提供しているのがこうしたフィールドである。したがってエネルギーは物質の副産物などではなく、エネルギーが物質を編成しているのだ。

彼は実験の多くでサンショウウオを用いた。その卵の薄膜の電圧を計測し、電圧が最大となる1か所と、最小の電圧となる部位があるのを発見した。最も電圧の低い部位は、サンショウウオが生まれると常に尾の部分になったことから、フィールドは卵が産み落とされて育つ間も物質を構築し続けていると思われる。

ヨガを行っている2人のサーモグラフィー

バーは、エネルギーフィールドとがんとの関連の有無を確かめるために、今度はネズミの持つフィールドを1万回以上繰り返し測定し、医学的に悪性腫瘍の細胞ができているという確証が得られる以前に、がんになるような電磁気の兆候がネズミのエネルギーフィールドに起こっていることを発見した。

エネルギーが物質を形成する

１９４７年に公表されたバーたちの画期的な研究での発見を受けて、彼らは次に人間の病気の治療に役立つかどうかに焦点を移して、子宮がんを患う女性を診察した。

それによりわかったのは、がんを患った子宮の電磁気が健康な子宮とは異なっていることだった。[6]そこでバーは子宮がんと診断されていない健康な女性たちを検査し、今現在は健康そうに見えても子宮がんの兆候とされる電磁気を帯びた子宮を持つ女性には、やがてがんが発症したことを発見した。つまり、細胞の中にがんが現れる前に、すでにエネルギーフィールドには兆候が存在していたのだ。

バーの研究は、心臓、子宮などの器官や、サンショウウオ、ネズミといった生体がエネルギーフィールドを作り出しているのではなく、エネルギーフィールドの「鋳型」が実際に物質を創り出していることを示している。したがって「フィールド」が変化すると、物質は変化することになる。この理解は、現代科学でも比較的新しいと思われているが、実は昔から伝わる漢方医学に「心が気をつかさどり、血は気に反応する」という言葉がある。エネルギーフィールドは、物質がどうできあがるかを導いている。

水と癒し

身近にありすぎて注目されることさえない水は、私たちの体の70％を占め、地球の地表もまた同じような割合で水に覆われている。あまり深く考えもせずに毎日水を飲み、風呂に入り、他の分子構造は暗記していなくとも水の構造式 H_2O は科学者でなくとも誰でも知っている。このどこにでもある物質、水はエネルギーがどう物質を創り出しているかを教えてくれる。

確かに、室温の中で手に持ったコップの中に入っているものは水だが、その水を火にかけエネルギーを加えると構造式は H_2O のまま物質としての形状を変え、水蒸気となる。さらに同じ H_2O を冷凍庫に入れてエネルギーを取り去ると、また形状を変えて氷となるというように、エネルギー量が変化すると物質の形状が完全に変化してしまう。

ハーバード・メディカル・スクールの医学博士であり、針灸（しんきゅう）を専門家とするエリック・レスコヴィッツは、エネルギーが物質化する現象の説明にこの水の例を使う。ある「形」を成した物質に内在するエネルギーは、気づかないうちに膨大な種類の物質を創り出しているのだ。

マッギル大学での一連の実験で、研究員のバーナード・グラッドは癒しの意識が施された水が動植物に与える影響を調べ上げた。

癒しを施したのは、手からエネルギーを放出して人を癒せるという元騎兵隊員のハンガリー人、オスカー・エステバニーで、何の訓練も受けずに馬をマッサージしている時に自分の才能に気づいた。彼自身は、自分の手から出ているエネルギーは自然界のどこにでも存在する電磁気で、人間が生まれながらに持つものだと信じていた。

エステバニーの能力を試す実験で、グラッドはまず、ネズミの背中に4本の切り傷をつけ、真ん中の2本だけを癒すように指示した。すると予想通り、真ん中2本の傷は両外側にある傷より早く治った。また、エステバニーが癒しを施したネズミは、学生による癒しを受けたネズミより明らかに回復が早かった。

次にグラッドは、大麦の種の成長を促すよう意識を込めた水の効果について調べた。エステバニーが30分間手にした水を与えられた種は発芽率が高く、成長も早かった(7)。また、葉緑素の含有量も増加し、大麦の葉の成長はかなり促された(8)(9)。

これに加えて、手のひらや指先を患部に当てたりかざしたりする、いわゆる手かざし療法の施術者による水の変化を厳格に調べたものもある(10)。H_2O分子は1つの酸素原子と2つの水素原子が結合している。通常の水の場合、それら原子同士の結合角度は104・5度となるが、手かざし療法を45分間与えられた水は赤外線吸収率に統計的有意な変化を見せる。このことは酸素と2つの水素原子の間の角度が癒しの「フィールド」で変化したことを示している。

この他にも、ヒーラーによって水の分子に変化が起こったことを発見した研究者がいる(9)(11)。ペンシルベニア州立大学材料工学教授ラストム・ロイは、水の構造を探る実験を数多く行った結果、水の分子はさまざまな形状に結合することができると発見した。波動が伝わると形状を変化させる水は波動の周波数に共鳴し、癒しの特性をも帯びるようになる[12]。

中国の気功指導者、ゲン・シンは、どんなに離れた場所にあっても気を送ることで水の分子構造を劇的に変化させる能力があることを示した。中国科学院と共同で行った10種の研究では、ゲン・シンのすぐそばと、そこから7〜1900キロメートル離れた場所まで9か所にそれぞれ水を置くと、対照実験の水にはまったく変化がないまま、ターゲットとなったすべての水に影響を与えることができた。

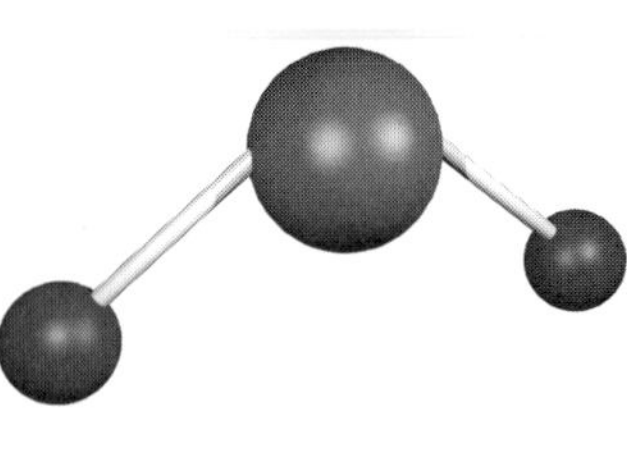

H_2Oは、酸素原子1つに2つの水素原子が104.5度の角度で結合したものである

前述したエネルギー療法でネズミのがんが治癒する可能性を示そうとしたビル・ベングストンによる研究では、ヒーラーの手に抱きかかえられた水の特質が変化したことが赤外線を用いて明らかになったと記されている[13]。彼はまた、細胞内の酵素の働きがどの程度促されるかということや、細胞に酸素を運ぶ赤血球中のヘモグロビン量がどの程度増加したかについても観察を重ねた。

癒しは誰にでも起こる

1980年代初め、私は特別な治療を受けずに病が自然治癒した症例を記録する企画で、がんから生還したアデリーンという女性にインタビューをした。数多くの症例を耳にした私にとっても、彼女の話は特に印象深かった。

アデリーンが30代初めに子宮がんと診断された時には、がんはすでに全身に転移しており、助かる見込みはわずかだった。医師は手術後、引き続き化学療法と放射線治療を受けるよう勧めたが、治療で体がボロボロになってしまうことを避けたかった彼女は、治療はせずに残された日々をできるだけ静かに暮らすことにした。

杉林の散歩に長い時間を費やし、毎日、風呂にゆっくり入った。バスタブに横になったり散歩している時には、空から小さな癒しの星がキラキラ光りながら降り注ぐところを思い浮かべていた。その癒しの星が体内を通り抜け、星のとがった部分ががんに侵された細胞に触れると、風船が割れるようにがん細胞が壊れるイメージを持ち続けた。また、できるだけ健康的な食事を心がけ、毎日瞑想をし、元気の出る本を読み、心が乱されるような人との付き合いをやめて、数人の親しい友人と過ごす時間を除いてはほとんど一人で過ごすことにした。

だんだんと散歩の時間が長くなるにつれ、彼女はこれまでになく自分の体が健康だと感じ始めた。そして9か月後、病院で検診を受けると、体内からがんの形跡がすっかり消えてしまっていたのだ。

アデリーンは、あらゆる方法で自分の中のエネルギーを変換したことになる。

日々入浴をして癒しのエネルギーにあふれる環境で過ごすよう意識することで、アデリーンの体内物質が変化し始めた。彼女の細胞は癒しに反応し、がん組織を作り出していた状態を自分で排除し始めたのだ。

音の振動に周波数が共振して割れるグラス

彼女はかつての状態に逆戻りすることはなく、いまや日々元気でいることが当たり前となっていた。それから7年後に彼女にインタビューしてみると、今も瞑想をし、健康的な食事を摂り、ストレスの少ない生活を続けていた。がんの再発もないと言う。

アデリーンの例でわかるのは、癒しはオスカー・エステバニーのような特別な能力のある人だけのものではなく、癒しの周波数に意識を合わせれば誰でも自分を癒せるということだ。

私たちの細胞内の物質は、意識のエネルギーに反応する。オペラ歌手が発声によってワイングラスを割る現象はよく知られているが、これは歌声の周波数が上がり、グラスに含まれる分子のエネルギーが限界に達するとグラスが割れる現象だ。これは音が物質にどう影響を与えるかを研究する音響学でよく用いられる例であり、その音響学をさらに深く学んでいくと、音も水と同様に驚くべき特性を秘めていることがわかる。

振動は物質にどんな影響を与えるのか

19世紀のドイツ人物理学者で、音楽家でもあったエルンスト・クラドニは、音響に関する実験を重ねた先駆者として音響学の父と呼ばれている。音に対する敏感な感覚を持ち、わずかな周波数の違いも聞き分けることができたクラドニは、法律と哲学の学位を取得後、音の研究に興味を持つようになる。

エネルギーフィールドを可視化することに取り組む科学者に刺激を受けた彼は、薄い金属板に細かい砂をまき、その板にバイオリンの弓をつけて、振動を伝える新たな装置、クラドニ・プレートを発明した。振動する周波数が変化すると、板の上の砂は異なる形を作り上げる。

クラドニは大勢の前でこの装置を披露しながらヨーロッパの国々を毎年旅行し、その間にさらに多くの科学者とも知り合い、自分の考えを膨らませた。１８０２年、音響学と呼ばれる新しい科学分野を確立したが、これが世に与えた影響は大きかった。音響学という音が物質に与える影響についての研究は、クラドニの先駆的な仕事に続けと、科学者たちが次々と音の持つ振動の効果をさまざまな物質に伝えて調べていった。板に伝わる振動は、金属の上に置かれた物質を劇的に、それも瞬時に変化させることができる。

クラドニ・プレート

現代版クラドニ・プレートは、振動発生機という装置に金属板が取り付けられている。その

クラドニ・プレートで、異なる周波数の音が作り出すさまざまな形

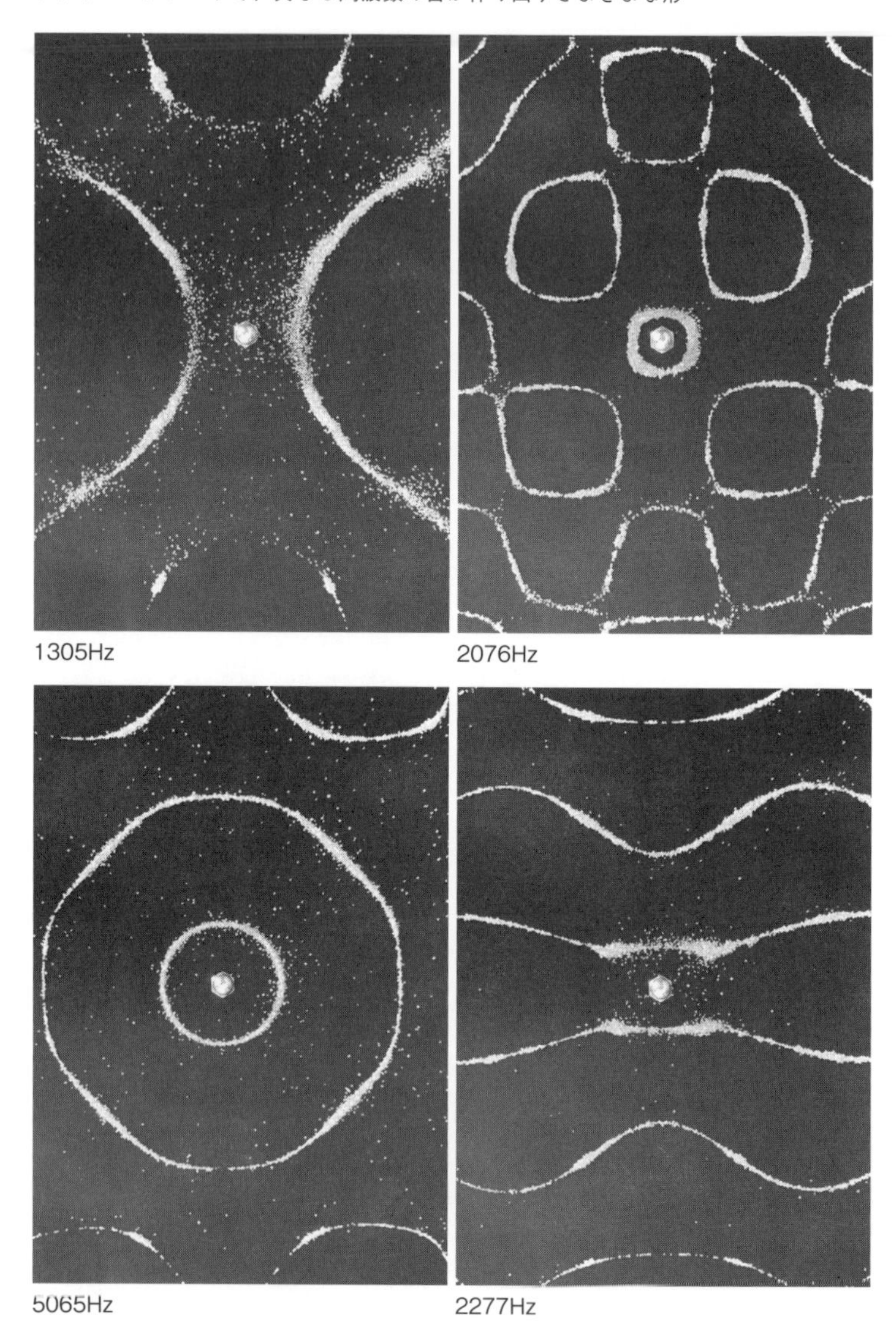

1305Hz

2076Hz

5065Hz

2277Hz

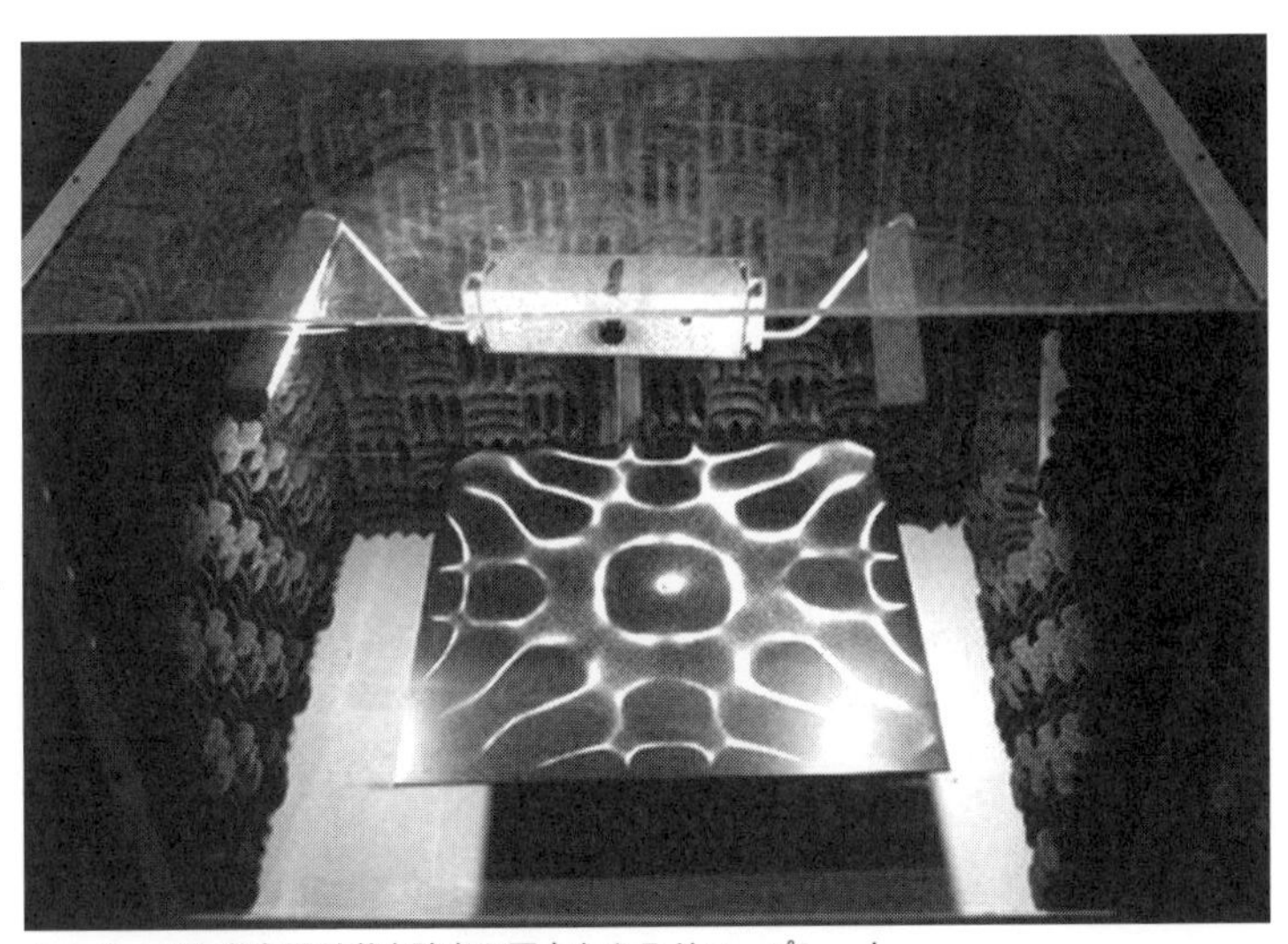

ハーバード大学自然科学実験室の巨大なクラドニ・プレート

金属板に伝わる周波数ごとに異なる振動が起こる。そして白い砂など見えやすい物質が金属板の上にまかれると、振動が作り出すパターンが姿を現し、周波数ごとに特徴ある形を作り上げる。一般的に、高周波になればなるほど砂の作り出す形状は複雑になる。

さまざまな物質がクラドニ・プレートに伝わるエネルギーの影響を受けて模様を作り出すが、プレートにまかれるのは塩と砂が一番多く、種のような生体も振動に反応する。こうしてある物質が形を作り上げるのを見ると、私たちの体内や思考を通り抜けるあらゆる振動が体内分子を構成する際に影響を与えていることを思い起こすことになる。

水もまた、周波数に反応してその形を変化させる。水の近くである周波数が起こると、管から流れ出る水の角度が変化したり、らせん状になったりする。

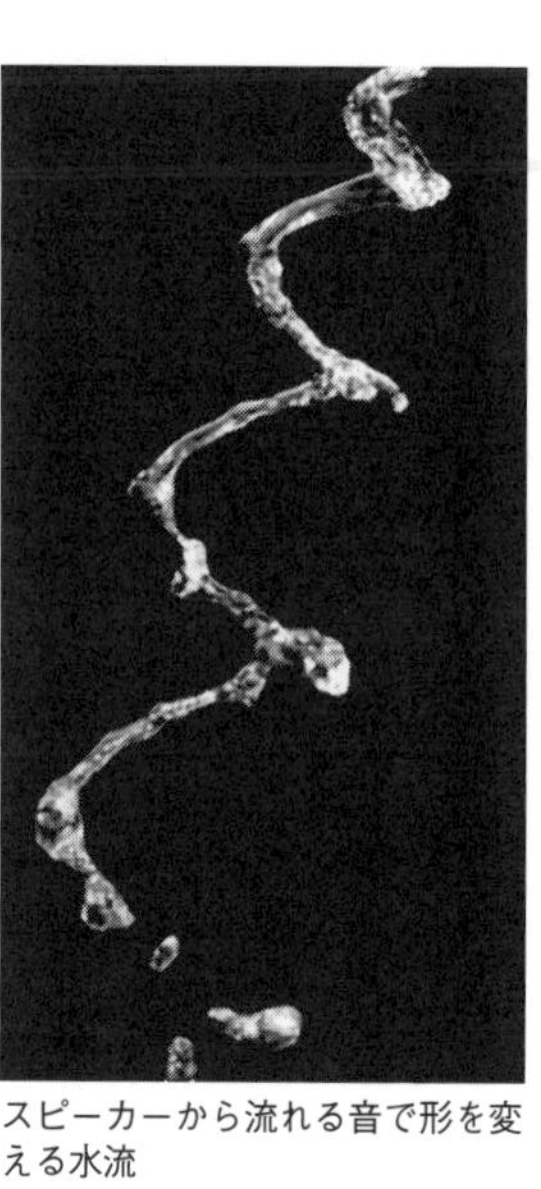

スピーカーから流れる音で形を変える水流

エネルギーの周波数が物質に影響を与えるのを可視化するもう1つの例は、皿の上にある水の中を音が通り抜ける際、その音の周波数が変化すると、水の形状も変化する現象だ。

クラシック音楽は複雑で美しい水の形を作り上げるが、耳障りな音楽は統一性のない乱れた波となる。

一滴の水が人を表す

ドイツのシュトゥットガルトにある航空宇宙学研究所（公式には航空宇宙建造物のための静・動力学研究所）で、水を媒体にした興味深い実験が行われた。

ベルントー・ヘルムート・クレペリン博士が、水に対して人がどう影響を与えるかという実験には多数の学生が参加した。それぞれの学生が水で満たされた注射器を手にした後、数滴の水を顕微鏡のスライド上に落とし、その水滴を写真に撮ってみると、水滴は学生それぞれで大きく異なる一方で、同じ人が落とした水滴はほぼ同じ形をしていた。たとえば一人が20滴の水を落としたら、20滴すべてで同じパターンが識別でき、別の人が作り出す水滴のパターンとは異なったのだ。地球上の80億人の指紋がそれぞれ異なるように、それぞれのエネルギーフィールドも人によって異なる。

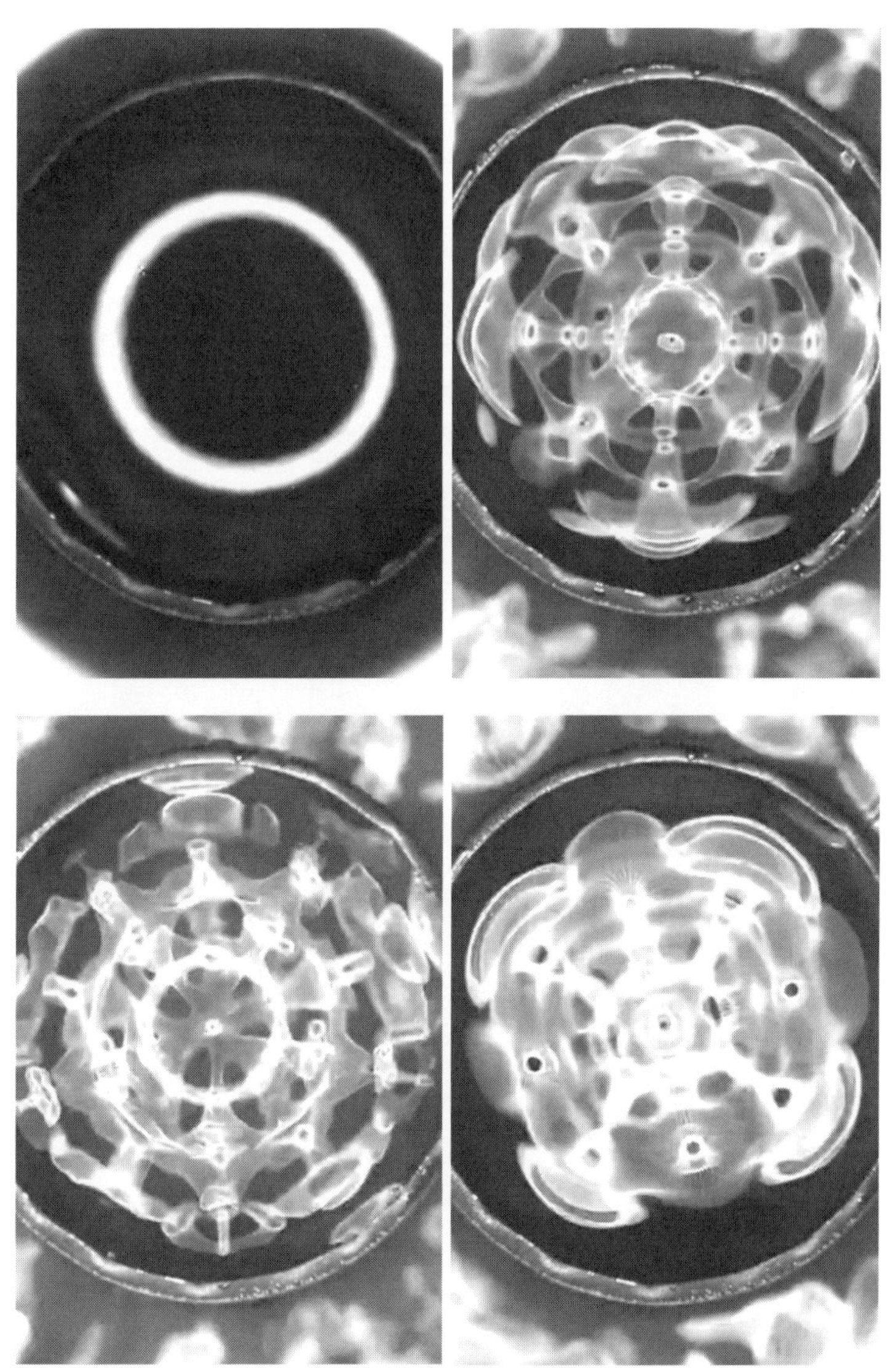

ガラス皿上の水は、皿を伝わる振動によってその形を変化させる

顕微鏡のスライドの上に並ぶ実験対象の水滴

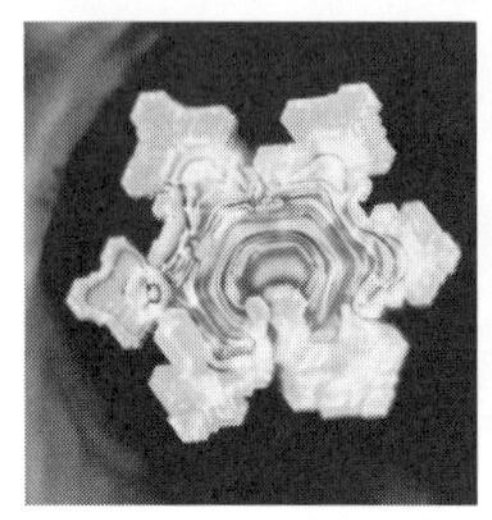
モーツアルトの音楽を聴かせた際にできた氷の結晶

ビバルディの音楽を聴かせた際にできた氷の結晶

ヘビーメタルを聴かせた際にできた氷の結晶

そして、ある人のエネルギーフィールドを通る時に水の作り出す形はいつも同じであり、他人には他人の作り出す形があることがわかった。

さらに、カリフォルニア州ペタルーマにある純粋知性科学研究所（ＩＯＮＳ）では、距離的に離れたところにある水に影響を与えられるかどうかを調べようと、東京にいる２０００人の参加者がペタルーマにある電磁気を遮断した部屋に置かれた水に意識を集中するという実験が行われた。ファラデー・ゲージとして知られる電磁気を遮断する部屋には、鉛線が張り巡らされ、あらゆる放射線をも遮断できるように設計されている。内部から光ケーブルで外にある実験室とつながれてはいるものの、どんな電磁気も通り抜けることはない。東京の参加者には知らされないまま、対照実験として

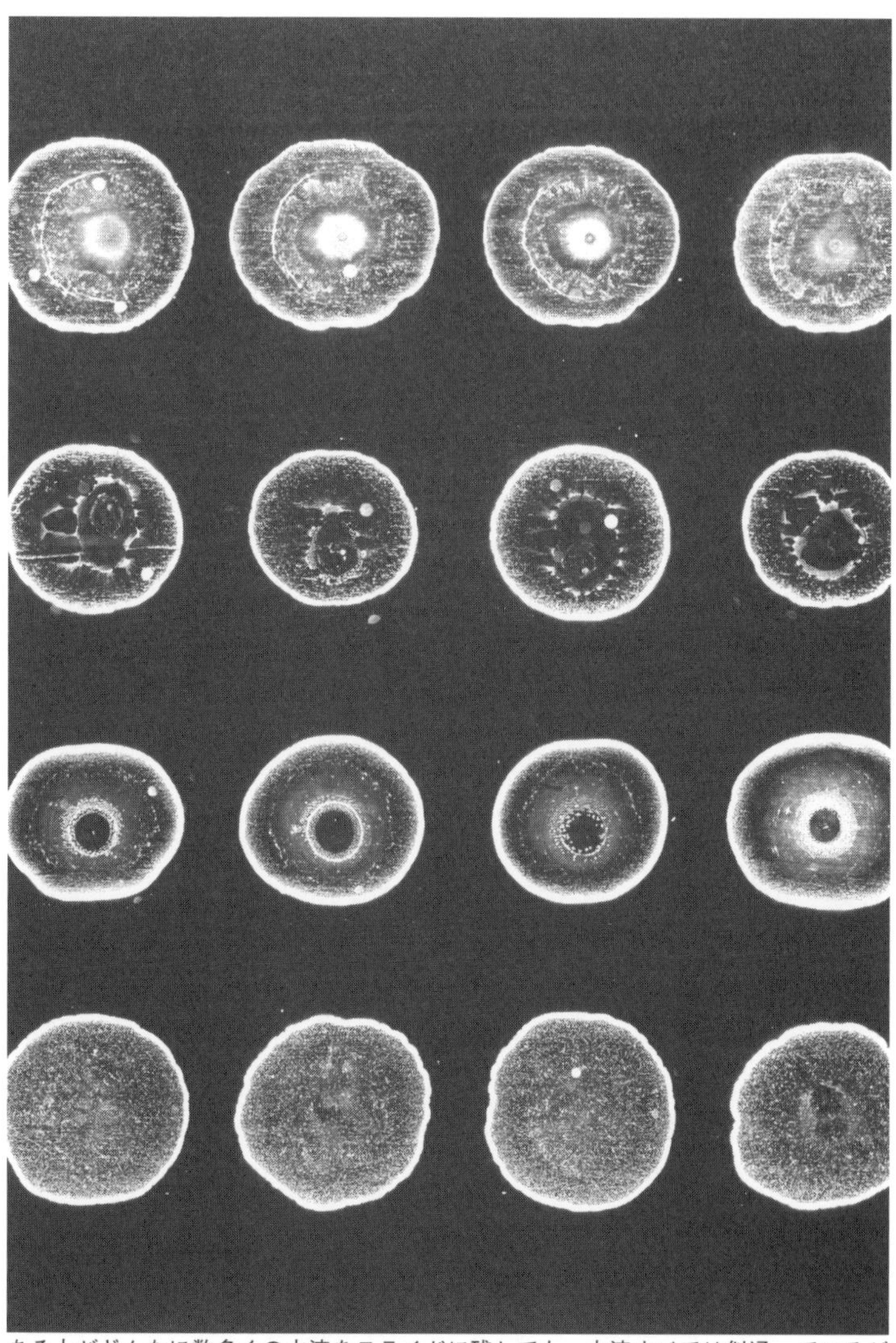

ある人がどんなに数多くの水滴をスライドに残しても、水滴すべては似通っているが、他の人が作った水滴とはすべて異なる

別の場所に置かれた水も準備される中、意識が送られた後の水によるものと対照実験のものと両方の氷の結晶の写真を撮影し、１００人に判断してもらった。すると、癒しの意識を送られた水はそうでない水より美しい形の結晶を作り出していると思われた[14]。

私たちの体の70％は水分でできていると考えると、クラドニ・プレートの上の砂や、クレペリン博士の実験における顕微鏡のスライド上の水のように、私たちの体内の水も周囲のエネルギーの振動に影響されていることになる。あなたの体を癒しのエネルギーの振動の水に浮かべれば、健康な状態の周波数に共鳴することになるし、その水に耳障りな振動が含まれているのであれば逆のことが起こる。また、あなたの意識をポジティブなエネルギーでいっぱいにすれば、少なくとも体内の70％の物質は気分がよくなる状態と共鳴することになる。

音が癒したアルコール依存症と心臓病

40歳で既婚者のジムは、ここ1か月ほど動悸が断続的に続いていた。動悸の症状に不安になった彼は、息切れがし胸が痛いと訴えて、まずは入院をして精密検査を受けたが、心筋梗塞の疑いも他の心臓病の兆候もなかった。

ジムは1年前に結婚して6か月になる男の子がいる。内科の救急看護師の正規職員として働いており、毎日忙しくもやりがいのある日々を過ごしていた。ただし、ジムの家系にはアルコール依存症の問題を抱えた人がいたり、兄弟も含めて彼も母親も身体的な虐待を受けるなど、幼児期に家庭内での問題を抱えていたせいでセラピーを受けていた。また、ユーモアや皮肉を言うことで自分の感情を押し殺してきた自覚もあった。そんな自分が果たしてよい父親、夫、そして医師の助手が務まるのかという不安を抱えていたので、自分に自信が持てなくなるとアルコールの力を借りて神経を落ち着かせようとしていたのだ。

飲みすぎる回数は結婚前より減ったとはいえ、アルコール依存症の問題を抱えていることは自分でも認めていたし、菜食主義で、妻が用意する温かい食事を摂ってはいたが、バターやチーズの摂りすぎで体重が増えた自覚もあった。もっと水分を摂らなくてはと思いながらも、仕事中はまったく水分を摂れないこともあり、夜になるとビールやカクテルを飲んでいた。

彼の健康状態は次のように診断された。

- 精神疾患
- 肝臓、脾臓、腎臓の経絡エネルギーのバランスが崩れている
- アルコール依存症の家系
- 心臓近くのチャクラ（訳注：心臓付近の経絡を流れるエネルギーが集まる場所）の異常
- 不安症

動悸で入院した最初の治療では、まず音叉での治療がなされた。明らかに気分が悪そうでおびえた様子だったジムの精神を落ち着かせ、心拍数と呼吸数を下げ、心臓と肺のエネルギーを安定させ

ることが目的であり、そのために足にある少陰腎経というツボへの針治療も行われた。

グラウンディングとセンタリング、そして音叉による足のツボへの刺激で始まった治療は精神を落ち着かせ、心臓のエネルギーを増やしてバランスがとれるよう調整された音叉でツボに、間隔を置いて刺激を与えるというものだった。ツボに繰り返し刺激が与えられると、ジム本人も気持ちが落ち着いて心拍数が下がる感覚がしたと言うが、その様子はそばで見ていてもはっきりわかるほどだった。

幼い頃から深く影響していた、受け継がれてきたアルコール依存症の問題に対しては、少陰腎経などいくつかの経絡のツボに音叉での刺激が与えられた。足にある腎臓に通じるツボを刺激してグラウンディングを重ねて治療は終了し、その後ジムは落ち着き冷静になったと述べている。

さらにジムのための食事療法と運動のメニューが作られた。

最初の治療を終えてから、動悸がしたりパニックに陥ることがなくなったとジムは語ったが、引き続いての治療では、家系的なパターンに働きかけ、心身にエネルギーが届くようにしながら、神経路のバランスがとれるよう腎臓のエネルギーを増やすことに重きが置かれた。体内のわずかなエネルギーフィールドをも浄化して癒すために次々と高い周波数の音叉が使われ、経絡に対してエネルギー変換とグラウンディングが進むような治療が続けられた。

ジムによると、最初の治療の後にはまだ時折ストレスを感じたり不安になることがあったものの、動悸はなくなり、かなり気分がよくなったという。現在彼は食事療法を続けながら断酒もしているが、退院しても通院でリハビリを行う病院を探して治療を継続したいと思っている。

エネルギーの流れと針灸のツボ

ジムの腎臓、肝臓、脾臓への経絡を用いた一連の治療は、すでに何千年も使われてきたもので、今やヨーロッパでも広く知られる手法だ。

１９９１年、アルプスで61か所の入れ墨をしたミイラが見つかった。入れ墨には十字架や的の形をしたものもあった。エッツィ・ジ・アイスマンと呼ばれるこのミイラは多くの科学者に研究された結果、エッツィがかかっていた病気も特定されている。入れ墨の中にはその病を癒すためのツボに彫られたものがあるとわかった。およそ５４００年前に存在していたとされるエッツィ・ジ・アイスマンの発見で、人間がツボと癒しのつながりを何千年も前から知っていたことが明らかとなった。

エッツィの入れ墨

最近では、携帯用検流計で簡単に体のツボを見つけることができる。他の皮膚に比べて電流の抵抗が２０００分の１しかないツボのある部分からは、より多くの電気が放出される。抵抗の少ないツボのような体の部分に刺激を受けると、電気の流れが促される。

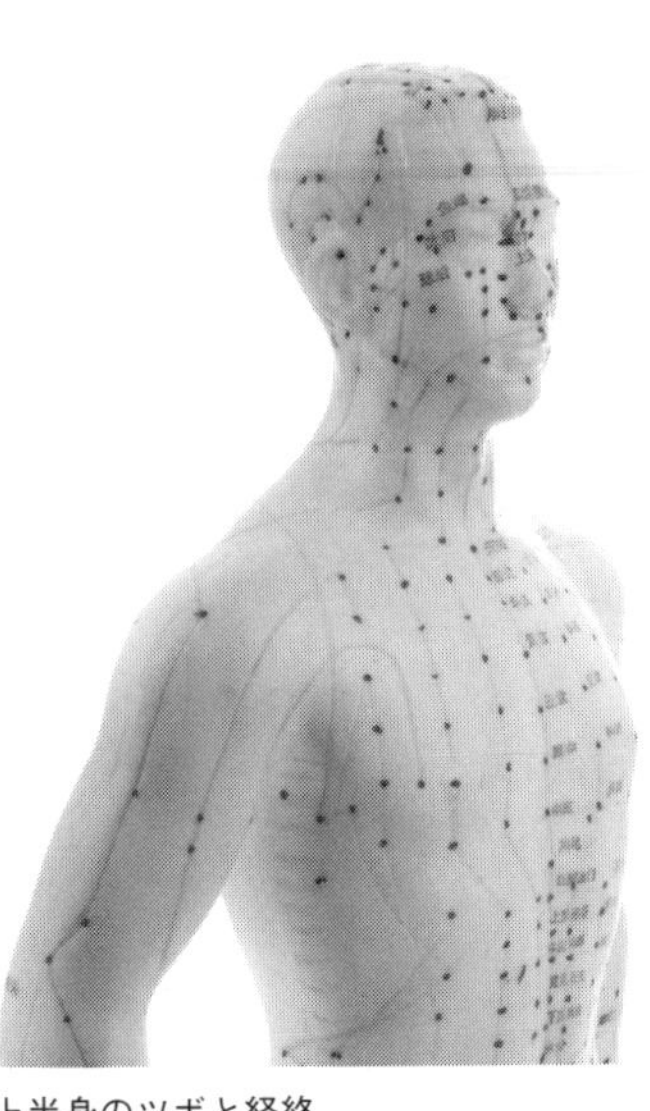

上半身のツボと経絡

私のワークショップでは、実際に希望者のツボを検流計で探してみることがあるが、ツボの存在が妄想ではないことがわかる。ツボは現実に存在し、測定可能である。施術者が癒しを施すと、癒しを受けた人の体内に流れるエネルギーの流れに変化が生じることもわかる。

ツボを刺激してエネルギーで心を癒す方法はＥＦＴと呼ばれるが、これは現在30種類以上ある心理エネルギー療法の中で最もよく知られているものだ。

世界中で２０００万人以上に使われているＥＦＴは、体の経絡にあるツボを指先で刺激することから通称「タッピング」とも呼ばれている。簡単に習得できて応用も利き、効果も見られることから、この20年ほどで急速に広がった。実例に基づいたものは臨床ＥＦＴと呼ばれ、その効果を認めた医学誌は１００冊を超える。またＥＦＴの複数の研究の結果を統合し分析するメタアナリシスでは、うつ、不安症、ＰＴＳＤ（心的外傷後ストレス障害）に対してはＥＦＴが薬物やトークセラピーより効果が高いことがわかっている。ＥＦＴではトークセラピーなどのいくつかの治療を組み合わせ、ツボを軽くたたく動作を加える。タッピングを終えるのには1分もかからないが、心理的な不快感は即座に減少する。

私がさまざまな医学や心理学の会合の場でワークショップを開いてＥＦＴを紹介してきて気づいたのは、医師も進んでＥＦＴを取り入れたいと思っていることだ。というのも、ストレスが肉体の病を引き起こすことを理解している医師が、これまでのような薬物療法を施さずともＥＦＴで患者の健康問題が解決したと話してくれた。チャック・ゲブハルト博士は、タッピングによって一瞬に腫れが引いた時のことを次のように述べている。

タッピングで癒された炎症――チャック・ゲブハルト博士

私はいわゆる従来の医学を修めたアメリカの内科医であり、ここ半年余りＥＦＴを取り入れる工夫をしています。私の専門は内科で、ジョージア州南西部の病院に勤めています。通常は従来通りの診察を患者に対して行っていますが、患者が薬に極度の不快感を持った場合、許されればタッピングやツボへの刺激での治療を試みます。

ある時、ビルという男性が、これまで重大な問題を起こしたことのない有能な助手から風邪の症状に対する注射を受けました。60歳になるビルは、私が高血圧と高コレステロールの治療をしてきた患者ですが、その他は極めて健康で、心理的にも何の問題もない落ち着いた人物です。ところが、風邪の注射を受けた翌日、朝早く病院にやってきて、注射をしてから数時間もしないうちに注射を受けた左手がずきずき痛みだして腫れてきたというのです。診療室にやってきた彼の左手には、実にたまご半分ほどの大きさの腫れができていました。

シャツの袖をまくり上げるのも耐えられないほどずきずき激しく痛むという患部は、真っ赤に腫れ上がり、私が触れると熱を持っていました。また、体温は38度もあり、額には玉のような汗が噴き出していたので、私はすぐに抗ヒスタミン剤と痛み止め、ステロイド剤を処方しました。もし呼吸が苦しくなったり意識が薄れる感覚がしたらすぐに病院に来るように伝えました。

処方箋を手にした彼が帰ろうとした時、私はふと彼の手、左肩、左腕にタッピングを施してみようと思い立ちました。そして、薬が効き始めるまでいくらかでも不快感がなくなればという気持ちで試してみました。何か所かのツボは幾分効果があった程度だったのですが、鍼灸でL5と呼ばれる彼の左ひじの内側の部分をタッピングすると、ビルが「おお、とても楽になります」と言ったのです。それから、30秒ほどL5にタッピングを続けていると、炎症を起こして腫れ上がっていた部分が10分の1程度に小さくなり、赤みも薄れて痛みが消えたのです。微熱も収まり、汗も引いて倦怠感も消えました。この反応には、私も彼もあっけにとられました。それまでかなりひどい症状を見せていた彼は、その部分を軽くたたいて見せ、満面の笑みを浮かべるほど回復していました。

それから1か月ほどしてから会った彼は、あの後、痛みや腫れが再発することはなく、薬の処方箋をもらう必要もなかったということでした。

ビルの例は、これまで私が目にした中で、タッピングによって最も劇的な反応を見せたケースですが、診察中に目にした多くの症例の1つにすぎません。これまで学んできた医学の解剖学、生理学、病理学では今目にしているようなことに触れられることはまったくありませんでした。このような劇的な回復を目にした人は誰でも、私たちが体と心の働きについてこれまで理解してきたことを修正し、研究の方向性も変えていかなくてはならないと思うでしょう。

ゲブハルト博士は、病気にＥＦＴを用いている内科医の一人だ。ある会合で、博士が私に近づいてきて私の両手を握り、２年前の同じ会合で私が発表したＥＦＴトレーニングの件で感謝の気持ちを伝えてくれた。今や彼のクリニックでは、新しい患者を受け入れる際にはＥＦＴを使って精神的な問題を取り除いてから、残された部分に対して医師が薬で治療する。

エネルギー治療で病を克服したアスリート

世界チャンピオンの水泳選手ティム・ガートンは、１９８９年、非ホジキンリンパ腫ステージ２と診断された。当時49歳の彼の腹部にできた腫瘍は、サッカーボール大にまで膨れ上がっていたが、まず手術をして患部を取り除き、続いて12週間以上にわたる化学療法を４回、その後８週間腹部に放射線治療を続けた。当初死に至る病と思われていたがんへの治療は成功し、ティムは１９９０年には寛解を医師から告げられたものの、再び競技への参加はかなわないだろうとも言われた。けれども１９９２年、ティムは競技に復帰し、１００メートルのフリースタイルで世界チャンピオンとなった。

ところが1999年、今度は前立腺がんと診断された。7月下旬、前立腺がん摘出手術を受けると、がんの転移が見られ、手術ですべて摘出するのは無理だとわかり、8週間、腹部に再び放射線治療を毎週受け、がんは消滅した。

さらに2001年、今度は首にリンパ腫が再発してしまい、手術で患部を切除した後、放射線治療を受けたが、その治療による火傷の跡がひどく残ってしまった。続いて翌年には、首の反対側にできた腫瘍が気管を圧迫し、急速に大きくなるリンパ腫と診断されて緊急手術が必要となったものの、もはやリンパ腫は体中に広がっていることがわかった。そこで自家骨髄と幹細胞移植がなされたが、うまくいかなかった。さらに、腫瘍が胃に転移している懸念もあり、医師はこの時点ではなすすべがないとの結論を出し、ほとんど望みがないと思われるまだ実験段階の治療を受けるのが唯一の手立てだと告げたのだ。彼は、リンパ腫の治療薬として最小限の使用を認可されていたモノクローナル抗体の注射薬（リツキサン）を投与された。この治療法はがんが存在している場所を特定することで免疫システムがそこに集中してがん細胞に働きかけるよう作られた薬である。

この時点で、ティムはドナ・エデンに訓練を受けたエネルギー治療施術者キム・ウエッドマンの治療を受けることにした。ティムは妻とともに3週間バハマに行き、最初の1週間、キムを自分の滞在先に呼び寄せて毎日1時間半の治療を受けることにした。また、自分でもキムからエネルギー治療の手法を学び、キムがいる間、そしてその後の2週間も1日2回20分、手順に従ってエネルギー治療を懸命に継続した。その手順には、エネルギーのバランスを整える手法や免疫システムをつかさどるエネルギー経路に働きかけるもの、そして胃、腎臓、膀胱にエネルギーを与える手法が含まれていた。

バハマ滞在を終え、自宅のあるデンバーに戻るとすぐにティムは、これ以上なすすべがないと彼に言った腫瘍学者とともにがんの追跡検査をする予定を立てようとした。ところが、驚いたことにがんはすべて消滅していた。彼はそれから4年間、毎年PET検査も受けてはいるが、今のところがんは見つかっていない。

意識が物質化する時

これらすべての研究の先にある目的は、エネルギーが物質化することを見極めることにある。

私たちは、地球の磁気フィールドから、そばにいる人の心臓から放たれる「フィールド」まで、さまざまなエネルギーフィールドにさらされている。当然ながら自分の臓器や細胞にもフィールドがあることもわかっている。これらのフィールドが自分の意識やヒーラーの施術に反応して変化するのであれば、あなたも誰かを癒せるかもしれない。

エネルギーフィールドには物質化して病気として発見されるより前にすでに前兆が現れていることも、肉体に含まれている水が周囲のエネルギーフィールドに敏感に反応することもわかっている。また音の振動数が物質を変化させ、亜原子粒子を観察するだけでその振る舞いに影響を与えるケースがあることも理解している。

そして意識的に癒しのエネルギーを他人に与えられることも、物質が癒しの意識のエネルギーに従って変化することもわかった。

針治療という古代から伝わる癒しのシステムは、そこから発展したＥＦＴなどの現代の手法とともに、私たちの細胞にあるエネルギーに影響を与えることができることを示している。エネルギー療法が、不安症やうつといった精神的症状にも、肉体的症状にも、痛みや自己免疫疾患にも効果が見られることが何千以上もの研究で示されているのだ。

科学者たちは、これまでエネルギーフィールドを物質により付帯的に生まれる現象のように見なしてきたが、今まで述べてきたような事例が示すのは、むしろ物質こそがエネルギーフィールドの付帯的な現象ということだ。癒しが起こるようエネルギーフィールドを変化させることができれば、細胞という物質もそれに反応して変化する。

アルベルト・アインシュタインは、エネルギーと物質の関係を理解していた。彼の有名な公式$E=mc^2$では、Ｅは「エネルギー」、ｍは「物質」を指しており、公式の＝をはさんだ左右でバランスが取れている。アインシュタインは、「私たちが物質と呼んでいるものはエネルギーであり、その振動は感覚で捉えることができないほど周波数が低いだけだ。物質というものは実は存在しない」と書き残している。

さて、私たちは物質主義のままとどまることもできる。物質主義の世界で感情を乱され、体に病を抱えるといった日常の問題に直面すると、薬や手術、さらには気分がよくなるドラッグを摂取するという物質的な解決策に頼ることになる。けれども私たちは、エネルギーが通る道筋も変えることができる。そして、エネルギーが変化すれば物質もそれに従って変化していく。人間としての避けられない運命に直面しても、アインシュタインのアドバイスを受け入れて、公式のE（エネルギー）を変化させていけばいいだけである。簡単にさまざまな効果が期待できる自分の放つエネルギーにきちんと働きかけることができれば、私たちは自由に物質の持つ制限を超えることができる。私たちは、問題が起こっても結果をただ受け入れるのではなく、その原因を探れるようにもなれるし、物質に惑わされなくなれば、エネルギーに内在する知恵を受け取ることができるのだ。

自分の意識を物質から切り離すことで、無限の知恵を持つ、高次元のフィールドにある可能性の扉が開く。この高次元のフィールドと調和した創造をすれば、無限の可能性のあるフィールドに触れることができ、もはや物質の持つ制限も受けないですむ。

肉体の細胞にある水分子から神経細胞までを創り出す、無限の知恵の詰まったフィールド。その可能性の中から物質を創り出しているのだから、可能性の中に自分の身を置けば、物質主義での制限を受けていた頃とはまったく異なる日常を創り出していけることになる。

第3章 感情は環境を変える

1892年、晴れやかな春の朝、若いドイツ人兵ハンス・ベルガーはヴュルツブルクの町での軍事演習に参加し、馬に乗って大砲の部品を運んでいた。

ところが、ベルガーが乗っていた馬が急に後ろにのけぞり、馬から投げ出された彼は大砲を運ぶワゴンの車輪の直前に落ちてしまった。しかし一緒にいた仲間が必死になってワゴンを止めてくれたおかげで轢かれずにすみ、制服が泥だらけになっただけで命は助かった。

その日の夕方、それまで電報など送ってきたことのないコーブルグにいる父から、元気かと尋ねる電報が届いた。というのもその朝、ベルガーの姉に不吉な感情が押し寄せ、ベルガーに何か大変なことが起こったんじゃないかと心配して父親に電報を送るように促したのだ。ベルガーは、100キロメートルも離れた場所にいる姉に、自分の恐怖がどうして伝わったのか理解しがたかった。

ベルガーは退役後、脳の働きを研究する精神科医となった[1]。１９２４年、ベルガーは、何週間も試行錯誤しながら脳腫瘍を摘出した17歳の子どもの脳の活動を測定する装置に修正を重ね、ようやく「検流計による常に変動し続ける脳波」の観察に成功した。日誌に「20年以上前から温めてきた、脳の働きを映し出す『脳波図』が完成するかもしれない」と彼は書き記している[1]。

装置と技術に改良を重ねたベルガーは、１９２９年当時、発見したアルファ波とベータ波という2つの脳波についてすでに記録を残している。不運にも当時の医学における脳の理論に反していたため彼の研究はほとんどの同僚から拒否されてしまった。英米の科学者は、彼が測定したものは電気を帯びた人工物に過ぎないとし、なかには「彼が記録した脳の表面から発生しているものには、重要なものは何一つなく、かなり疑わしい」と評した人もいたほどで、彼はこの研究のせいで大学の教授職を追われ、健康を害し酷評にさらされ、１９４１年、失意のうちにその生涯を閉じた。

世に脳波計が広まったのは、その後の意識の研究で意識と脳のつながりが調べられるようになってからの１９６０年代のことだった。今では、脳波計は脳の機能だけでなく、意識の状態を図式化するのに使われ、新たにガンマ波が発見されることにつながった[2]。

コミュニケーションする脳

私はニューヨークを訪れるたびに、ブロードウェイミュージカルを楽しむことにしている。

ミュージカルが終わると拍手喝さいが巻き起こり、その拍手のリズムに突然変化が起こった。はじめはバラバラに手を叩いていた千人ほどの観客が、ある一定のリズムで拍手をし始めたのだ。実は、脳内の神経は他人と同じことをしようと働き、互いにコミュニケーションを取って同じリズムで手を叩くようになる。こうしたパターンは周波数（ヘルツ）で数値化できる。

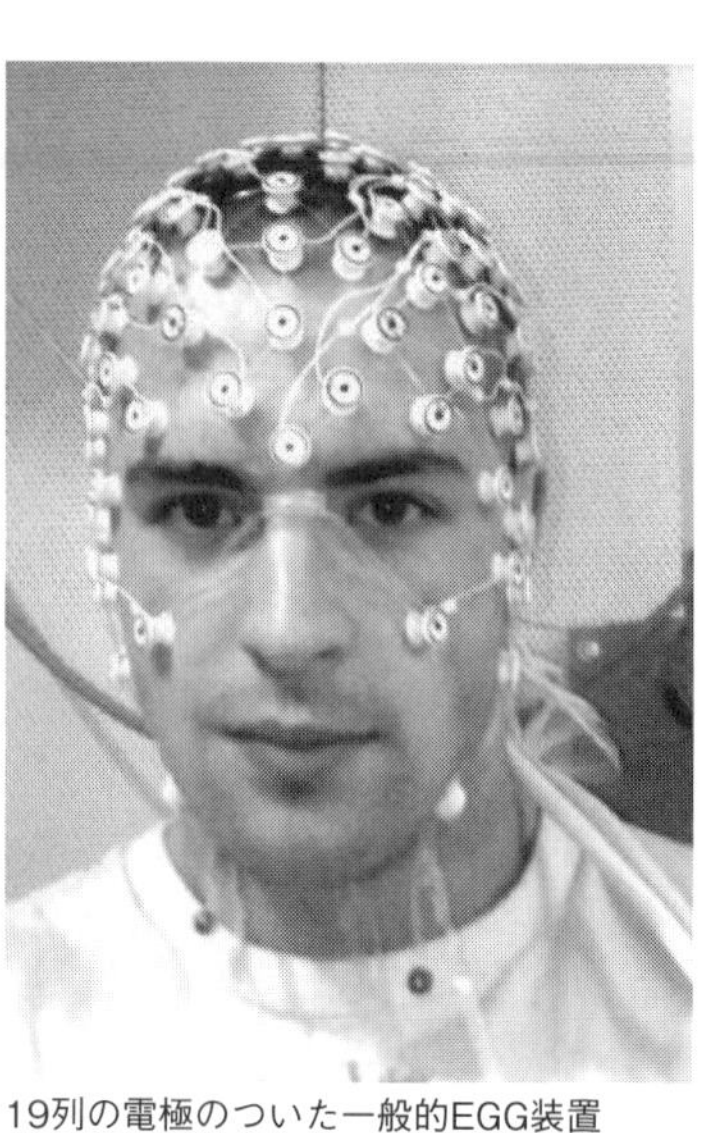
19列の電極のついた一般的EGG装置

例えば観客がみんなゆっくりとしたリズムで手を叩いていると、ある人の何百という神経もゆっくり刺激され、脳波もゆっくりとした状態になる。また、観客が速い調子で手を叩いたら、今度は同じ人の何百という神経が一斉に素早い速度で刺激を受け、脳波の周波数も高くなる。

脳波計で測定される脳波は脳の領域によって異なり、現代の基本的測定では頭皮表面の19か所に電極を付けることになっている。ある研究チームによると、「科学者は今や脳の活動状態と脳波には関連があって当然となりすぎていて、装置自体がどれだけ素晴らしいものかを忘れてしまっている。たった1つの信号があるシナプスに伝わると、平均およそ1億〜10億の組織全体の神経細胞に活動が及ぶと見積もることができる」[3]。つまり脳波計で脳波にある変化が見られると、それに伴って脳内の何十億という神経細胞が活性化することになる。

脳波とは？　その役割とは？

現在使われている脳波計では、基本的に5種類の脳波が測定できる。

最も周波数が高い（振動数の多い）ガンマ波（40〜100ヘルツ）は、学習している時、脳のあらゆる場所から伝わってくる情報を統合して実際に起こっていることとの関連性を把握しようとする時に最も活発に発生する。つまり、ガンマ波が多量に発生しているということは、複雑な神経組織が関連して刺激を受け、知覚も高まっていることを示す。

僧侶が「慈悲の瞑想」といわれる上座部仏教における瞑想をする際には、このガンマ波が脳内で多発することが知られている。[4] ある研究では、1週間前から1日1時間の瞑想を始めたばかりの瞑想初心者と僧侶との比較がなされたが、脳の活動は互いに似通っていたものの、僧侶が「慈悲」の気持ちで瞑想を始めると、その脳波は全体がリズミカルに一体化し、それはまるでミュージカルでの観客の拍手のような状態になった。

僧侶の脳にそれまで計測されたことがないほどの数のガンマ波が発生すると、その時に僧侶はこの上ない祝福を感じていたという。つまり、ガンマ波は、創造性、統合性、絶頂感のある感覚や「集中している」感覚など高度な機能と関連がある。ガンマ波は脳の前方から後方に向かって1秒間に約40回の頻度で流れる。[5] 研究者はガンマ波が発生している状態を、主観的意識を体験している際の脳活動（NCC）とみなしている。[6]

脳波の振幅とは、波の一番高い頂点と一番低い谷のところまでの幅を指す。脳波のほとんどが10〜100マイクロボルトであり、周波数の高いガンマ波の振幅は他の脳波に較べて最も小さい。

ガンマ波の次に頻度の高い脳波はベータ波である（12－40ヘルツ）。

ベータ波の中にも高ベータ波と低ベータ波がある。高ベータ波を示している人には不安、葛藤、ストレスがあることを意味し、ストレスが大きくなればなるほど高ベータ波が発生する。怒り、恐怖、非難、罪悪感、羞恥心などネガティブな感情があると高ベータ波が多量に発生し、そうなると

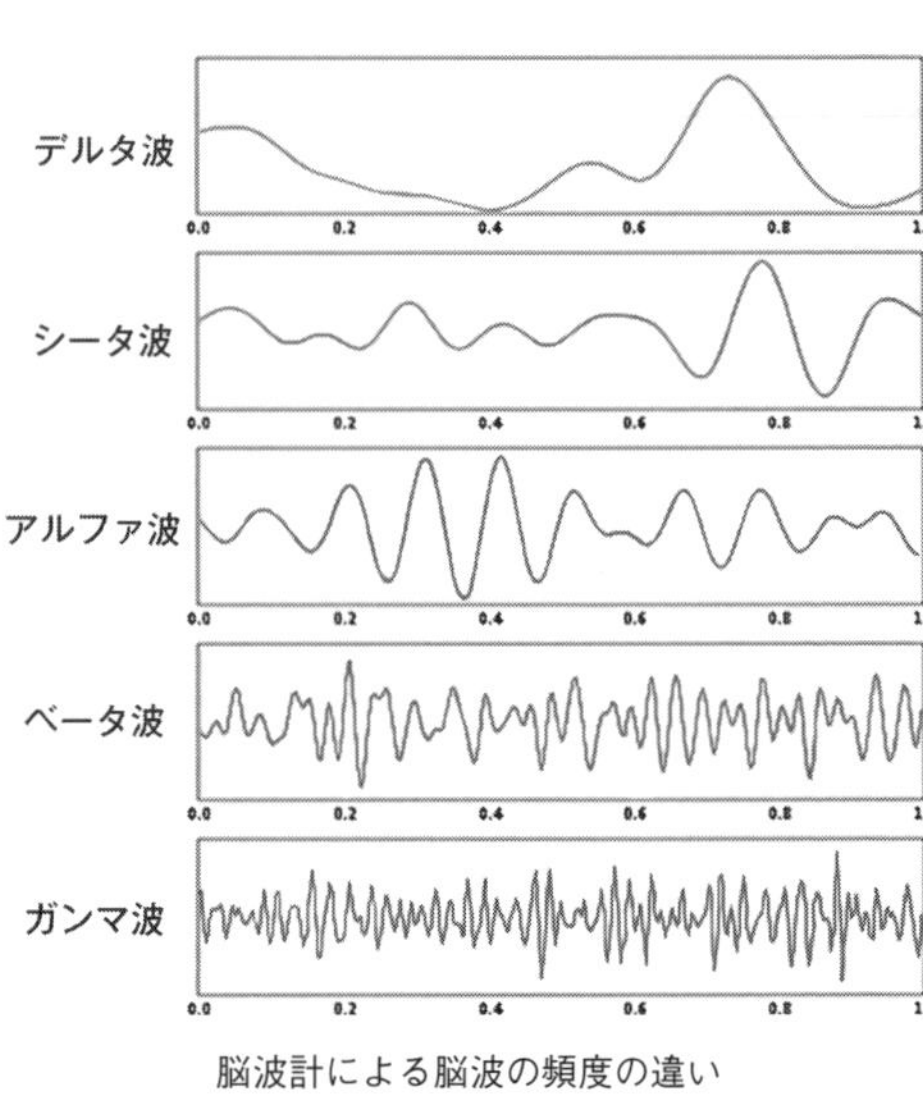

脳波計による脳波の頻度の違い

合理的思考、意思決定、記憶、客観的判断などを処理するための脳の領域がなくなってしまう[7]。すると、「思考のための脳領域」である前頭前皮質の活動が最大80％まで抑えられ、酸素と栄養が欠乏した脳の思考能力は急激に低下する。

低ベータ波（12－15ヘルツ）は体内で自動的に働いている機能と同期しているので、感覚運動リズム周波数、またはＳＭＲ（どの程度冷静で集中しているかの精神状態を表す）と呼ばれる。

ベータ波は情報伝達や思考を順序立てるのに必要とされ、通常の状態である程度発生しているの

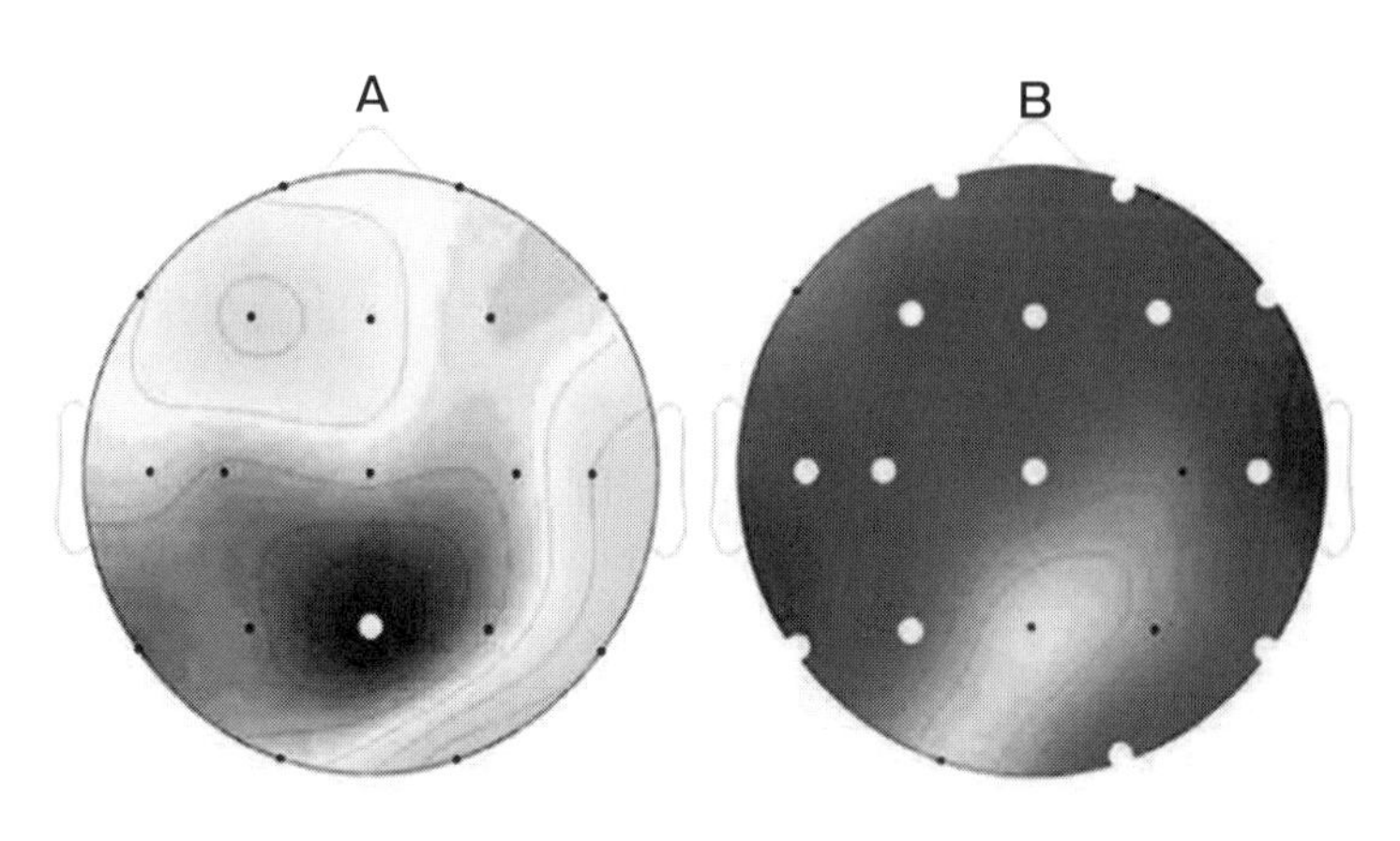

z 値の図（訳注：平均値から標準偏差であり、どのくらい離れているかの統計値）
中間色が通常の活動を表し、より薄い色は活動がより鈍くなったことを、濃くなるほど活動が活発であることを示している。左の図（A）は、さまざまな活動をしている脳の状態を示し、右の図（B）は、シータ波の中間の周波数が特に活発だが、これは経験豊かなヒーラーの脳に現れる

は望ましいことだ。問題を解決しようと集中したり、詩を作ったり、目的地までの最適な道順をはじき出したり、収支を合わせたりしている時のあなたにとって低ベータ波は友人のような存在だ。しかし、25ヘルツを超える高ベータ波が発生すると、ストレスがかかっていることになる。

一方、アルファ波は、思考を巡らす時に発生するベータ波や物事を連想している時のガンマ波と、2種類の低周波、シータ波（4－8ヘルツ）及びデルタ波（1－4ヘルツ）とをつなぐ役割をしている。

シータ波はうたた寝している時に発生する。夢をはっきり見て、眼球の動きが速いレム睡眠時の主な脳波ということになる。また、催眠術にかかっている人やヒーラー、トランス状態、創造力が高まっている時の人の脳にもシータ波が優位に現れる[8]。よい思い出も、よくない出来事も、その時の感情を思い出すとシータ波が発生するきっかけとなる。

そして、最も周波数の低いデルタ波は、熟睡して眼球がほとんど動かないノンレム睡眠の際に発生するのが典型的である。シータ波は、意識がはっきりとしたままでも起こり、瞑想する人、直観的な人やヒーラーの脳は通常の人よりデルタ波が多い。

日々の現実から目覚める

脳波計の開拓者マックスウェル・ケードは、高周波のベータ波・ガンマ波と低周波のシータ波とデルタ波をつなぐアルファ波の存在に気づいた[9]。

脳波や血圧などで自分の体調をコントロールする生体自己制御つまりバイオフィードバックや脳波を指標に望ましい脳波状態が表されるようにする精神トレーニングの技術を学習する時は、どうすればアルファ波を脳内に作り出せるかを学ぶことになる。

理想は、脳のあらゆる部分が連動してリズミカルに働くのに十分なアルファ波が発生していることであり、この状態では高ベータ波が最低限に抑えられて思考が散漫になるモンキーマインドの状態や不安がほとんどなくなり、ガンマ波とシータ波のバランスが取れ、デルタ波が脳の広範囲にわたる。

意識の状態を計ることに注目する以前、英国政府関係のレーダーを扱う仕事をしていた生物学者のケードは、1976年に「マインドミラー」と呼ばれる自作の装置を完成させた。脳波を鮮明に画像化できる脳波計の一種だ。彼の生徒アナ・ワイズによる装置の説明は次の通りだ。
「マインドミラーが他の脳波検査装置と異なる点で興味深いのは、開発の目的が病院での検査装置として病状を調べるためというより、覚醒した状態に入るために最適な脳内の状態を調べようとした点にある。つまりこの検査装置は、被験者の問題が起こった部分を計測するためではなく、精神的に最も優れた状態の人の脳波がどうなっているかを探るためのものだった。さまざまに変化する脳波が測定されていく中で、彼と同僚たちは、ヨガ修得者、禅マスター、ヒーラーといった被験者が示すある共通パターンに気づいた」

20年以上もの間、ケードはマインドミラー装置を用いて精神的修行を修めた４０００人以上もの脳波を記録し、その人々には共通した「覚醒した心理を示すある状態」が存在することを見出した。その１つが、彼らの脳波にはアルファ波が多く発生しているということだった。

前述したとおり、ベータ波とガンマ波は高周波、シータ波とデルタ波は低周波であり、脳波全体のちょうど中間の周波数を持つアルファ波が多く発生し覚醒した人の脳では、互いの脳波がリンクしている。ケードは、意識的な状態で発生するベータ波と、無意識な状態を示すシータ波とデルタ波との間がリンクすることから、この状態を「アルファブリッジ」と呼んだ。この状態では、意識がすべての思考へと広がる。ケードは次のように記している。
「知覚の覚醒は、まるで眠っている状態から次第に目が覚めるようなものであり、日々の現実がどんどん明晰になっていく。つまり、私たちが覚醒するのは、日々の現実に対してなのだ[9]」

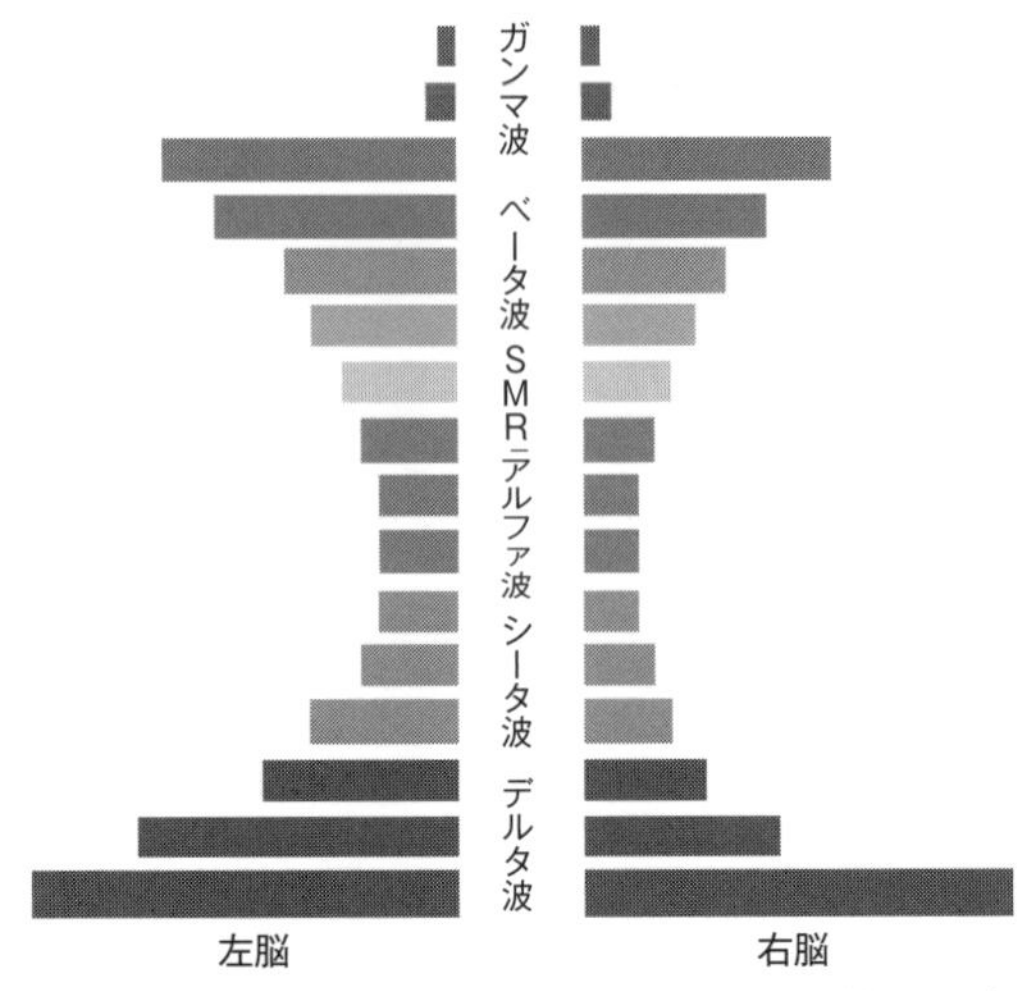

マインドミラーによる脳が通常に機能している状態の図。６種類の脳波すべてが発生しており、左右の脳のバランスが取れている

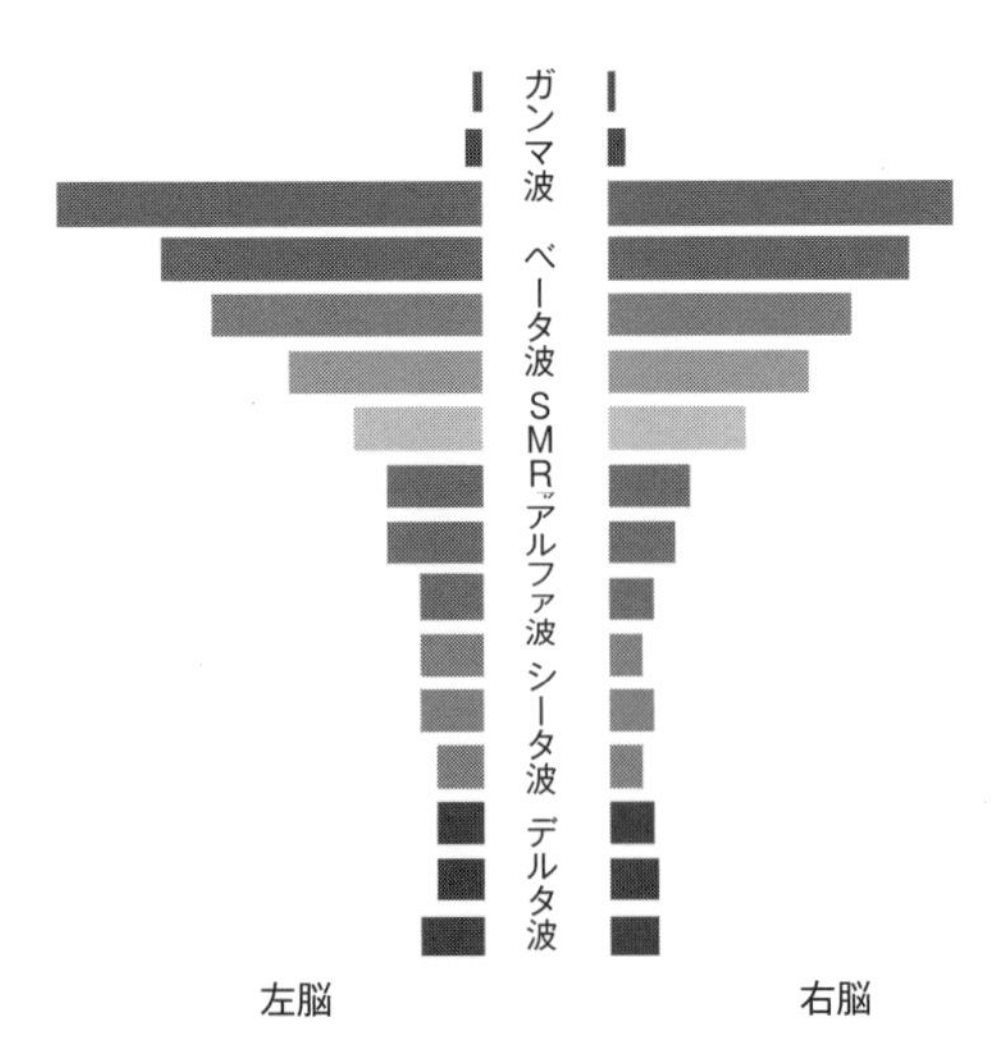

不安：不安の中にいる人は高ベータ波が活発で、アルファ波、シータ波、デルタ波はわずかしか発生していない

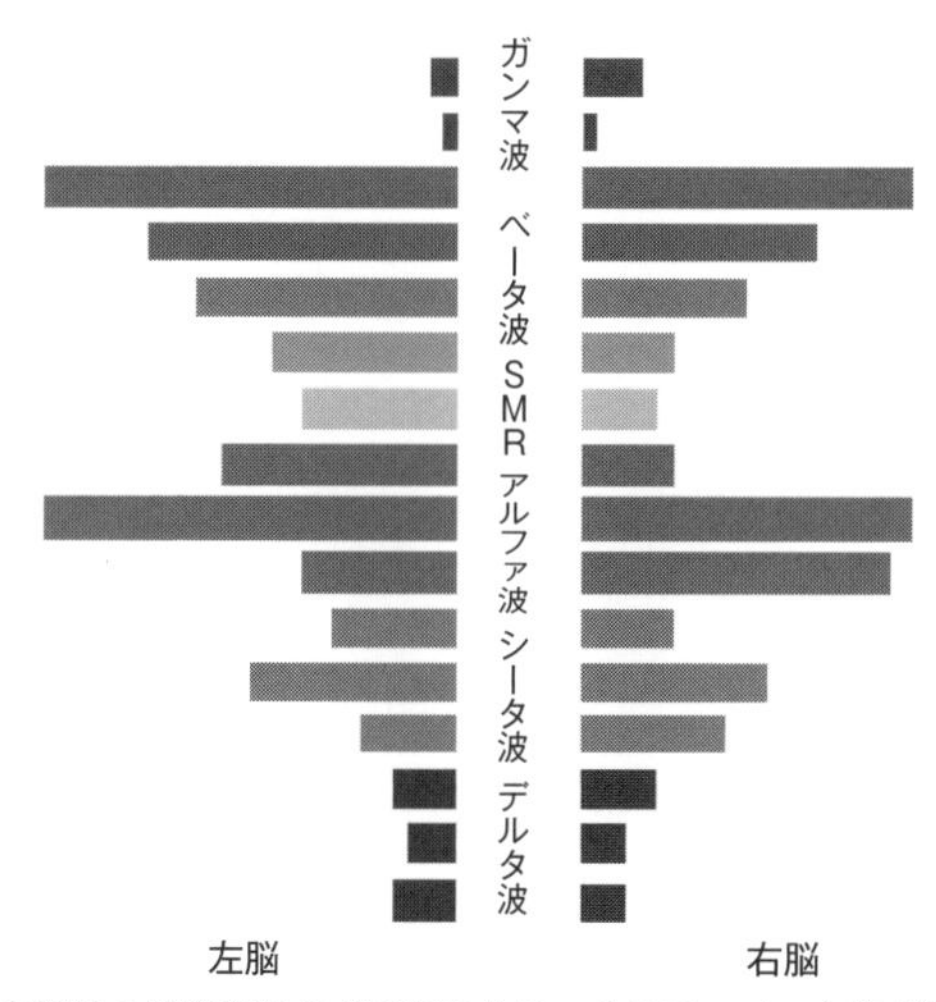

アルファ波の増加：被験者はまだ不安の中にいるので、ベータ波が発生しているが、アルファ波が発生して意識と無意識の統合が始まる。また左右の脳でのバランスは欠いているもののシータ波も発生し始める

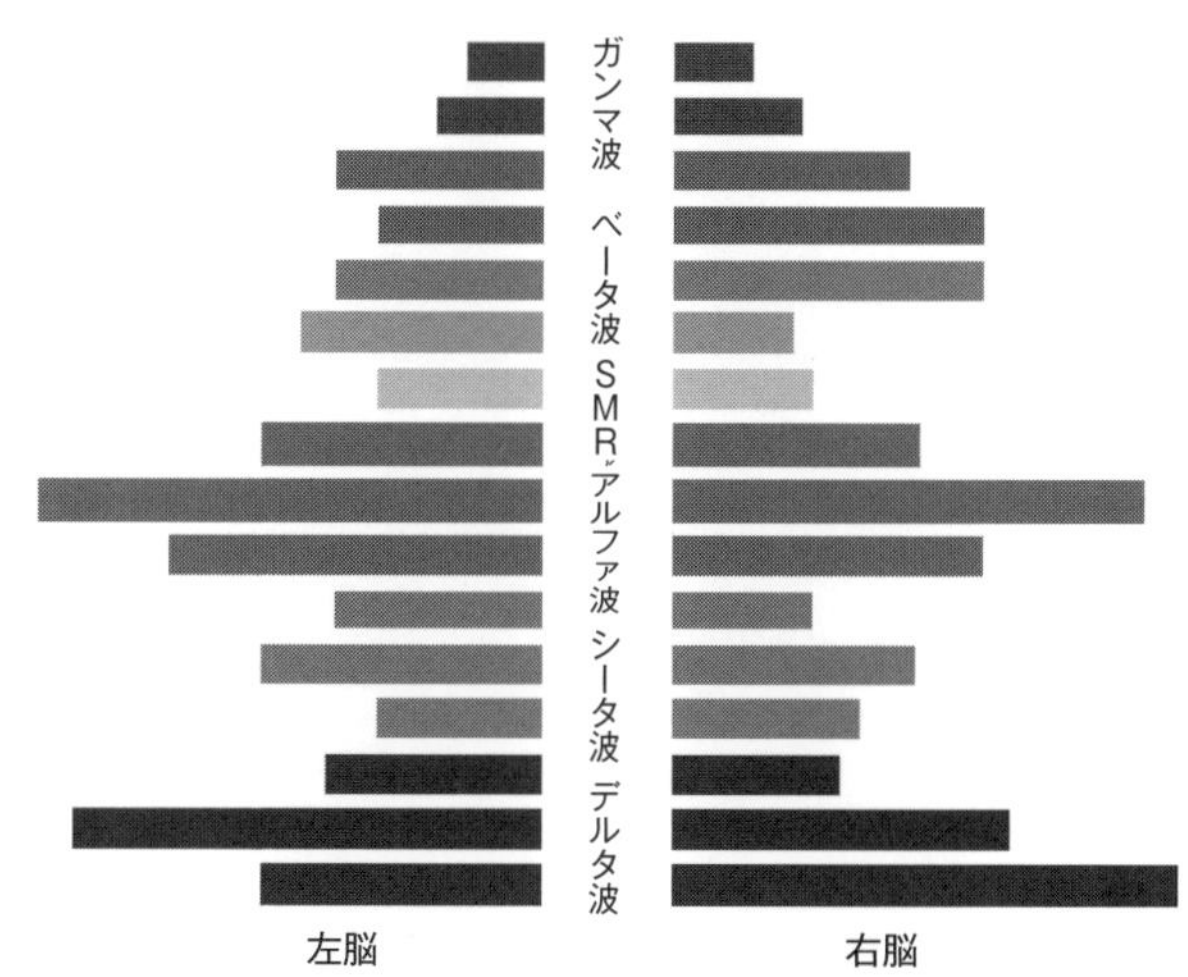

バランスの取れた状態：デルタ波とシータ波、低ベータ波が多量に発生している「覚醒状態」の脳波のパターン。アルファ波が多発し、意識的な状態（ベータ波）と無意識や潜在的意識レベル（シータ波とデルタ波）の間で「アルファブリッジ」が生まれている

私が発明した簡単なエコ瞑想は、いつでも自動的に覚醒した脳波を自分で作り出せる手法だ。エコ瞑想では、ＥＦＴ（49ページ参照）を用いてまず心理的に壁となっているものを取り除いて緊張をほぐし、その後、脳と体に安全な信号を送り出すための一連の簡単な運動を行う。この手法は宗教的なものや哲学的なものがもとになっているのではなく、自動的に深いリラックス状態になれる生理学的信号を体に送り出すというのが基本的概念だ（詳細は https://www.eftuniverse.com/tutorial/easy-meditation-in-7-steps-learn-ecomeditation-with-eft-3 参照）。

エコ瞑想中にはデルタ波の脳波も多く発生する。デルタ波は、ある場所に存在している自分とそれ以外の情報をつなぐ時に発生する脳波であり、創造力を働かせている時のトランス状態でもある。曲を作る時の作曲家や遊んでいる時の子どもに多く見られる。創造に没頭すると、外界の感覚がすべてなくなる。このような時の脳波はデルタ波がほとんどで、シータ波やアルファ波はわずかに見られる程度で、ベータ波に至っては最低限レベルの機能にとどまる[10]。瞑想中にデルタ波が発生する人は、宇宙と一体化し健全で調和がとれた至極の状態という超越的な体験をしたと述べている。

アルベルト・アインシュタインは、この状態では「生きとし生けるものすべて、自然にあるものすべてを包み込む」まで意識が拡大すると表現している。この状態になれば、科学者だって神秘主義者になれるのだ！

瞑想でストレスは軽減する

私が行っているワークショップで、軽い不安神経症を抱えた42歳になるプレムという男性にエコ瞑想を教えたことがある。彼は創造力を高めたいと思っているプログラマーで、趣味のギターを弾く時間がめったに取れないと嘆いていた。「自分の時間が取れないのです」と言う彼は、「人生は我慢だ。慣れていくしかない。遊ぶ時間などない」が信条とのことだった。

セッションを始めると、プレムの脳波には典型的ストレス状態にあることを示すベータ波が左右の脳ともに多く見られた。一般的に高ベータ波は慢性的な不安症、ストレス、燃え尽き症候群の人に多く見られる。また、シータ波とデルタ波が比較的多く発生しているにもかかわらず、リラックスした状態へと導くアルファ波が極端に少なく、創造力を働かせることができない状態であることが脳波でわかった[11]。

ところが、プレムがエコ瞑想を日課として始めると、脳の左右領域にアルファ波が多量に発生し始めた。特に彼の右脳に多く発生していた不安やストレスで疲弊していることを示すベータ波が消え、今まで見られなかったガンマ波が発生するようになった。プレムは瞑想を習ったことはあったが、頻繁に行ったことも日課として続けたこともなかった。しかし、エコ瞑想ですぐに深い瞑想状態に入った彼の脳波は、覚醒した脳の状態を示すようになったのだ。ストレスがなくなった彼の前頭前野には血流が戻り、実践を促して知的な作業をこなすための脳の領域を使えるようになるにしたがって思考がどんどん明晰になっていった。

ワークショップの参加者にはその前後で、心理テストと、生物学的反応テストを行っている。プレムの場合、主にストレスホルモンであるコルチゾールの値が激減していた。ストレスレベルが下がると、生物学的エネルギーが細胞の再生、免疫など役立つ機能に正常に費やされるようになる。ワークショップの前後を比較すると、重要な免疫マーカーである SIgA と呼ばれる唾液中分泌型免疫グロブリンAのレベルにも明らかな上昇が見られ、安静時心拍数（bpm）も1分間79拍から64拍に減少し、血圧は118／80から108／70へと下降した。これらはみな、彼の脳が新たにバランスの取れた機能を取り戻したことによる指標の変化である。同じような効果が、ワークショップの他の参加者にも現れた。コルチゾールの平均レベルが下がり、SIgA レベルは上昇、心拍数は70から66へと下降した[12]。

エコ瞑想でストレス反応を正常に戻すことで、プレムは日々を明るい気持ちですごせるようになった。活力が戻り、自分の才能を思い出し、また遊ぶ時間も持てることに気がつくなど、日々をコントロールする感覚を得た。エコ瞑想を続けたプレムは、ワークショップが終わる頃にはいつでもリラックス状態に入れるようになり、ギターを弾く時間や創造力を大事にする時間を持つよう工夫し始めた。

意識が変わると脳波も変わる

脳波のもたらすエネルギーフィールドと神経路は、ダンスをするようにともに影響し合いながら常に進化している。意識が変わると、脳波にも変化が起こり、それまでとは異なる神経路ができあがる。この変化が最も顕著に表れるのが、愛と恐怖という感情が起こった時だ。

私たちが恐怖を感じると、互いの脳波をつなぐ役割のアルファ波が消える。それでもシータ波とデルタ波はかろうじて発生しているかもしれないが、無意識の域にある情報が遮断され、脳全体のつながりが断たれてしまう。やがてベータ波があふれるように発生すると、脳内も恐怖でいっぱいになり、生き残りをかけるかのような状態になる。一方、至福の状態の時の脳波は覚醒した精神状態のパターンを示し、ケードが「進化した精神状態」と呼んだ左右脳が対称のパターンへと移行する。

意識が愛でいっぱいになると、脳の機能はそれまでとまったく異なる動きを見せ、シータ波とデルタ波が多出し、加えて意識と無意識の領域をつなぐアルファ波が発生する。感情は脳の状態を作り出すが、意識によって作り出されたフィールドを観察すれば脳波の様子がわかる。愛、喜び、調和によって活性化された信号が神経束に伝わると、ある特徴を持つエネルギーフィールドができあがる[13]。エコ瞑想を行っている人たちをモニターしている脳波の専門家ジュディス・ペニントンは、「シータ波とデルタ波など覚醒した心理状態のパターンが現れると、やがて進化した心の状態へと移行していくことにつながる」と述べている。

このような脳波の実験が難しいのは、被験者一人のたった1時間を記録するだけでもデータ量が膨大になることだ。常に変化している脳波計にミリ秒ごとに示される脳の各部位の脳波の状態を記録した多量のデータをどう解釈するかには経験と、何のために分析しているのか、その目的を被験者に明らかにしたうえでの比較データが必要だ。このような研究で、脳全体がどのように働いているのか、その構造の把握に最適なのがベータ波とデルタ波の比較であることがわかり、ある実験で瞑想前、瞑想中、瞑想後のベータ波とデルタ波の割合を算出した。

これまで一般的に知られている瞑想法では、祈りや呪文などチャントを唱えるもの、体で一定の動きをするもの、黙って静かに座って行うものなど手法はさまざまでも、瞑想をするとベータ波が減少しデルタ波が増加するという共通点があった。研究者は、この状態では「各領域の機能の相互依存が脳全体で減少」し、「自分」という感覚がなくなるような変化が起こるとしている。この時の脳は、「物事に巻き込まれずに自分を切り離して解放された感覚、あるいはエゴが消えてすべてとひとつになる感覚を経験すること」を示す。これは、瞑想をする人が、高い次元の宇宙フィールドであるワンネスの意識へと移行する時と同じだ。これは、意識の流れが変容し、高次元のフィールドの中に自分が溶けてしまう感覚がすると表現した数百人の瞑想家の脳を、私が脳波計で調べた時に観察した脳波と同じである。

神秘体験に存在する共通点とは

私が開いたワークショップに参加した、うつに悩んでいたジュリーという女性は、瞑想中にデルタ波が多量に発生した時の経験を次のように語った。

「まず、瞼が重くなってきたのが気になり、体中の皮膚がピリピリかゆいような感覚がしました。のどもムズムズし始めて咳が出そうになりました。隣に座る男性の呼吸音が聞こえて煩わしいとさえ感じていたのに、そんなことをすべて忘れ始めると、平穏な気持ちに包まれました。

私は吸い込んだ息が体内に入っていくのを感じ、また吐いた息が外に出ていくのも感じながら、まるで川が流れるように呼吸をしました。やがて自分が風船のように宙に浮かび、どこか他の場所を飛んでいるように思えて、とても素晴らしい感覚でした。岩も木も海もすべてが感じられ、あらゆるものを包む完璧な宇宙の中に吸い込まれた自分もその一部なのだと思えました。

巨大な4つの青い色をした存在が私に近づいてくると、この上ない愛を感じ、その存在から流れ出るものとつながる感覚がありました。人間の形をしたその巨大な存在は、透明で身長が4〜5メートルほどあり、鮮やかな濃い青色の霧の粒でできていました。最近、家族の問題に悩んでいた私に、存在の1つが近づいてくると、なぜか不安がなくなり、まるで青い霧の存在がすべて大丈夫だと告げてくれたように思いました。私の心は愛でいっぱいになり、すべては愛でできていると思えました。彼女はいつでもそばにいることを私が忘れないようにとキラキラ光るダイヤモンドの結晶を手渡してくれたので、私はそれを心の中にしまいました。すると、ダイヤモンドの粒が長い間、私の心の中に蓄積されていたみじめさや落ち込みをすべて溶かしてくれました。

瞑想をしている場所に戻ってくるように言われて初めて、自分がとても遠くにいたことに気づいた私は、平穏な気持ちで体に戻ってきました。体に戻るのは簡単ではありませんでしたが、それは自分の一部が今までいた遠い場所にずっと存在したままだったからだと感じました」

ジュリーが語った話は、典型的な神秘体験だ。

人間ははるか昔から超越的経験をしてきたが、彼女の話には他の多くの人と共通点がある。

- 平穏な感覚に包まれる
- 悩みや疑いが消える
- 孤立した自分と肉体的限界から解放される感覚がある
- 自然、宇宙、生きとし生けるものなど高次元のフィールドを感じ、ワンネスを経験する
- 象徴的な導く存在と出会う
- 癒しの力を持つ象徴的な贈り物をもらう
- もらった贈り物と、体や自意識が融合する
- 神秘体験による自分の変化を感じる

私が一緒に研究を重ねている脳神経学者は、熟練した瞑想家たちに、瞑想中にワンネスを感じたら人差し指を3度動かして合図できるように指導し、瞑想家がワンネスを感じた時点を脳波計で確認し、内面で起こっていることと脳の状態を関連づけようという試みに挑んだ。体で感じている自分という存在が高次元の意識とひとつになる時、大きな振幅のデルタ波が発生する。大きな振幅デルタ波は、ジュリーが青い存在と出会った経験が現実と融合し始めたような状態を示す。[14] 瞑想を習慣とする人には、以前より高い振幅を持つアルファ波、シータ波、デルタ波が現れ始める。

長く伝えられてきたさまざまな神秘体験には、類似点がある。17世紀インドの聖人ツカラムは、「自分を手放す時」という詩で次のように述べている。[15]

神よ、私があなたの中で自分を手放す時
はっきりと、わかる
宇宙は美しく
生きとし生けるものも、命なきものも
すべてはあなたのうちに存在する
この壮大な世界は
私たちに神が示してくれるものであり
あなたの声は
私たちに語り掛ける
その言葉とは
こちらにいらっしゃい、こちらに近づきなさい
すると私は神聖さでいっぱいになる

ツカラムの詩とジュリーの体験には類似点がある。ツカラムも体を持った自分という感覚が薄れて高次元の意識の中に自分が溶けていく感覚と、宇宙とのワンネスを経験し、宇宙との意思疎通に言葉はいらない、ひとつになったという感覚を持つ。ツカラムの神秘体験を脳波で表すことができる装置が17世紀にはなかったが、ジュリーと似たような経験をしていることから彼に何が起こって

いたかはおおよそ想像できる。

19世紀インドの聖人ラーマクリシュナは、何時間も至福の境地に入ったことのある人物として知られている。至福の境地に至った彼の体は固くなり、超越体験に没頭して周りに対する認識がなくなる。瞑想状態から戻ってきても、しばらくは言葉を発することさえできなくなった。しばらくして、何百という太陽のような星々を見たと語り、輝く光が人間の姿になり、また光の中に溶けていったという。

神学者ヒューストン・スミスは、世界中の宗教の教科書といえる本を執筆した神秘体験の専門家である。彼によると、神秘体験におけるワンネスの感覚は、歴史を通じて共通したものであり、時代や文化を問わないという。神秘主義者が語るワンネスの感覚は、誰かから耳にしたものではなく自分で体験したものだ[16]。まるで山頂に登ったような状態から降りてきて体験したことを語る彼らに触発された人の中には、神秘体験者を崇拝した宗教を作ろうとする者もいた。ところが、神秘主義者自身は全員がワンネスを自分で経験している。そこには司祭や宗教的儀式に助けを借りた瞑想体験はない。

神秘主義者は自分で経験しているからこそ独自の意見を持ち、自分の信じた道が最高だと思っているだけである。時に神秘体験を実体験したことのない人々が互いに争うことがある。たとえ世にさまざまな宗教が存在しても、神秘主義者にとっては自分の体験したことがすべてであり、そこに上下はないと思っている。スミスは、神秘体験は人間の持つ意識の頂点にあるものだという見解を持っている[16]。

現代科学が神秘主義を解き明かす突破口となるものは、神秘主義者の脳に流れる情報を視覚化することだ。主観的にしか語られなかった神秘主義を今や科学的に客観的データとして示せるようになってわかったことだが神秘体験には共通性のある予測可能な脳波のパターンがある。

デルタ波と高次元の意識とのつながり

私の友人で同僚のジョー・ディスペンザ医師は、瞑想を行うワークショップで脳のスキャンデータを何年も集め続け、今ではその数１万件を超えている。ある瞑想のワークショップに集まった人たちの脳波を調べると、参加者たちには平均よりシータ波とデルタ波が多いという共通パターンがあるという興味深い発見があった。[17] 瞑想を行う人たちの脳内のデルタ波は、基本的に通常の脳よりもかなり多いことがわかっている。[17]

瞑想家たちがここにいる一人の自分という感覚を解放し、高次元の状態に入るよう修練を重ねるうちに、かつてないほどにデルタ波が増加し、やがて脳が新たな機能を持つようになる。ジョーが何百、何千もの例を研究した結果、瞑想を行う人たちの脳内では、平均的な脳とは異なる情報の伝わり方があるということがわかった。[18] 彼らの脳のデルタ波の発生は通常のメモリを振り切るまでに達して、通常の脳波では表せないほど平均からかけ離れていた。[17] 統計上、熟練した瞑想家のようなデルタ波の様相を見せる一般人はわずか2・5％しかいない。ジョーのワークショップの間に、参加者の脳波がどの程度変化したかが測定されたが、４日間でデルタ波の基本的活動が平均１４９％

も増加したことがわかった[18]。

デルタ波の振幅は通常最低100～最高200マイクロボルトである[19]。ところが、エコ瞑想のワークショップで測定された脳波の中には振幅が1000マイクロボルトを超えるものもあり、時には数百マイクロボルトにまで急上昇することもあった。それほどのデルタ波はほとんどの脳波計で測定できない。

ジュリーの経験や、かつてツカラムが体験した強烈な神秘体験とデルタ波には関連があり、何千年もの間に存在したさまざまな文化のあらゆる神秘主義者の話とも一致する。自分という感覚が高次元へと移行し、あらゆるものの中に溶けてしまった感覚を経験したかどうかを客観的に証明するのは無理でも、その経験がどんな脳波を作り出すかは測定できる。その共通因子はデルタ波が巨大な振幅にまで至るという点だ。

また、こうした経験は何も例外的なものではない。ある研究では、40％のアメリカ人と37％のイギリス人が少なくとも一度は自分という感覚を失うほどの超越体験があり、それがその後の人生を変えた最も重要な出来事だったと述べている[20][21]。

けれども、超越体験を子どもは親に話さないし、患者は医師に語ることもなく、他人に話すことはあまりない。この手の話は通常の社会的通念から外れたもので、脈絡がなくうまく表現する言葉もないためだ。だからといって、そうした体験が起こらないというわけではない。探せば、自分の意識が高次元にもあることを示す出来事はあちこちに散らばっている。

時にこうした脳波の変化が、突然のように癒しをもたらすことがある。

ジョー・ディスペンザが指導している瞑想のワークショップで、ホセというメキシコ人男性も神秘体験をしたという。[18] ホセは悪性脳腫瘍と診断された直後にワークショップに参加していたが、間もなく命にかかわる大手術を控えていた。瞑想中、ジュリーと同じようにホセもこの世のものではない存在に会った。その中の一人が自分の頭蓋骨の中に手を入れて、しばらく何かを探していると感じたホセには、自分の頭皮が切り開かれて脳組織が再調整されるのがはっきりとわかった。

ワークショップが終わった翌日、ホセは自宅に戻る前にもう一度レントゲン撮影をしてもらうため、予定を変更してヒューストンへと飛び、著名ながんクリニックの医師の診断を受けた。そこでの検査でわかったのは、すべての腫瘍が跡形もなく消滅してしまっていたことだった。

このような強力な癒しを体験している間、本人の脳波にはシータ波が現れることがよくある。シータ波は、エネルギー治療の間の脳波図に現れる。[22] ある人が誰かを癒そうとすると、まずヒーラーに大きなシータ波が発生し、やがて癒しを受ける側にもシータ波が発生する。ヒーラーが自分の手が温かくなったと感じた瞬間に、癒される側に向かって癒しのエネルギーが流れ込み始める。[23] ヒーラーと癒しを受け取る人の両方に脳波計を取り付けて行った研究があるが、ヒーラーの脳波には、周波数7・81ヘルツのシータ波が14回発生し、やがて受け取る人の脳波もまったく同じ周波数を示すようになり、ヒーラーと施術対象者に脳波の同調が見られた。[24]

意識が変わると、脳内の情報の流れが変わる

私が開催しているある訓練コースで、アニスという医師が脳波計をつけて参加者全員の前で自分が抱える問題に取り組んでくれた。

アニスは医師であるだけでなく薬学博士号も持ち、そして手を患部に当てて治療するヒーリングタッチなどさまざまな治療法の資格を持っていた。当時の彼女は、13年前に線維筋痛症と診断され、関節痛、疲労感の他、時折頭に霧がかかったようになることがあり、症状は悪化したり軽減したりを繰り返していた。ある時、ひどく衰弱してしまった彼女はもはや働くことができなくなってしまった。

ある日の訓練中、痛みを表す数値が10段階中の7まで上がってしまった彼女は、頭も霧がかかったようで講義の内容もほとんどわからなくなり、歩行も困難となってしまった。一緒にワークショップに参加していた夫に、今や二人の娘のことも含めて経済的な負担をすべて負わせることになってしまった彼女は、「訓練しているのに、自分で自分を治せない」という気持ちからいら立ちを感じていた。ワークショップでは時にたった1分間で改善を見る奇跡を目撃することがあるが、それもアニスには起こらず、もっと長期にわたる複雑なセッションが必要だった。アニスには明るい未来のビジョンなど描くことが難しかった。

ゲシュタルト療法施術者のバイロン・ケイティは、例えば「今のような状況になかったら、自分

はどうなっていたと思いますか?」「今抱えている不自由は、自分の人生にどう役立っていますか?」といった患者にとって挑発的ともいえる質問をする。私はアニスにそんな質問を投げかけてみた。すると、彼女は８歳の時に家族から裏切られたと思ったという経験を思い出した。

それは当時、病になることで自分を守ることにした記憶だ。病気で寝たまま自分の部屋に引きこもってさえいれば、つらいことに直面せずにすんだ。彼女の病気の原因が、自分が抱えた問題を病気になることで解決しようとしたことにあるとわかったところで、今も残る子どもの頃に裏切られたと思った時に感じた怒りを解放する心理的エネルギー療法を用いてみた。

すると、彼女の痛みは10段階中の１まで下がり、苦しい状況を自分で作り出していたことに声を立てて笑うまでになった。実は、彼女はブラジルでの仕事に誘われてはいたものの、アメリカでの楽な暮らしを捨ててうまくやっていける自信がなかった。けれども今、彼女には何かしらの可能性が見えてきた。「ブラジルでの仕事の話があるんだけど、どうかしら?」と彼女が夫に切り出すと、夫は「いいね」と目を輝かせて答えた。

セッションが終わると、アニスは立ち上がって部屋の中を歩いてみた。痛みは完全にひいていて、全身を使って腕を振ったり、足も自由に動かすことができた。その日のワークショップの帰りに夫と食事に行って、将来について前向きに話し合うことになったが、このように意識が変わったことで彼女の肉体も劇的に好転したのだ。

セッション中に脳波計を装着した患者には、はじめは心配とストレスを示す高ベータ波が多く、アルファ波やガンマ波、シータ波はほとんど見られないという傾向がある。アルファ波が見られないということは、患者の中の意識（ベータ波）と、創造的、直観的、あるいは宇宙の「フィールド」（シータ波、デルタ波）とのつながりが途絶えていることになる。セッションが始まると、やがて洞察力が働きだし、左右の脳にアルファ波が多数発生する。

アニスにとって、答えが突然ひらめいた瞬間とは、それまで苦しんできた方法では何事もうまくいかないことに自分で気づいた時であり、当時の装置では測定できないほど無数のアルファ波が発生した。セッションが終わる頃のアニスの脳波には覚醒した脳の典型的なパターンが現れ、批判的な思考中に見られる高ベータ波はわずかになり、体の声をよく聴いていることを表すSMR（低ベータ波）が増えた。また、シータ波も多量に見られるようになり、さらに創造力や直観、宇宙のフィールドからの情報を受け取っていることを示すデルタ波がシータ波より多くなった。ガンマ波も増加し、さまざまな脳の領域とのつながりができて、互いに情報が行き来するようになる。

彼女の心理的な突破口は意味深いものであり、肉体の変化は脳波の変化としてリアルタイムで脳波計に映し出されていた。単に心理的に変化しただけでなく、脳内の情報の流れ方も変わった彼女だが、このことは単に意識の状態の変化にとどまることなく、脳やそこから伝わる神経束が新たなものへと変化したことを示す。脳は古い神経を刈り込みながら作り出されている[25]。

瞑想してタッピングを行ったり、他の心理的エネルギー療法を受けて意識に変化が起こると、すぐに脳自体も変化する。特に注意力トレーニングとして知られる方法によって、思考を意識して変化させ、脳を変化させることができる[26]。

変化の過程では、まず神経路のパターンが変化して最終的には脳内すべてにその変化が広がり、新しく健全なレベルのホメオスタシス（訳注：生体恒常性。体温、血液量や血液成分などを、適した状態に保持しようとする働き）ができあがる。ある研究チームは、多くの神経画像の論文にいわゆる病とされているさまざまな精神的、肉体的状態に関する神経路は適切な訓練と努力により段階的に変化させていくことができるということを支持するものが次々と増えていることに注目している。[27] 私たちは、意識を変えることで脳内の神経回路の機能不全を改善できるのだ。

さらに、恍惚状態になって全体をつなぐ役割を持つアルファ波とシータ波を多量に発生させることができるのは、何も神秘主義者やヒーラーに限ったことではない。

自分の心理状態が生死を分ける仕事をしている人々は、目的を果たすために脳内の情報を調整して、瞬時に心理状態を大きく変化させられることがわかっている。例えば、直ちに臨戦態勢に入ることが必要とされるアメリカ海軍特殊部隊では、バージニア州ノーフォークの施設に最新の高額な脳波計を導入し、特殊部隊の兵士たちは精神を鍛えるマインドジムで瞬時にいわゆる恍惚状態に入る訓練をする。[28] スイッチをオンにするように恍惚状態に至れるようになった頃には、彼らの脳にはどんな高度なことでも実現できるという脳の状態ができあがっている。

『ZONE　シリコンバレー流　科学的に自分を変える方法』（スティーブン・コトラー、ジェイミー・ウィール　野津智子訳　大和書房）という本の中では、この恍惚状態、すなわち「フロー状態」の特徴が述べられている。[29] その1つは、自我と時間の感覚を失くすことだという。恍惚状態にある人はローカルマインドという今ここにいる自分という感覚を超え、脳波計では脳内の自我を感じ取る領域である前頭前皮質の活動も停止しているのが示される。さらに、自分の心の声を作り出すベータ波も消え、湧き上がる不安や妄想から心理的距離がとれるようになり、セロトニン、ドーパミン、アドレナリン、オキシトシンといった気分がよくなる神経伝達物質が脳内にあふれる。

このような状態に入った人たちは場所や時に縛られずに高次元で物事を考えられるようになり、可能な選択肢や結果が無限にわいてくる。固定観念から生まれる限界にとらわれることなく、さまざまな可能性を探ることができるので、通常入り込んでくる不要な情報を排除し、問題解決につながるようなアイディアが次々と浮かび、創造力が素晴らしく増す[29]。コトラーとウィールは著書の中で、このような脳波の状態になることでどの程度、自分の能力が向上したかについて述べている。集中力をつけることで、その能力が490％伸びたり、創造力が2倍になったり、生産性が5倍になったりしたこともあるという。

昔のツカラムの場合でも、現代の実験に参加したジュリーであっても、アメリカ海軍特殊部隊の兵士であっても、恍惚状態では同じ体験をするが、その過程は至福の状態に入る（神経伝達物質アナンダミド）、自分が閉じ込められている肉体から離れる（エンドルフィン）、高次元の宇宙とつながる（オキシトシン）、平静な気持ちになる（セロトニン）、この経験を通じて変容した恩恵を得る（ドーパミン）といった神経伝達物質と関連がある。

これらが昇華した精神状態の特徴であり、現在ではそれを脳波計や神経伝達物質を分析することで物質として示すことができる。かつては、恍惚状態というのは神秘主義者だけが至れる心理状態とされ、修得するには厳しい訓練を経て苦行を続け、スピリチュアルな儀式を受けて何十年もかかるとされてきた。今日では誰もが「意のままに体と脳をきちんと再調整する方法」や、科学技術によって「聖なる場所に出合うための要点を書き記した本」を手にできる。スポーツ、ビジネス、戦闘、科学、瞑想、芸術の世界にいる一流の人々はこの状態に入る訓練を日課として取り入れており、近い未来、この心理状態を図式化できれば、恍惚状態というものは修得できるものとなり誰にでも学べるものとなるだろう。

思考次第で別人にもなれる

5歳の時に始まった私の芸術家としてのキャリアは、順調な滑り出しではなかった。

ある日、みんなカウボーイを描くように言われて、珍しく自分の絵を褒められてうれしかった私は母に見せようと思って持ち帰ることにした。すると母は絵を見るなり笑いだし、私をからかいだした。描かれたカウボーイのあり得ない手足の動きをまねて台所で踊りながら、声を上げて母はその絵を笑ったのだ。

悔しさでいっぱいになった私は、ベッドに逃げ込んだ。もう絶対、人間なんて描かないという決意は45歳になるまで続いた。

やがて瞑想を日課にするようになり、タッピングも毎日行うことにした私は、自分の核となっている信念を再検証してみた。その中の1つが「僕は絵がうまくない」だった。

本当にそうだろうか？　と、自問してみた。そこで、当時たまたま画廊を所有している親しい女性が地域の大学で開催していた1日水彩画教室に参加してみた。そして筆を手にした途端、筆が命を持つかのように動いた。それはまるで、自分が1世紀も絵を描き続けているかのような感覚だった。そして、たった1日教えてもらっただけなのに、私はまるでスポンジのように先生の知っている技術を全部吸収した。芸術なら少しはわかるわという態度だった女友達は、私が初心者だとは信じられずに、どこかで芸術の学位でも持っているのかと疑うほどだった。

次に、水彩画で人物画を描く2日間のクラスに参加することにした。するとまた以前と同じように、1日目が終わる前に教えてもらったことをすべて吸収し、先生の持っている上級技術も自分でわかると言えるほどの自信がついた。

以来定期的に絵を描くようになり、描き終えた絵には整理用に1番、2番、3番と番号をふっていった。私が描いた絵のほとんどは人物画で、そこには自分の愛、混乱、痛みが描かれている。8枚の絵を仕上げたところで、うまくできたものから4点を選んでコーヒーショップギャラリーに持ち込んでみると、オーナーが感銘を受けて個展を開けるよう予約を入れてくれた。

けれども、その個展初日まで6週間しかなかったのに、「初日前日に来て絵を36枚飾ってくれ」とオーナーが言った。私は平静を装いつつドアから外に出ながら、内心震えが来ていた。36枚だって！　オーナーは僕が生まれてからカウボーイの絵を除いてこれまで8枚しか描き上げたことがないって知らないんだ。

さて、私は6週の間に30枚の絵を仕上げなくてはならないことになり、その上、週60時間の仕事と、独り身の父親として2人の幼い子どもの世話もしなくてはならない。そこで、ヘンリー・フォードからヒントをもらい、車の組み立てラインのように私の絵を横に何枚か並べて同時に描けば、きっと締め切りに間に合うだろうと思った。もちろん芸術家としてはありえないやり方だが、その時の私にはどうしても必要で、まず私はイーゼルを3つ横に並べた。

水彩画の絵の具は乾くまで10分はかかり、それを待って次の色を塗り重ねる。そこで1枚の絵に色を入れたら、次のイーゼルの絵に取りかかり、そして次の絵に取りかかり、そして初めのイーゼルに戻ってくる頃にはさっき塗った部分が乾いている、という手順を繰り返した。水彩画の絵の具は色が透けるので油絵のように間違った部分に上から塗り重ねられないこともあり、大変な作業が求められる。一筆でも失敗したり、紙の上に違う色の絵の具がポトリと落ちたりすれば、絵は台無しになる。

結局、締め切りに間に合い、無事に最初の個展を開いた。

個展を見にきてくれた人の中には、私の絵を気に入って何枚か購入までしてくれた人もいた。大胆になった私は、地元の芸術家の展覧会を数週間ごとに行っている市役所に赴いた。すると、今度もすぐに個展の日程を確保してくれたので、私は絵を描き、個展を開いて楽しい時間を過ごした。

そのタイミングで、今度は私のメンターであるノーマン・シーリー医師と共著での出版話が持ち上がった。そこで絵ではなく執筆に時間を割くことにした。

個展を開いた経験は私にとってとても有意義だった。私たちの頭の中は、真実でないものでいっぱいになっているということに気づいたのだ。私の場合は、「私は絵がうまくない」という信念だった。また、幼い頃の経験でできあがってしまった信念が人生を形作り続け、子どもの頃に言われた事実ではないことが本当だと証明しながら人生を生きてしまうことになるのに気づいた。そこで私の次の仕事は、他の人の核となっている信念を探し出し、それに挑戦する手助けをすることだと思った。

市役所での個展の初日に来てくれた友人の一人、アリスという何年も経済的に苦労しながらガラス工芸家を続けている女性が私に言った。

「尊敬するわ。だって個展なんて普通は無理だもの。私は個展なんて開けそうにないわ」

私はアリスに返事はしなかったが、心の中で額の汗を拭き、「ふぅ、そんなに難しいことだって知らなくてよかった」と思っていた。何しろたった2度個展を開いただけの私は個展を開くのがそんなに大変なことだなんて知らなかったのだ。また、受付で出会った風景画を描く水彩画家の女性は、「あなたは肖像画を描いているのよね。顔は水彩画の中でも一番難しいのよね」と言った。私は心の中で、「それは知らなかった」と思っていた。

こうして私の中で1つの信念が崩れると、他の信念も崩れ始めた。自分を狭い場所に閉じ込めてしまうような信念にすべて疑問を投げかけ、親や先生、パートナーや友人などから褒められなかったからとあきらめていた部分がないか、もう一度呼び戻してみることにした。自分が何者で、どんな人になろうとしていたかを思い出し、自分の周りの人間に作られてしまった限界に縛られないと決めた。これはすべての人間が持つ潜在的な行動力なのだ。

私たちには壮大な能力、力、洞察力が秘められているが、周りにいる人には見えていないという理由で自分の力が発揮できずにいるだけかもしれない。実際は私たちは自分が思うより大きな人間なのだ。自分の目を見えなくしていたものを取り外し、壮大な世界に踏み出せば、過去の経験から限界を作ったりすることなく、自ら世界を創り出していける。

私たちは一瞬一瞬、選択をしながら生きている。壮大な自分でありたいと選択を繰り返すのか、それとも自分で知っている本当の自分より低い評価にとどまるのか？　もし私が安全策を取って、自分の中にあった「芸術は苦手だ」という信念を持ったままだったらどうだろう。もし私が経験豊かな友人に相談して、個展を開くなんて不可能だと聞かされ、人物画を描くのは最も難しいと耳にしていたとしたら？　きっと絵画教室に行くこともなく、個展を開くことも、創造力を発揮することも、たぶん本を出版することもなく、人生を変えるような出来事は何も起こらないまま、ただそれまでと同じように執筆と研究に明け暮れていただろう。

古くなってしまった信念の「箱」の中で生きれば、心を開いて新たな物質を創り出す機会に恵まれることも、新しい意気込みが生まれることもなく、したがって物質が新たに創り出されることもない、という結果になる。試しに、今自分が持っている信念を変えないまま残りの人生を過ごしたら、自分がどうなるかを想像してみよう。

あなたの目の前にある分岐点で信念を変えずに生きるのも選択肢の1つだが、別の道を進めば、自分の頭にある自分を制限してきたさまざまなことに挑戦し、潜在的な能力に向かって進み出せるのだ。うまくいくこともあれば失敗することもあるだろうが、どちらにしてもあなたを待つのは成長であり、先生や親から教えられた自分の限界ではなく本当の自分の限界がわかり始めるだろう。

そして、新しくなった思考が、新たな物質を創り始める。

この瞬間、あなたはまさに分岐点に立っているのだ。どちらの方向に進むことにするのか？　本書での私の役割は、「私は自分の中に偉大なものがあることがわかっているから、それを思い切り表現してみよう」と思えるようにあなたの背中を押すことだ。

かつて社会学者は、人間の性格は人生初期に形成され、その後は変化しはないと信じていた。1989年、「ニューヨーク・タイムズ」紙に「性格：主なものは一生変化しない」という見出しが躍った。[30]心配性かどうか、親しみやすさ、新しいものに挑戦するのが好きか嫌いかなど中心的な特徴といったものは生涯変化しないという。けれども、その後のさらに長期にわたる研究でわかったのは、人生の進む方向は認識できている以上に変えられるということだった。[31]

その研究では、1950年当時14歳だった1208人に対して教師による6項目の性格評価をしてもらい、その60年後77歳になった同じ人たちを追跡調査してみると、10代だった頃から変化していない部分はほとんどないことがわかった。幼い頃から性格的にまったく変わっていないだろうと思い込んでいた項目は驚くほどわずかしかなく、「今の自分と子どもの頃の自分の関連性を見つけるのは難しい！」と驚嘆したほどだった。[32]

子どもの頃の信念や性格が生涯つきまとうことはないのだ。だから、変化をしようと決めて、望ましい思考を習慣づければ、劇的に変化できる。たとえ1週間や1か月での変化が目に見えなくとも、訓練を続けていればあなたはまったくの別人にもなれるのだ。

なぜ感情が環境を作り出すのか

私たちは、自分が主導権を握って選択しながら生きていると思っている。けれども実際のところは、私たちはマトリックス（訳注：何らかを生み出す基質）とつながっている存在だ。私たちは、目に見えないエネルギーフィールドで互いにつながっている。

思考や感情は自分の頭や体の中に収まっているわけではなく、多くの場合、気がつかないうちに周りの人々に影響を与えている。意識的に無意識に、周りにいる人もあなたに影響を与えている。

話し手

聞き手

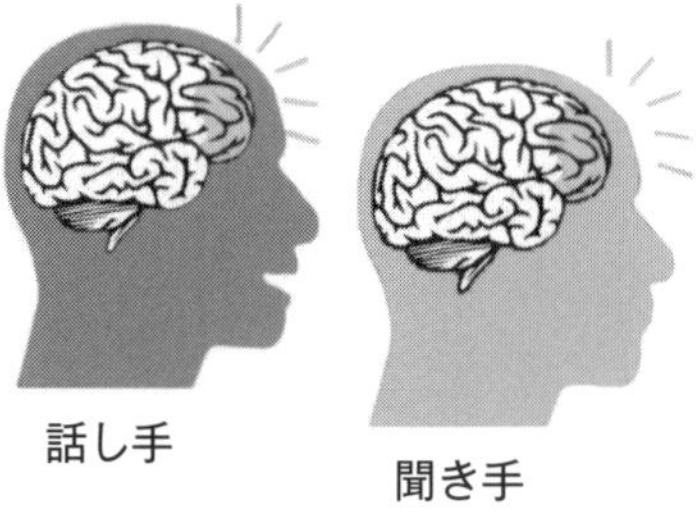

コミュニケーションを取っている時の脳内に起こる「カップリング」

先に述べた研究でも、人々が情報を共有し合うと互いの脳が同期し始めることがわかっている。誰かが話をしている内容を聞いているだけで、話し手の脳の活性化した領域と同じ領域が聞き手の脳の中でも活性化する。

ドレクセル大学の生物医学の技術者たちが、プリンストン大学の心理学者と共同で、頭にバンドを装着して脳の様子を調べ、脳が互いに同期することを測定できる装置を発明した[33]。その装置はｆＭＲＩと呼ばれる機能的磁気共鳴画像装置の仕組みを利用したもので、言語をつかさどる脳の領域を調べることができる。話している人が、感情が高ぶった状態で鮮明に語ると、その話の聞き手側の脳の活動も話し手の脳の活動を映し出すように変化する。

研究では、現実に起こったことを英語とトルコ語で語ってもらって録音し、英語だけを理解できる15人に聞かせて、目的、望み、信念を決定する力を決める脳の領域である頭頂部と前頭前野の反応を測定した。すると、当然、英語での話に聞き手の脳が反応を示したが、トルコ語での話には無反応だった。また、話を聞いている間に「カップリング」と呼ばれる話し手と聞き手の間の同調が起こり、その同調具合が高ければ高いほど聞き手の理解度も上がったことがわかった。

エネルギーフィールドは離れたところにも影響する

エネルギーフィールドは距離的に離れたところにいる人にも影響を与える。ハーバード・メディカル・スクール・スポールディング・リハビリテーション病院の精神科医エリック・レスコヴィッツは２００７年、カリフォルニア州ボルダー・クリークにあるハートマス研究所を訪れた。

そこで行われていた研究では、目隠しをして瞑想をしている状態で心拍数や心臓の働きがどのように相手に伝わっているかが研究室でモニターされ、さまざまな脳波の働きに互いに同調する現象は、アルファ波の増加にともなって広がった。

愛や慈悲といったポジティブな感情では互いの心拍数が同期し、逆にネガティブな感情は心臓の同期を邪魔するという現象を見せる。

追跡調査として行われた25人のボランティアによる１４８分間の検査でも、互いに離れたところにいる心臓の動きが同期することがわかった。[34]この現象を記した研究者は、「一貫したエネルギーフィールドは、少人数でも引き起こせることがわかった」と述べている。

私たちの体と脳は常に周りにいる人と同期し続けている。ある人は、誰かが人に触れられると、自分は触れられていないにもかかわらず脳がまるで自分も触れられたかのような反応を示す。[35]また私たちの脳には、「ミラー神経」といわれるものがあり、目の前のものを見ているだけで感情が喚起されることがわかっている。周りの人々から伝わってきた感情が、たとえ言葉にされていなくても、人の表情や声のトーンに互いに同調して激しい反応を見せる。人から人に伝わる感情は、ポジティブなものばかりではなく、痛みも脳の同調を引き起こす。イギリスのバーミンガムの研究者が大学生に、ある部分を怪我したスポーツ選手や注射をされて痛がっている人の写真を見せたところ、おおよ３分の１の学生が見せられた写真と同じ体の部分に痛みを感じた。

実験では次にｆＭＲＩ装置を用いて、写真を見せられて感情的な反応を示しただけの学生10人と、実際に肉体的痛みを感じたという学生10人の脳の状態を比較してみると、20人すべての感情を伝える脳の領域の活動が活発になっていた。さらに肉体的な痛みを感じた学生たちには痛みを伝える脳の活動が起こっていた。[36]

もう１つ似たような実験では、赤ちゃんが泣くのは家族の誰かが悩みを抱えている時だけでなく、まったく知らない人の心が乱れている時にも泣くことがわかっている。[37]赤ちゃんの神経路は、周囲にいる人の影響をかなり受けている。特に感情が伝わる脳の領域は誰かの感情に激しく反応する。

感情は伝染する

感情は周りに伝染する[38]。親友が笑えば、あなたも一緒に笑いたくなるし、落ち込んでいたら、あなたも気分が落ち込み、風邪で体調の悪い小学生がいっぱいいる教室に入っただけで、あなたも病気になることがあるし、冗談を言いながら笑っている子どもばかりの教室に入ると、あなたも気分がよくなる。病気がうつることがあるように感情は周りに伝染するのだ。このことは恐怖、ストレス、悲しみといったネガティブな感情だけでなく、喜びや満足といったポジティブな感情にも当てはまる[39]。

マサチューセッツ州のフラミングハムは、ボストンからおよそ30キロ離れたニューイングランドにある街で、現在1万7000世帯ほどが暮らしている、医学文献にあるフラミングハムの心臓研究で有名だ。1948年、半世紀ほどの間に急増した心臓病と卒中の原因を探るために国立心臓病研究所が設立された。

まず30～62歳の住民5209人が集められ、精神と肉体をまとめて調べる一連のテストが行われ、そのテストが2年ごとに繰り返された。そのデータには、20年以上にわたり4739人の幸福度を測り、それが周りにどの程度影響を与えたかを調べたものがある[40]。

この研究では、ある人の幸せは、他の誰かを1年もの間幸せな気持ちにさせることができることがわかっている。フラミングハムの地域活動に参加している誰かが幸せになると、その近所の人や夫婦、兄弟、友人が幸せを感じる割合が34％にも上る。そして幸せになった人が1マイル（約1・6キロメートル）以内にいると、その近所の人が幸せを感じる割合がさらに25％もアップした。

この研究の共同実施者であるハーバード大学医療社会学者ニコラス・A・クリスタキスは、「人は自分で選んで行動し経験した結果、ある感情が湧き上がると思っているだろうが、どんな感情を抱くかは、他人が選んで行動し経験していることからも影響を受ける。幸福な感情は伝染するのだ」と言う。『LOVE2.0　あたらしい愛の科学』（松田和也訳　青土社）の著者であるバーバラ・フレドリクソンは、この現象をポジティブな共鳴と呼ぶ[41]。私たちが意識的に「愛」の波動を抱くと、その愛のエネルギーフィールドを共有し、共鳴した人々とのつながりが自然とできあがる。

幸福の波紋効果

幸せを感じている人の幸福感には波紋効果があるとされ、主に3段階で広がっていく。幸せを感じている友人がいると、幸福感はなんと15％も増加する可能性があり、その友人を介して間接的にその影響を受ける人でも6％の人の幸福感が増すという。

ネガティブな感情も伝染するが、影響を受けて幸せを感じる人と比較すると、不幸せを感じる人は平均7％にとどまる。

感情の伝染は、集団においても直接的に起こる[42]。ある感情は集団全体に影響を与えて協力体制を強化し、仕事の効率を上げ、争い事を起こりにくくする。感情の伝染性についての研究の権威であるペンシルバニア大学ウォートンスクール教授シーガル・バーセイドは「労働者の間での感情の広がりは直接的であり、一緒に働く人々の感情や判断、行動は、ある集団や組織内にわずかであっても重要な波紋効果をもたらす」と述べる。ある集団にポジティブな感情を持つ人がいて、特にその人が指導者であれば、集団全体の作業効率が上がる。逆にストレスを抱えていると全体の作業効率が下がるといわれ、これを情動感染と呼ぶ。

世界は情動感染で創られる

このように感情が伝染する時、その範囲はある集団や家族、コミュニティーに限らず、社会的なネットワークを通じても拡大する。

68万9003人が参加したフェイスブックでの実験では、感情は人々の直接的接触がなくとも伝染することがわかった[43]。集団全体に感情的な同調が起こると、脳波も変化し、巨大なフィールドができあがる可能性がある。ある情報を発信すると、どんな感情がどの程度起こるのかを自動的に算出する手法で、フェイスブック利用者に対して行われた研究では、ポジティブな感情が減少するような情報が流れると、肯定的な投稿も減少して否定的な投稿が増加し、逆に否定的な表現を減らすと肯定的な投稿が増えることもわかった。

このことは、「フェイスブックで誰かが発した感情が次々に人に影響を与え、巨大な社会的ネットワーク中に広がる」ことを示しており、感情が伝染するのに、必ずしも互いに言葉を交わしたり直に接触したりする必要がないこともわかる。

こうした現象が起こっていることをたとえ意識できなくとも、私たちは互いの感情をオンラインネットワークも含めた人々と常に共有していることになる。バーモント大学で行われた研究では、インスタグラムに投稿された写真には、その写真を撮った人の感情が反映されていることがわかった。研究では、気分の落ち込んだ人とそうでない人が投稿した4万3950枚の写真が比較された。そして写真を投稿した166人のうち約半数が、ここ3年の間に病院でうつ状態であると診断されていた[44]。

そのうつ状態にある人々が投稿した写真は暗い色調に修整されていることがわかった。最も使用されていたのは、インクウェルという写真の色彩をなくして白黒にするフィルターだった。一方、幸せを感じている人は、バレンシアという色調を暖かく明るくするフィルターを使う傾向にあった。うつ状態の人たちは、自分が共有する写真から色を抜いていたのだ。選ぶ色で人の心理状態の70％が診断できるというが、医師による一般的な診断の成功率42％と比較しても十分信頼性がある。

ネガティブな感情による悪影響

ネガティブな感情は無意識に人々の間に広まるのではないかという疑念は、ソーシャルメディアが生まれるずっと以前から千年にわたって抱かれてきたことであり、何も新しいことではない。歴史のあらゆるページに、集団ヒステリー状態というものが記録されている。

1930年代、アドルフ・ヒトラーはドイツのニュルンベルクの大集会で、ドイツ国民や世界を煽動し、ドイツの持つ力を世界に見せつけようと巨大な旗やガチョウ足行進、軍歌、たいまつの行列、花火やたき火といった演出で実際に何十万人という観客を魅了した。アドルフ・ヒトラーやナチ党の有名人による長時間の演説では、党のイデオロギーが語られ、壮観なイベントでの感情の伝染はヒトラーの理念のもとに人々が集結する助けとなった。

100万人を超える人々が参加した1934年の大集会には、アメリカの新聞記者ウィリアム・シャイラーが取材でドイツに赴いたが、その日記には壮大な中世都市での滞在初日の彼の印象が記され、人々が感情の波に押し流されているのを感じたという。ヒトラーが滞在していたホテルの前では、人々が口々に「私たちに指導者を!」と叫んでいた。

シャイラーは、「ヒトラーがバルコニーに一瞬姿を現した時の人々、特に女性の表情を見て衝撃を受けた。それはまるで礼拝中に熱狂的に興奮するペンテコステ派の人のように見え、まるで救世主であるかのようにヒトラーを見上げた人々の顔からは人間らしい表情が消えた」と記している。

翌日に大集会の開会式に出席したシャイラーは、「なぜヒトラーが驚くほどうまく成功を収めてきたのかがわかり始めた。朝の開会式は、ただ素晴らしいという表現では収まらない、ゴシック様式の大聖堂で行われるイースターやクリスマスのミサのような神秘的で宗教的な空気が流れており、会場は派手な色の旗で埋め尽くされ、ヒトラーの到着も劇的に演出されていた。バンドの演奏が止まり、3万人がいる会場に静寂が訪れると、やがてバーデンヴァイラー行進曲が始まり、ヒトラーがゲーリング、ゲッベルス、ヘス、ヒムラーといった部下などとともに講堂の後ろから姿を現し、

3万人が敬礼をして見守る中、会場の中央に作られた長い通路をゆっくり大股で歩いた」とも記している。

参加者は、会場の雰囲気にただ酔っていた。「ヒトラーの口から出る一言、一言が、まるで天から降ってきたかのようにあたりを魅了していった。人間の、少なくともドイツ人の抱いていた政権に対する批判的な思考は、この瞬間すべて押し流されて、嘘さえもすべて歴然とした真実であると受け入れられたのだ」と書き残されている。

これこそが、情動感染の威力なのだ。ヒトラーの統治、セラムの魔女裁判、1960年代の赤狩り、1994年に起きたルワンダ大量虐殺、2003年のイラク戦争、2007年の世界同時恐慌、そして北朝鮮核問題などのように集団ヒステリーは関係するものすべてに悪影響を及ぼす結果となる。

株式市場のバブルも、感情が伝染することによって物事が動く例だ。投機的に売りの波がやってくると、株価が上下すること自体を投資家は失念してしまう。歴史家ニーアル・ファーガソンは著書『マネーの進化史』（仙名紀訳　早川書房）で「経済好景気と恐慌は、人間の感情が不安定なことが原因で起こる」と述べている。(45)

1929年10月16日、イエール大学経済学教授アーヴィング・フィッシャーはアメリカの株価は「永久的に高いプラトー（変化がない）状態に突入した」と宣言したが、それは完全な間違いであり、数日後に下落した市場はその後何度となく暴落し、やがて株価は3年間で89％まで下落、1929年の状態まで戻ったのは1954年のことだった。株価暴落の原因を探った経済学者ジョン・メイ

株価市場バブル。2018年２月20日　収益と比較した株価の比率(46)
歴史上、上下を分けるライン16は、これまでの収益に対して株価が16倍の価値があることを意味している。16のラインを超えるとバブルの到来と見なされる

ナード・ケインズは、国民の心を左右する情動伝染を「心という実体のない装置によって引き起こされる現象」と表現しており、感情には伝染性があることを熟知していた(45)。

過去にも株価バブルは繰り返し起こっている。1634年にはオランダのチューリップの球根の値段が上昇し始めて、投資家が市場に参加し、たった1日で10倍以上値段が吊り上がることもあった。感情が伝染する様子は、オランダ人画家ヘンドリック・ゲリッツ・ポットによる「ワゴンに乗る愚か者たち」という絵に、オランダ人の職人たちが機織り機を捨てて花の女神フロラが高いところに座っているワゴンを追いかける姿として描かれている。

私たちの脳波パターンが伝染した感情に乗っ取られてしまった状態を示す時、その感情が現実のものと感じられ、ストレスに関連のあるベータ波が急増し、アルファ波が減少する。周りで集団ヒステリーが起こると、それに影響されずにいるにはかなり強靭な精神力が必要である。私たちには、自分の抱く感情が自分自身のものなのか、それとも誰かから伝わってきたものなのかを容易に区別できないのだ。

賢い脳のマップ

社会全体を戦争に巻き込む情動感染から神秘主義での覚醒した状態まで、意識の持つ極端な状態には長い間研究が重ねられてきた。現代の神経科学では意識に関連する神経信号をマップにし、ある感情が浮かんだ脳の状態で活性化した経路まで特定できるようになった。

神秘体験をしたことのある人の脳波を記録し、どの脳波が機能しているかで主観的な意識の状態を客観的に図式化することができるまでになった。ある人の意識から、恐れや苦しみ、心配事が薄れていくにしたがって脳波にも変化が起こる。このことはそれまでとは異なる神経路が関わっていることを示しており、結果的に脳から放たれる電磁波にも変化が起こることになる。心の中の平穏な感覚は主観的なものである。しかし今では脳波計と呼ばれる測定装置を用いて脳波を図式化し、脳内にどう情報が流れるかが客観的にわかるようになったのだ。

神秘体験中、心は物質から離れ、自分自身を自分と捉える意識が薄れ、脳波計には無意識と意識をつなぐアルファ波が多量に発生する。すると意識から自分という感覚が薄れるにつれて、高次元の意識と融合する。この時、脳波計には初めは閃光が走ったように上昇した後に安定した大きい振幅のデルタ波が現れるが、それは高次元の状態に入った脳波であり、宇宙のフィールドとのつながりができたことを示している。

変容意識を体験すると、脳波計にはアルファ波、シータ波、デルタ波が同時に大きな振幅で現れる。また、ホセの腫瘍が治癒した時のように、肉体的な癒しが起こる時にはシータ波がはっきりと出現する。

つまり、今ここにいる自分の脳と、高次元とつながりを持った心がひとつになると、変容が起こるのだ。神秘的な体験をした者も、やがてはかつての自分に戻るであろう。しかし、それでも彼らは変容を果たし、ジュリーの心の中に置かれた水晶のように感情的、肉体的な癒しができる才能を持ち帰っているかもしれない。ジュリーによれば、それまで自分の中でわだかまっていたエネルギーがそのプロセスで解放され、うつうつとしていた気持ちが雨粒のように地面に溶けて流れていったという。

まさに物質は心によって変化する。今や多くの研究で、瞑想により脳組織の量が増加し、よく眠れ、病気にかかることも減り免疫力が増し、精神的にも健全になり、炎症が起こることも少なくなり、いつまでも若々しく、細胞間の情報交換も頻繁になり、神経伝達物質のバランスがとれ、長生きをし、ストレスが減ることがわかっている。

私たちの精神、感情、肉体的な状態が変化すれば、自分の周りに生じるものも変化する。自分が幸せになれば、自分と付き合いのある人々も幸せになり、その彼らがまた周りの人を幸せにし、心を変化させる状態はコミュニティー全体にさざ波のように広がりを見せる。ポジティブな感情の伝染が起こるのだ。

　私たちは人類の感情が作り出す癒しのフィールドの一部でもあるのだ。ネガティブなエネルギーに感染した場所にいると、私たちのエネルギーは正常な状態から外れてしまい、癒しのフィールドの一部には加われない。意識を変化させると、新たな物質が現実化し、それによって自らがより健全に向上していける。

第4章 エネルギーがDNA、細胞を創る

数秒前のあなたと今のあなたは同じ状態ではないし、もちろん昨日とも違う。あなたの肉体の細胞は、恐るべき速度で入れ替わりながら組織再生が進むようになっている。

肉体には実に37兆個ほどの細胞がある。[1] 現在知られている銀河の星の数よりずっと多いこれらの細胞は、古くなったものが死んで常に新たな細胞に入れ替わり、1秒ごとに実に81万個以上に及ぶ細胞が入れ替わる。

例えば、1日あたりに体が作り出す新たな赤血球は1兆個だ。[2] これはとてつもなく膨大な数で、ゼロをつけて表すと、1,000,000,000,000個となる。動脈や静脈をめぐって体内の細胞に酸素と栄養分を運んでいる赤血球の寿命はおよそ4か月で、寿命を終えた赤血球からは肝臓で重要な要素が取り出され、残りは脾臓へと送られて再利用される。あなたの体内には6か月前の赤血球は1つも残っ

ていないということになるのだ。半年で赤血球はすべて新たなものに入れ替わっている計算になる。

細胞は常に生まれ変わる

消化管の粘膜も実に4日ごとに入れ替わる。肺組織は8日間、骨格はその10％が毎年入れ替わる。また、脳内には約８４０億個の神経細胞と、およそ同数の非神経細胞が存在する。[3] 脳内でも同じように常に新しい神経細胞が生まれており、細胞１つひとつが数千個の神経細胞と１５０兆個のシナプスで網の目のようにつながっている。[4]

そして、脳内では少なくとも毎秒１つの神経細胞が常に入れ替わっている。[5] 海馬と呼ばれる部分は記憶と学習を司っており、ここでも常に新しい神経細胞とシナプスの刈り込み（取り除かれること）と再生が繰り返されている。ある神経路が萎縮してしまうと、その部分の海馬も縮小する。成長すれば、その部分に関する海馬は増大する。

肝臓移植の際、ドナーが提供する肝臓は通常半分に切除されて新たな個体へと移植される。肝細胞は再生速度が速いので、半分になったドナーの肝臓もわずか8週間で元の大きさに戻る。[6] 今あなたの肝臓の細胞の中で最も古いものは、約5か月前のものだ。

ほんの最近まで、心臓の細胞はいったん死んでしまうと再生することはないと信じられていた。しかし、心臓組織にも損傷や壊死した細胞を再生する幹細胞領域があることや、心臓細胞は生涯に少なくとも3度はすべて入れ替わることが最近の研究で明らかになった。[7]

細胞	再生速度
血中好中球	1～5か月
骨芽細胞	2週間～3か月
心筋細胞	年0.5～10%が入れ替わる
子宮頸部（女性）	6日
結腸細胞	3～4日
脂肪細胞	8年
小腸パネート細胞	20日
水晶体細胞	一生涯
肝細胞	半年～1年
肺胞	8日
卵母細胞（女性）	一生涯
膵臓ベータ細胞（ネズミ）	20～50日
血小板	10日
赤血球	4か月
骨格	年10%が入れ替わる
表皮細胞	10～30日
小腸上皮	2～4日
精子（男性）	2か月
幹細胞	2か月
胃	2～9日
舌の味蕾（ネズミ）	10日
気管	1～2か月
白血球細胞中球	2～5日

組織の再生速度は、
細胞の種類によって異なることを示した表

目の角膜は24時間以内に再生し、肌はすべてが毎月新たな細胞に生まれ変わる。胃の内膜は1週間で自然再生するが、直腸の再生はもっと速い。

体の基本的な構造が常に再生していることは、私たちがいかにすばやく、そして確実に治癒でき

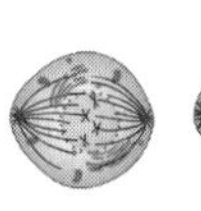
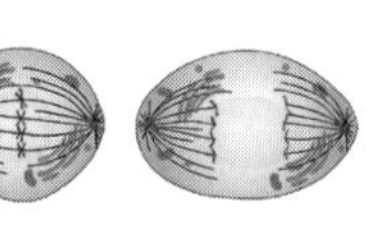

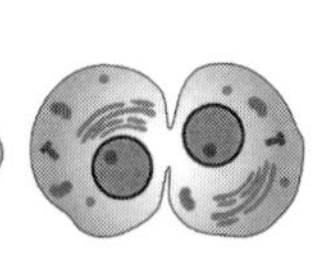

細胞分裂

るかを示している。私たちの肉体は、そもそも治癒できるようにできているのだ。治癒とは私たちの肉体が生まれつき持つ力であり、毎日毎分毎秒体内で起こっている。治癒の過程がどうなっているかを私たちが深く知れば知るほど、ますます思考を物質に変えることができるようになっていく。

体は細胞が手に入れる物質で作られる

毎朝、鏡で自分の顔を見るたび、昨日と同じ自分が鏡の向こう側からあなたを見つめていると思うだろうが、前日から６００億個ほどの細胞が入れ替わっているため、前日と今日のあなたは肉体的に異なる存在なのだ。

これほど大規模な変化も、原材料がないと起こらない。新たに生まれる細胞は、あなたが口にする物質（食物）から作られるので、質のよいものを摂れば、良質のタンパク質が細胞の構造分子を作る原材料となる。逆に質のよくないものを摂れば、新たなタンパク質を作るのに標準以下の原材料しかないことになる。あなたが口にする食べ物に必要不可欠な栄養素が含まれていなければ、新たな肉体の生成に妥協しなくてはならなくなり、再生が繰り返されるたびに健康が害されることもある。

入ってくる原材料が適切でなければ、あなたの肉体で作られる新たな細胞は質の悪いものとなってしまうことになる。原料ががらくたなら、がらくたな身体ができあがる。
　では、エネルギーはどうだろう？

細胞の再生はエネルギーの場でも起こっているので、効率の悪いエネルギーは劣った分子を生み出すことになる。

私たちの肉体から発せられるエネルギーフィールドは、細胞が再生される場として、生み出される細胞の質を左右する。

今、私はおいしい紅茶を飲んでいる。台所に行き、電子レンジの中に水とティーバッグを入れたカップを入れ、2分間タイマーをセットした。目には見えなくとも、電子レンジの中の電磁波により、室温22℃程度の水は2分すると沸騰して100℃になり、物質がエネルギーによって変化したことになる。同じように、私たちの細胞もエネルギーフィールドに包まれているので、目には見えないフィールドが細胞内の物質に変化を与えることになる。この時、細胞が突然変異を起こす可能性もある。

もし、あなたの細胞が愛、感謝、寛容という生き生きとした一貫性のある脳から放たれるエネルギーに包まれているとしたら、何が起こるだろう？　そうすれば当然、ポジティブなエネルギーのフィールドで細胞が育つことになる。

ここで私のお気に入りのエピソードを紹介しよう。健康状態の悪化に直面していたグレンダ・ペインという女性がある方法で自分を癒したことが何千人もの人に影響を与えている。

筋肉が退化する末期的症状からダンスできるようになるまで——グレンダ・ペイン

私は大好きな仕事に就いていました。ところが、フランスへと市場を拡大しようとしている時、日々階段を上るのが大変になり、まるで険しい丘を数キロ上った後のように感じられるようになっていました。やがて太ももを持ち上げるのがやっととなると、階段を上りきる頃には息が苦しくなってあえぐまでになりました。休憩時間をはさんでも、筋肉の痛みは強くなる一方です。どんどん筋力が弱まっていく中、さらなる症状に恐怖を覚えるようになりました。ひどい息切れのせいで意識まで失いそうになったのです。手を洗うとか、列に並んで順番を待つ、あるいはスーパーでカートを押しているだけでも恥ずかしくなるほど息切れがして、意識を保つのに苦労するほどでした。

ある午後のこと、同僚と立ち話をしていた私は、真っ暗なトンネルの中に入ったかのように意識を失い、床に崩れ落ちてしまいました。その後は、車の運転もできなくなりました。

最初の医師は原因がわからないと言い、次々と専門医を訪ねました。高額な検査を受けてやっとたどり着いた診察結果は、ミトコンドリア由来の封入体筋炎という珍しい病気でした。どこに行っても治療法はないと言われ、あきらめるしかないと思った私にとって、生活できる場所はリビングの椅子とベッドだけになりました。

ある時、妹がEFTタッピングの5分間のビデオを貸してくれ、すっかりそれに夢中になった私は、その夏ドーソン・チャーチとジョー・ディスペンザ博士のインタビューをウエブ上で聴くことができました。その中でジョー・ディスペンザ博士が、自分に起こった医学的には奇跡としか考えられない出来事を話していました。プロの自転車レーサーでもあった博士は、自転車レース中にトラックと正面衝突し、その時負った怪我の状態はかなり深刻で、再び歩けるようになる望みはほとんどありませんでした。ベッドに縛り付けられてまったく動けなかったそうですが、どうやって自分の体の神経や細胞に語りかけたかを紹介してくれていました。彼は自分の「意識のフィールド」に対して、健康な状態を思い浮かべ続けたというのです。そして効果があったというのです。常に痛みが走り、疲労感でいっぱいのまま横たわっていた私は、私も奇跡を起こせるかもしれない、という望みを持ちました。

ネットでの番組を聴いていた私は、ドーソンとの生電話の機会にも恵まれました。そして、ディスペンザ博士の経験を聴きながら数分間、タッピングを続けたことで私の人生が変わりました。そこで妹と一緒にタッピング指導者の資格を取ろうと思い立ち、10月には二人でドーソンの最初の資格コースに参加しました。

ドーソンは私を実例として取り上げてくれました。4日間のワークショップが終わる頃、私は彼に、「私に何かが要らなくなっているのに気づきませんか？」と尋ねました。そして私は、自分の持っていた杖を床に置き、部屋にいたみんなの前でダンスを披露したのです。ワークショップに参加した当初、私は車いすに乗っていて、とてもダンスなどできる状態ではなかったのに。その日以来、移動するのにスクーターにさえ乗っていません。

ジョーとドーソンの対話を聞いてから3年後には、ＥＦＴプログラムの施術者資格とエネルギー心理学の資格を取り、本を出版し、シャーマンとして活動し始めました。現在は2冊目の本の執筆中で、ブログも始めました。

いまだに調子のいい日とそうでない日がありますし、かなりの休憩時間が必要です。外出には杖をまだ持っていきますが、使うこともどんどん少なくなり、平たんな場所なら短距離のハイキングに出かけられるようにもなりました。症状が悪化する時は丸一日休むことになってしまいますが、自分の体の声に耳を傾けることを覚えました。今の自分にとって手に入れられるツールを喜んで使えば使うほど、私の体も幸せを感じ、それだけ体も動かせるようになります。かつては孤独で絶望感しかなかった人生が、喜びと気づきにあふれたものに変わりました。

私は今の仕事が大好きです。ジョー博士が私に与えてくれたように、いつの日か私の経験が誰かの人生を変えて元気を与えられればいいなと思っています。

私は、深刻な症状を見せる病気の多くは精神的なフィールドが影響している場合が多いと信じている。だから重病を抱えた人に対しては、私は彼らの細胞をポジティブなフィールドで包んで、体内で新たに生まれる毎秒81万個の細胞が優しく愛に満ちたエネルギーの中で待つようイメージすることにしている。

これまでの医療現場では、がんが治療をせず急に消失してしまうことなどありえない現象だとされてきたが、そのような奇跡が8万件のうち1件ほどは起こっていると記した本もある。[8] また、現在では10万件のうち1件の割合で起こっているとした研究もある。[9] ある研究では、乳がん患者の5

人に一人が医学的な治療を受けずに心身を癒すことで回復すると述べられてもいる。[10]その他にも白血病患者のうち、やはり同程度の割合で自然に改善した患者の例が報告されている。[11]医学文献には忽然と症状が消えた例が３０００件以上も挙げられている。[12]

がんの転移には、がん細胞が集団で働くよう促す信号が必ず存在する。その信号はストレスがきっかけとなって発せられる。[13]エピネフリンとも呼ばれるアドレナリンは、コルチゾールとともに体内にある2大ストレスホルモンであるが、がんが原発巣から他の部位に転移するきっかけとなるのがこのアドレナリンホルモンのレベルの上昇である。

アドレナリンは、新しい血管の再生などさまざまな生理的過程を調節する接着斑キナーゼ（FAK）が出現するとがんが増殖すると考えられている酵素を活性化させる。[14]また、前立腺と乳がんのがん細胞を破壊する酵素の働きも阻害する。[15]ところが、ストレスレベルが下がると逆のことが起こり、時に瞬時に病状が反転するのだ。

感情を癒すセッションを受けてから数時間で、腫瘍が最初の大きさの半分以下に縮小してしまった例も報告されている。[16]がんの診断を受けたにもかかわらず、自然に症状が緩和し、告知された余命よりもずっと長く生きた人たちに共通していることは、世界観が変化し、人間関係で自分自身より他人のことを考えるようになり、自ら進んで治療を受けるようになったことだった。[17]気持ちが変われば、物質が変化し始めるのだ。

体内で毎秒作られる81万もの細胞が、ポジティブなエネルギーのフィールドの中で形作られるとすれば、私たちが意識を変えれば、グレンダのように新しい細胞が作られるはずのフィールドのエネルギーの特徴を変えることができる。そこで人が細胞の情報にどれだけ影響を与えることができるかを実証した例を見ていくことにしよう。

細胞再生を導くエネルギー

細胞をさまざまな周波数の中に置いて調べたところ、正常な細胞の成長を促す刺激を与える周波数の中には脳によって作り出されるものがあることがわかった。

私たちの意識で生まれた脳内の電磁気を帯びたフィールドはスペクトラム上では最も低い周波数を持つので、細胞が最も敏感に反応する信号のほとんどはこの最も低い周波数のものとなる。この極度に微小な周波数が流れる際には、エネルギーは伴わず情報だけが運ばれる[18]。その上、細胞が敏感に反応する周波数はとても限られており、その周波数より高くても低くても細胞は反応しないことから、「周波数の窓」と呼ばれている。

１９５０〜２０１５年に発表された科学的文献には、ある周波数の信号が細胞の再生と修復を引き起こすきっかけを作ることがわかったと記されている。その発見をした研究者は、「ほとんどの周波数の信号は細胞に何の影響も与えないが、ある特別なものだけは細胞に影響を与える[19]」と述べている。これはピアノで心地よく聞こえる音階があるのと同じで、音楽で言う音の調和が取れて共鳴する様子によく似ている。発表された文献に見られる、さまざまな周波数の信号刺激が肉体に及ぼす影響は以下の通りである。

- 神経細胞とシナプス（神経細胞間の接合部分）の形成
- 脊髄組織の修復
- パーキンソン病発病の阻止
- がん細胞の成長を抑制
- 記憶力改善
- 脳内のさまざまな場所で生じたニューロンの急速な発生を同期
- 注意力を高める
- 傷の回復を早める
- 炎症している細胞の活動を減少させる
- 骨の再生を促す
- 糖尿病患者の神経の悪化を阻止
- 有益な細胞の出現を引き起こす
- 靭帯や腱など関節部組織の成長を促す
- 幹細胞を筋肉、骨、皮膚とそれぞれに変化させるよう刺激する
- 免疫システムの白血球の活動を高める
- 成長ホルモンの合成を促進する
- 老化の主な原因とされる酸素原子、フリーラジカルといわれる遊離基（訳注：不対電子をもつ原

子や分子、イオン）を抑制する

■細胞を集め、破損した筋肉を補って心筋を修復する

健康の指標となるバイオマーカー

ここまでいかにエネルギーフィールドが細胞にさまざまな影響を与えているかを示す研究の数々をたどったあなたは、エネルギー療法の持つ癒しの力に心を奪われることだろう。何しろ自分自身や周りの人の健康を根本的に改善できるかもしれないのだから。また、科学者が調べるバイオマーカーに共通する点があることにも気づいたはずだ。

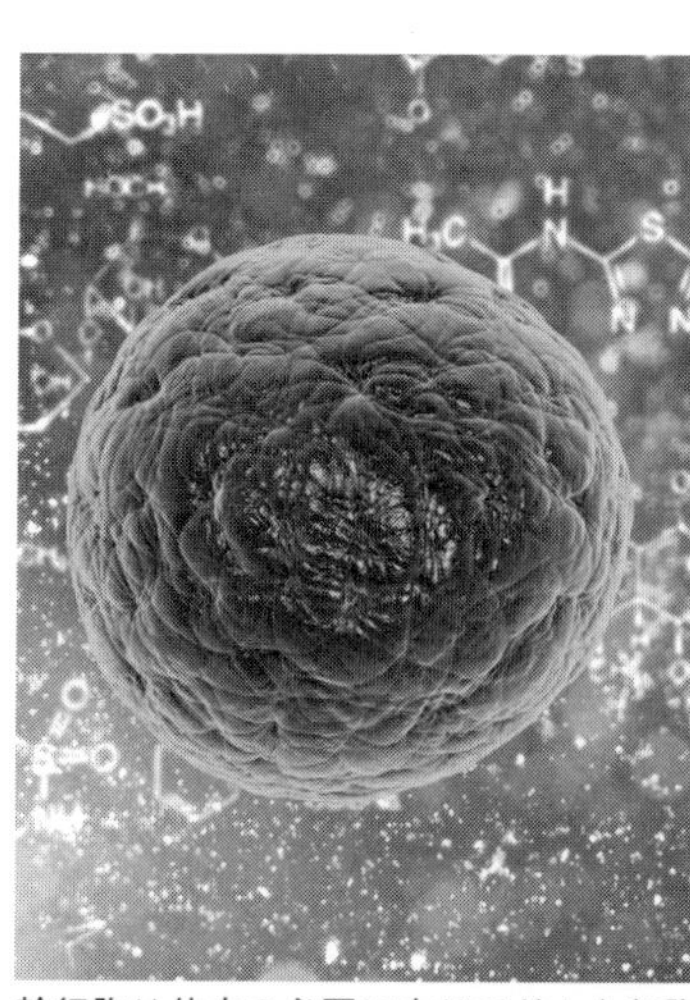
幹細胞は体内の必要に応じてどんな細胞にもなる「ブランク・セル」と呼ばれている

遺伝子の発現、ホルモン成長レベル（ＧＨ）、テロメアと呼ばれる老化を示すマーカー、そして体内を循環している幹細胞の数などは、私たちの免疫・炎症システムの活動と関連しているという理由で科学者たちが注目する項目や数字だ。つまり、健康な体内で働く免疫システムがいかに機能的に働いて炎症を抑えているかどうかを調べる。

幹細胞はどんな細胞にもなりうることから「ブランク・セル（訳注：白紙状態の細胞）」とも呼ば

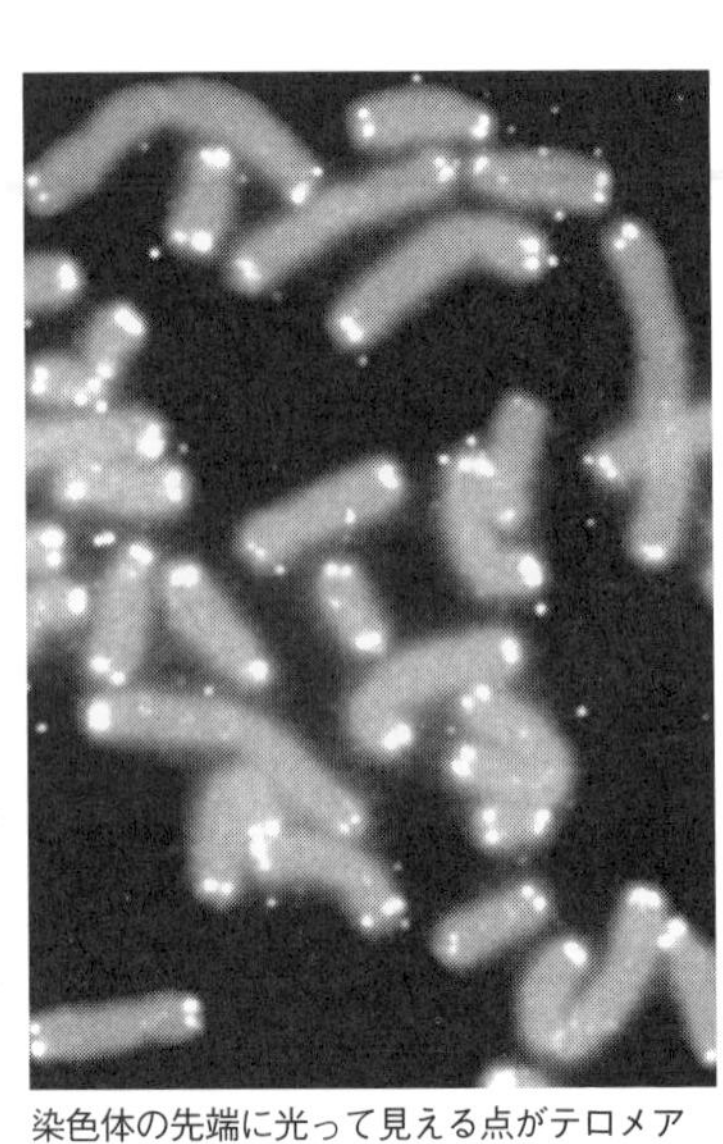
染色体の先端に光って見える点がテロメア

れており、体内を循環し、たとえば怪我した指先の皮膚や、喫煙で損傷を受けた肺の細胞など、修復が必要な細胞があれば必要に応じてどんな細胞にも変化しうる。骨細胞、筋肉細胞、肺細胞、皮膚細胞にもなる。幹細胞がそのような汎用性を持つことは癒しにはとても重要だ。研究では幹細胞の数はどのくらい免疫システムが機能しているかを示す数字とされている。

　また、実際に身体を大きく成長させるというより、細胞を修復し再生する力を持つ成長ホルモン（GH）は、人間が一日の活動中に損傷した組織を修復するために通常、睡眠中のGH値は高くなる。肉体を若々しく、健康で強靭に保つには、GH値を高める必要があり、もし治療でGH値を高めることができれば体内システムにとっては有益だ。

　酸化ストレスもまた、注目を集めている研究対象である。呼吸で取り入れる酸素は、構造上、2つの酸素原子からなるO_2の安定した状態だ。しかし、酸素原子が1つになってしまうと細胞に損傷を与えてしまう。フリーラジカルとも呼ばれる遊離基の引き起こす酸化ストレスは、老化の最も一般的な原因とされている。

　また、テロメラーゼも広く研究対象となっている。テロメアは細胞中の染色体の末端にあって細胞が分裂するたびに少しずつ短くなる。テロメラーゼは、染色体の末端にDNA分子を付加する酵素である。私たちが年を取るにつれ、染色体の末端部にあるテロメアの含むDNA連鎖が毎年1％ずつ減少することから、テロメアの長さは、生物学的老化を確実に示すマーカーだ。

ストレスがかかって、疲弊し、通常より早く死んでしまった細胞を置き換えるために、細胞はより頻回に分裂を重ねる。細胞分裂が繰り返されるほど、テロメアはより速く短くなってしまう。これによりストレスの多い人のテロメアの長さは急速に短縮する一方で、健康な人のテロメアは長持ちすることから、リラックスの仕方がわからないままストレスを抱え込んだ人が早死にする原因の1つとされている。最近、テロメアの長さを測定して生物学的年齢を科学的にはじき出す遺伝子テストが一般にも広まりつつある。

脳波という「思考の窓」

エネルギーフィールドの窓から伝わった周波数が細胞や分子に影響を与えることを示す研究は何千とある。その中で私が最も興味を持っているのは、特にデルタ波、シータ波、アルファ波、ガンマ波などの脳波である。これらの脳波は自然に発生するが、その脳波の周波数が変化すると細胞も変化する。瞑想やタッピングにより、4種類すべての脳波レベルが上がるので、特別な瞑想や信仰、ハーブの摂取、あるいは潜在意識への働きかけなどなくても脳波状態を変化させることができる。

私たちの脳から発せられるエネルギーフィールドの研究は、ここ1世紀は脳波を計測することで重ねられてきた。瞑想やタッピングで生まれる精神的な変化も脳波を基にして示されている。デルタ波、シータ波、アルファ波といった低周波から高周波のガンマ波まで、意識の状態が変化すると脳波も劇的な変化を見せる。そして、それぞれの脳波の発生とさまざまな癒しの状態との関係がとても興味深いことがわかる。

【デルタ波】

0～4ヘルツという最も低い周波数を持つデルタ波は生体組織での有益な変化に関連している。正常脳では、癒しと0～4ヘルツの周波数は互いに関連して働いているという。

睡眠パターンを把握するために就寝前に行った研究では[20]、10分ごとに脳波とともに成長ホルモン値も測定されたが、それでわかったのは、脳内のデルタ波が最も多発している時に成長ホルモンの分泌量も最多になることだった。また、10～80代の男性が参加した別の実験でも、デルタ波とGHの分泌には関連があることがわかっている[21]。年を重ねるほど、デルタ波やGHの分泌量は減少する。また、GHは、デルタ波が発生している睡眠中に合成される。

アーメドとヴィラシコが、学習と記憶を司る海馬から組織の一部を取り出して調べてみると、海馬内の神経をつなぐシナプスは、超低周波であるデルタ波0・16ヘルツで最も活動がさかんになることがわかった[22]。このことから、デルタ波を用いて記憶と学習効果を上げることが期待できる。

ミズリー州セントルイス市ワシントンメディカル・スクールの研究では、アルツハイマー病にか

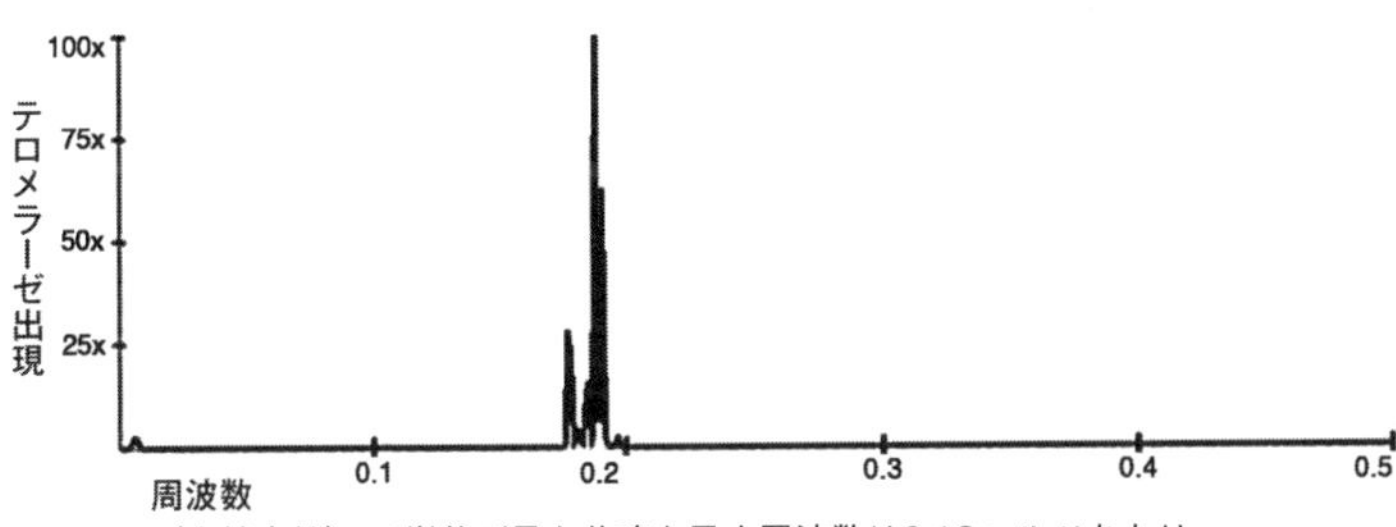

テロメア（末端小粒）10単位が最も共鳴を示す周波数は0.19ヘルツあたり

かった脳の特徴としてニューロンの間にできるプラーク、アミロイドβの存在に注目した。[23] 睡眠中、シータ波とデルタ波が主な脳波状態になると、脳内のアミロイドβは消え、毒性のある物質がきれいに取り除かれる。その効果は、睡眠がより深いデルタ波の状態の時に高い。

また、染色体の先端にあるテロメアの長さを補う酵素テロメラーゼの生成に関するＲＮＡと５種類のタンパク質を分析したところ、これらの分子が最も共鳴するのは０・19と０・37ヘルツに対してだった。[24] 驚くことにテロメラーゼはそれ以外の周波数からはまったく影響を受けず、デルタ波のうちでもわずかな範囲にしか反応しない。

生物学の電磁気学について１００以上もの科学的レポートを公表しているマルコ・マーコフに触発された研究チームは、０・５〜３ヘルツのデルタ波が神経細胞の再生を刺激することを発見した。[25]

脳波計にデルタ波の発生が見られるのは、人々が「無限の広がり」とつながった時だとされる。自分という個人が無限の空間に融合するような感覚、あるいはアルベルト・アインシュタインの言葉で言えば「分離された孤立感」がなくなり、すべてとひとつになる「神秘体験」が起こっているのだ。デルタ波が発生する時、細胞再生のためのテロメアの成長やＧＨ値の上昇だけでなく、アミロイドβの塊をも脳内から消し去ってくれるという。つまり、生理学的に有益とされていることが起こる周波数に細胞が包まれていることになる。デルタ波が発生している状態では、自分にとって素晴らしい体験をしていると感じるだけでなく、肉体が丈夫になるエネルギーをも作り出していることになる。

【シータ波】

デルタ波の次に4～8ヘルツの低い周波数を持つシータ波は、ヒーラーに共通して見られるものでもある。

ベッカーは、エネルギーヒーリングのヒーラーの脳波に最も共通して流れているのがシータ波であることを発見した[26]。セッションを始める前のヒーラーの脳波が、たとえ高いベータ波やデルタ波、あるいは、いわゆる意識のある時の通常の脳波の状態であったとしても、いったん患者を手で触ったり、かざしたりというヒーリング状態に入ると、脳波にはシータ波が見られるという。ヒーラーになるためのどんな学校に通ったとしても、どんな信念を持っていても同じことが起こる。気功マスター、アメリカ先住民のシャーマン、カバラの施術者、キリスト教を信仰するヒーラーもすべて等しく、ヒーリング状態に入ったヒーラーの脳波にはシータ波が発生する[26]。

DNA修復時にさまざまな周波数を与えてみると、7・5～30ヘルツの電磁フィールドで分子同士の結束が強化されることが発見された[28]。なかでも9ヘルツが最も影響を与えていた。

誰でも足をくじいたり、靭帯を傷めてしまった経験があるだろうが、その際の修復に欠かせない軟骨細胞の研究が電磁フィールドを用いて行われた。そして、シータ波のちょうど中間あたり６・４ヘルツで人間の軟骨細胞が再生されることもわかった。[29]これはまた、一般的な老化の原因とされる遊離基を中和する酸化防止剤の活動を促す。

日本の東邦大学医学部での、脳波計を用いて重ねられた研究では、深呼吸を繰り返すとセロトニンという気分がよくなる神経伝達物質が増加し、アルファ波、デルタ波とともにシータ波に増加が見られた。[29]また別の研究では、５〜10ヘルツの電磁波を与えた17人の患者に腰痛の改善が見られたという。[30]

２人のロシア人科学者は、５・５〜16・５ヘルツまでの周波数が水に溶かしたＤＮＡにどんな影響を与えるかを調べた。そして、９ヘルツが最も刺激を与えることがわかり、まったく刺激のないものと比べると、その効果は倍にのぼった。[31]

【アルファ波】

神経フィードバックやバイオフィードバック療法を受けたことがある人なら、アルファ波については何度も耳にしているだろうが、これらの療法は自分の脳波にアルファ波を意図的に生み出せるよう作られたものである。

８〜13ヘルツの脳波はアルファ波と呼ばれ、高周波のベータ波やガンマ波と、低周波のシータ波やデルタ波のちょうど中間にあたる。

有名な脳研究の開拓者マックス・ケードは、ベータ波は意識の活動に、シータ波とデルタ波は無意識や潜在意識を司っているとした。そして、これらをつなぐアルファ波こそが意識的な思考と無意識の領域に互いに影響を与え合うようなフィールドを作り出していると信じていた。真に総合力のある人は、アルファ波を多量に作り出すことができるのだ。

アルファ波が肉体に及ぼす利点として、気持ちを高揚させる効果のあるセロトニンという神経伝達物質の生成を促進することから、運動をしてアルファ波が増加するとセロトニン量も上昇し、気分が高まることもわかっている[33]。別の研究では、禅の瞑想でもアルファ波が増長されることがわかった[34]。

アルファ波のもたらす意識と無意識の橋渡しこそが互いに蓄えられた情報をつなぐカギとなる。現在DNAをさまざまな周波数にさらす先駆的な研究がなされている中で、10ヘルツのアルファ波ではDNA分子の合成が明らかに促進されることがわかった[35]。また海馬の神経細胞は4～12ヘルツで働きだし、10ヘルツ以上では脳内の学習や記憶の経路が促進されることもわかった[36]。それ以外の脳内では、8～10ヘルツで神経が共鳴して振動し、情報を交換する[37]。

したがって、アルファ波は遺伝子の出現や気分の改善とともに、脳に最高の状態を作り出すことができる。瞑想家たちが通常の瞑想を行うと、自分という認識が拡大する感覚がするというが、その際の主観的な感覚は、今やDNAや神経伝達物質、そして脳波で数値化することができる客観的な生物学上の事実となった。

【ベータ波】

13〜25ヘルツのベータ波はさらに2つに区分され、それぞれ別に研究がなされている。13〜15ヘルツの低ベータ波は、感覚運動リズム（sensorimotor rhythm）の頭文字をとってＳＭＲとも呼ばれ、肉体の維持機能と関係している。

思考を巡らせる時に発生する15〜25ヘルツの高ベータ波は、作業に集中すればするほど多く観察される。携帯電話で目的地までの道順を調べたり、ブログを書いたり、語学の授業を受けたり、複雑なレシピの料理をしたりすると、高ベータ波が多量に発生する。

また、ストレスがかかると高ベータ波は異常なほど多量に発生する。友人と喧嘩をしたり、完了不可能な期限付きの仕事を抱えていたり、夜中に恐ろしい音がしたり、トラウマとなった子どもの頃の経験を思い出したりなどとネガティブなことを考えたりすると、この高ベータ波が放出される。つまり高ベータ波はストレスがかかっていることを示し、体内にはコルチゾールとアドレナリンが多量に分泌される反応が起こる。また恐怖や不安も高ベータ波が発生する原因であり、細胞内の有益な機能の多くがこれにより阻害されてしまう。脳内に高ベータ波が発生し続けると、肉体の老化が速く進行する。

【ガンマ波】

最近になって発見された脳波のガンマ波は、脳全体の情報を統合、同期して、整理する。数週間悩み続けた問題の解決の糸口がふと見つかったり、難しい仕事を満足できるぐらいにまでこなせたり、子どもが素晴らしい絵を描いたり、傑作といわれる作曲がなされる時、ガンマ波が発生している。ガンマ波は25ヘルツから時には100ヘルツを超えることもある。

マサチューセッツ工科大学のリーフェイ・サイが中心となり、アルツハイマー病に対するガンマ波の効果が調べられた。ネズミを迷路に放ち、方向感覚と記憶を司る海馬に発生する脳波を記録すると、行き止まりに突き当たったネズミはガンマ波が突然急上昇する。ところが、遺伝的にアルツハイマー病の発症傾向を持つネズミの脳では、神経路の同期が少なく、ガンマ波の発生も少なかった。次に、40ヘルツのガンマ波をマウスの脳に放射すると、わずか1時間でアルツハイマー病の原因とされるアミロイドβのレベルが半減したことにサイはとても驚いた[38]。

その仕組みを調べると、ガンマ波はミクログリア（小膠細胞）と呼ばれる脳内細胞を活性化させることがわかった。この細胞は脳内の異常なタンパク質や壊死した細胞を食い尽くすことから、ガンマ波の放射によって大きさと数が2倍になったミクログリアがアミロイドβを吸収し始めたことになる。カリフォルニア大学ヴィカス・ソハールは、「もしガンマ波が脳のソフトウエアの一部ならば、この研究は、ソフトウエアによってハードウエアに変化が起こりうることを示している」と述べた[39]。

ある予備実験では、アルツハイマー病の特徴である認知力が低下している5人の患者の海馬にガンマ波の光を当てた結果、患者の症状に改善が見られた[40]。さらに最近の研究では、10ヘルツのアルファ波と40ヘルツのガンマ波を組み合わせて刺激を与える技術が使われている[41][42]。

この他にも、75ヘルツのガンマ波は体内に抗炎症プロテインを生成する遺伝子の発現を促す[41]。50ヘルツのガンマ波は、体内に幹細胞という筋肉、骨、皮膚など必要とされるどんな細胞にもなる「ブランク・セル」の数を増やす[43]。60ヘルツでは、コルチゾールのようなストレスホルモンの信号を調整し、転写因子の一群を暗号化する遺伝子Mycという重要な遺伝子を活性化させる。その結果、体内の全遺伝子の発現の15％をコントロールする[44]。

ストレスがあることを示す高ベータ波は、ＤＮＡ合成を抑制する。25ヘルツの高ベータ波にさらされた骨細胞はその成長が止まるが、75ヘルツ以上のガンマ波を当てると、成長が促進される。最も成長が促されるのは１２５ヘルツにさらされた時で、その成長速度は3倍になる[45]。

ただし、これらの研究結果の多くは、PEMFと呼ばれるパルス化した磁場を作り出す器具によって体外で実験、観察されたものがほとんどなので、体内で実際に何が起こるかについては、断定する段階にはなく示唆的な効果と考えたほうがいい。脳波と細胞の変化の関係を示す研究では、今のところ因果関係というより、互いに関係性があることを示しているにすぎないともいえるが、大局的には、私たちの肉体は脳波に敏感に反応していることや、さらに互いにどう関係しているかの理解が進めば、細胞を癒すのに脳波を利用できることになる。

思考の変化が細胞の変化を起こす

数多くのさまざまな細胞が脳波と関連して変化することは注目に値する。発生する脳波が一瞬一瞬、体内に大きな変化を起こしていることがわかった今、肉体が健全な状態になるようなプロセスをどう促したらよいのだろう。

多くの精神的な訓練によって脳波が変化することは研究で明らかにされていて、なかでもマインドフルネス瞑想では、瞑想を行った人の脳波に有益な変化を起こすことができる。56の論文や計1715のマインドフルネス瞑想を主題にした研究結果を統合すると、この瞑想法ではアルファ波とシータ波が増長されることがわかった[46]。また、別の研究では、瞑想中に心臓でも同じようにアルファ波とガンマ波が発生し、不安を感じていることを示すベータ波を鎮めるとされている[47]。さらに、わずか3か月間マインドフルネス瞑想法を続ければ、テロメアが成長し始めることもわかった[48]。

ジョー・ディスペンザとともに行った上級者対象のワークショップに参加した何千人という人は、日々デルタ波とガンマ波を増やすことができるように訓練を重ねている[49]。

私のクラスでエコ瞑想法を行っている人に脳波計を装着して観察してみると、瞑想開始後、気が散った状態を示すベータ波が消え、ガンマ波、アルファ波、シータ波、デルタ波の増加が見られた。脳波の専門家ローラ・アイヒマンがワークショップ参加者の一人ステファニーに注目して、こう述べた。

「参加者はエコ瞑想法を行って10分間、意識のエネルギーにアクセスし、自分のエネルギーを誰かに向かって送った。その中でステファニーの脳波に最も典型的な変化が見られた。

ステファニーの脳波にはデルタ波に大幅な増加が見られ、その後すぐにガンマ波も増加し、高ガンマ波の部分は、低デルタ波の発生につながっていることがわかった。通常の脳波の活動を測定したものがわかりやすくなるよう、振幅の測定値を10ミリボルト単位でスクリーンに映し出すのだが、ステファニーの脳のデルタ波の値があまりにも大きくて、20ミリボルト単位に表を直しても測定値が表に収まらず、さらに30～40ミリボルトに単位を変えなくてはならなくなるほどの変化だった。

デルタ波からガンマ波までが発生する現象は、ヒーラーや超能力者の脳で起こったのを何度か見たことがあった。実験後にステファニーから聞いた内容は、まさに表に現れた脳の活動と一致しており、彼女は光に満たされて『内なる知恵』を感じた」

エコ瞑想法は、タッピングとマインドフルネス瞑想法、コヒーレンス法（心臓呼吸）、ニューロフィードバック（脳波フィードバック）など、簡単だが役に立つ手法を統合したものであり、細胞再生のためのエネルギーフィールドに変化を与えることができるものである。

もしテロメアを伸ばし、脳内のβアミロイドの塊を消し、記憶と注意力を向上させ、セロトニンを増大させ、ＤＮＡを修復し、炎症を抑制し、免疫力を上げ、皮膚や骨、軟骨や筋肉細胞を回復させ、細胞再生に必要なＧＨレベルを引き上げて脳内の神経伝達を促す薬があるとしたら、値段がつけられないほどの価値があるだろう。それが今、すべてただで手に入るのだ。

エコ瞑想法はインターネットで10年以上も前から無料で公開されている。私たちに役立つ脳波の状態を作るには、ただ画面を開いてそこに書いてある簡単な手順に従うだけでいい。そうすれば、自分の持つフィールドに変化が起き、毎秒体内で再生される81万個もの細胞が、脳から発せられる癒しを促す波に包まれることになる。

理想の脳波を手に入れるには

人それぞれが持つ脳波は実にさまざまであり、日常的な自分の脳波状態に慣れている。つまり、日常をすごすあなたには情報伝達を示すあなた独特の脳波があるということだ。たとえば、あなたの脳にシータ波、アルファ波、デルタ波よりベータ波が発生するなど、それぞれの脳波の割合はまるで料理のレシピのようにある程度決まっている。

食事の味や匂い、そして食器の手触りは、食べている間はほとんど意識していない。脳が最も働く状態は、まるで慣れたレシピと異なる特別な食材を使った料理のようなもので、デルタ波が増えれば、すべてが「ひとつ」につながった感覚を覚えるだろうし、シータ波が加われば癒しの波を体験することになる。また、アルファ波が増えれば、意識と無意識とがひとつになって働き始める。

たとえば、あなたの脳波のレシピが次のようになっているとしよう。

- ベータ波　20マイクロボルト
- アルファ波　25マイクロボルト

- シータ波　30マイクロボルト
- デルタ波　100マイクロボルト

多くの人はこの割合の脳波を正常値として日々を過ごしている。

ところが、至高体験をすると、この割合と振幅は大きく変化する。精神的に高まった状態に入ると、脳波はそれまでと異なり、通常25マイクロボルトのアルファ波は60マイクロボルトまで膨らみ、不安に駆られる状態になると発生するベータ波は20マイクロボルトから5マイクロボルトまで縮小する。

また、シータ波、デルタ波は通常50マイクロボルト程度だが、至高体験中は200マイクロボルトまでそれぞれ増大する。この脳波の状態になったあなたは、無限に広がるフィールドとつながり、すべての存在とひとつになった感覚がするだろう。その状態を起こすきっかけとなるのは、次のような経験をした時だ。

- 春の訪れを感じた時
- インスピレーションを与えてくれる映画を観た時
- 大好きな曲を聴いている時
- 赤ちゃんがあなたの指をつかんだ時
- 足をマッサージしてもらった時

- 友人の優しさを感じている時間
- インスピレーションを感じる会話を交わした時
- 1マイル（約1・6キロ）を走りきった時
- スピーチをして拍手喝さいを浴びた時
- 最高においしいコーヒーを飲んだ時
- 大好きな著者が出した新刊を手にした時
- 期限が過ぎた仕事をなし遂げた時
- 不要なものを捨て、スペースができた時
- 見知らぬ人と微笑みを交わした時
- バスケットボールでダンクシュートを決めた時
- 子犬が産まれたのを目にした時
- 素晴らしい日没を見た時
- 恋に落ちた時
- 浜辺で散歩をした時

偶然に受けた刺激に反応して、今までにない脳波の状態が生まれ、最高の気分になることがあるだろう。そのような至高体験の最中のあなたに脳波計が取り付けられていれば、脳波の状態は次のようになるだろう。

- ベータ波　５マイクロボルト
- アルファ波　60マイクロボルト
- シータ波　50マイクロボルト
- デルタ波　２００マイクロボルト

これと通常の脳波の状態との違いに注目してほしい。ストレスが多くかかった状態で発生するベータ波は消え、アルファ波は、シータ波とデルタ波と同様に増大している。脳内での情報の伝わり方が変わると、出現する脳波もまったく異なってくる。

おいしい料理を少しでも食べると、おいしさが口の中に驚くほど広がり、一口ずつ料理を味わいたくなる。それと同じように、至高体験を少しでも味わった脳波の状態は、あまりなじみがない特別な感覚がするので、「ゾーンに入った」「超越的状態」「ハイになる」「変性意識状態」「異次元の存在にチャネリングする」「夢中になる」「天使が現れる」「至福の感情を持つ」「天国の入口に立つ」「魔法にかかったような時を過ごす」「至高体験を持つ」「スピリットガイドと出会う」などと表現される。どんな呼び方であったとしても、その状態が特別であることを示しており、日常の食事よりもずっとおいしい料理を試しているようなものだ。いつもの自分と同じとは感じられない。そうした経験を、神や自分自身ではない存在が出現したように思うのだ。けれども、たとえ一瞬の経験であったとしても、それはあなたの脳が作り出した感覚であり、この脳波の状態は再現できる。訓練をすれば、意のままに脳波を作り出せるようになるのだ。

私たちが行ったワークショップで、参加者に脳波計を装着してもらって脳波の状態を観察、記録したところ、ストレスや心配事を抱えている人には高べータ波が多いが、アルファ波、シータ波、デルタ波はほとんど発生していない。

通常、人はアルファ波が互いの領域をつないだりすることなどなく、無意識領域や世界とのつながりから切り離された状態にある。ところが、施術を受けた後では脳波からの情報の伝わり方が変化し、新たな脳波の状態を知って心地よくなる。そんな状態の人たちには意識と無意識をつなぐ役割をするアルファ波が大量に発生している。

さらに脳が新たな脳波の状態を日々作り出せるよう訓練を続けた人は、常に気分よくいられるようになるだろう。やがてそれが新しい日常となり、脳波の基本的設定として定着すれば、彼らの肉体はいつでも癒しのフィールドに包まれるようになる。

脳波のバランスをとる訓練

私が行っているエコ瞑想の会では、初日の朝にまず至高体験の状態に入る訓練を行うが、それは肉体への信号を正しく送ることができればさほど難しいことではない。最初はその状態に入るまで4分ほどかかっていた参加者も、午後のセッションでは90秒ほどで入れるようになる。参加者は目を閉じて瞑想状態に入るたびに素晴らしい気持ちになり、まるで天国にいるような気分になるものな魔法のレシピを修得できるよう訓練する。

外界から隔離された場所でのエコ瞑想でその状態に入れるようになったら、次は人々を部屋の外に送り出し、小道を歩きながら、あるいは庭を散歩しながらでもその状態を保てるようにする。そしてまた、瞑想用の部屋に戻ってきて目を再び閉じ、アルファ波をさらに増幅させては部屋の外に出てもらう、というように部屋の中と外、目を開けての瞑想、閉じての瞑想を繰り返しながら、3日目には目を開けたまま、瞑想用の部屋から出てもその状態を保てるようになる。そこまで到達した人に対して、それまでの感覚を捨て、新しい「通常の状態」を定着させるのだ。

スーザン・アルバートという医師は、この経験を次のように述べている。

「訓練を受けた翌朝、私は人生で初めてきちんと瞑想できたと思いました。52年間で初めてです。私はそれまで心穏やかなことは一度もありませんでしたが、そうなれたのです。なんという発見でしょう！」

マーイケ・リネンキャップという参加者は、「エコ瞑想を行うと心が落ち着き、リラックスして物事がはっきり見えます。それまでの思考回路を変え、ついつい思い出してしまっていた嫌な記憶を解放するほどの力がありました。生まれて初めて、その時の気持ちがよみがえっても嫌な気持ちになりませんでした。その後、友人に不安を引き起こした時のことを話しても不安にならなかったことが信じられませんでした」と述べている。

スーザン、マーイケとその友人は、おいしい料理のレシピのような脳波の状態を作れるようになり、脳に日々栄養を与え続けている。最新の携帯電話を使い始めたら昔使っていた携帯電話に戻れなくなるように、脳波も昔のレシピに逆戻りするのは難しい。

一貫して働く脳が引き起こすこと

私が行っている多くの実験では、感情を癒すと心身にどんな影響があるかを探っている。私の最新の研究は、ストレス軽減によるエピジェネティクス効果について調べているが、影響を受けた遺伝子の数とその重要な役割には驚くべきものがある。

イラクとアフガニスタンから最初に帰還した退役軍人を患者に持つセラピストは、患者の多くがPTSDに苦しんでいると私に語った。

マーシャル大学メディカル・スクールの臨床心理士リンダ・ゲロニアは、退役軍人とのEFTタッピングのセッションで、悪夢やフラッシュバック、過剰な警戒状態に苦しむPTSDの症状が解消されたと話してくれた。そこでリンダと私はEFTがPTSDの治療に有効かどうかを調べる測定方法を取り決めた。そして、参加者はわずか7人の退役軍人だったが、予備実験で見られたEFTの効果は明らかで、統計的にも意義ある結果を出すことができた[50]。統計的に有意性のある結果（はじき出された結果が偶然である可能性がわずか20分の1である）が少人数グループで出たとしたら、それはかなり効果のある治療法ということになる。

そこで私は同僚と全国規模でランダムに選んだ対照実験対象者を集めて、研究に乗り出した。退役軍人のための病院に入院してPTSDの通常の手当てを受けているグループと、EFTも加えた手当てを受けるグループに分けて研究を始めた。完成には数年かかったが、結果は同じだった。EFTの治療を受けた退役軍人のPTSDの症状が60％以上減少するという結果を得た[51]。この研究が公表されてから、リンダは同じ手順で再び実験を行い、ここでも同様の結果が得られた[52]。

退役軍人たちの体内で何が起こったのだろうと思った私は、特にゲノムのレベルでの変化に興味を持った。２００９年、私はEFTセッションを10回受けた退役軍人の遺伝子を研究し始めた。完成までに6年かかった研究の結果、6種のストレスに関する遺伝子の調整がなされていた。そして免疫に関する遺伝子が増加していた一方で、炎症に関する遺伝子は減少したことがわかった[53]。

EFTで生じる遺伝子の劇的変化

友人の精神療法セラピスト、ベス・マハラージャは、革新的な遺伝子テストを考案した。この新たな方法は、被験者がカップに自分の唾液を入れるだけで何百、何千という遺伝子が明らかになる。ベスは4人の被験者を選び出して、まずはプラシーボ効果の測定のための1時間のセッションを行った。その1週間後にEFTのセッションを1時間行って、唾液をもとにそれぞれのセッション前後の変化を比較した。すると、驚くべきことにEFTのセッションでは72種もの遺伝子の発現が見られたことがわかった[54]。

発現した遺伝子は次のような素晴らしい機能を果たすことがわかった。

- がんの抑制
- 太陽光紫外線に対しての防御
- 2型糖尿病におけるインシュリン耐性
- 日和見感染症（訳注：免疫力が下がり、常在菌に感染する現象）に対する免疫力向上
- 抗ウイルスの活動
- 神経細胞間シナプスの強化
- 赤血球、白血球の生成
- 男性の精力増長
- 神経の柔軟性の向上
- 細胞膜の強化
- 酸化ストレスの軽減

このような遺伝子の発現の変化は確実なものであり、ベスが実験から1日たって再検査すると、効果は約半数の被験者で持続していた。たった1時間の治療を受けただけと考えれば、かなり有意な結果だと言える。

瞑想はがん遺伝子を調整する

ベスの研究に触発された私の友人ジョー・ディスペンザが上級者のワークショップで唾液を使った実験を行うことにした。私が30人分の唾液を採取して研究室で分析してみると、４日間の瞑想で８種の遺伝子が明らかにコントロールできるようになったことがわかった。

また、ジョー・ディスペンザのワークショップ参加者１００人に脳波計を装着してもらってデータを集めてみると、瞑想を４日間行った参加者は、当初より18％も早く瞑想状態に入れるようになり、不安な心理状態を表すベータ波と比べて、脳が統合して働いていることを示すデルタ波の割合が62％も上がっていることがわかった[49]。

また、変化が認められた８種の遺伝子は、生理学的にも確実な変化をもたらすことが期待され、新たな経験と学びに応じて生まれる神経の成長を促す神経発生や、細胞の老化から私たちの肉体を守ることに関係している。これには細胞修復の調節機能として、幹細胞を傷んだり老化したりした組織を修復する場所まで届ける力も含まれている。さらに、細胞の形や構造を強固に作り上げるための骨格細胞をはじめとして、細胞の構築にも関連している上に、８種の遺伝子のうち３種類の遺伝子はがん細胞を固定して除去するのを助け、悪性腫瘍の成長を抑えるのに役立つ。

これらの遺伝子とその機能は次の通りである。

CHAC1

細胞中の酸化のバランスを整えるため、遊離基を減少させるカギとなるのは、グルタチオンホルモンであり、CHAC1は細胞中のグルタチオン値を制御するのに役立つ。[55]その他にもCHAC1の機能には神経細胞を形成し、成長を助けることがある。[56]また、酸化と神経細胞形成を調節するタンパク質分子の適切な形成に役立っているとされる。

CTGF

結合組織の主要な増殖促進因子であり、多くの生物学的成長において重要な役割を果たしている。[57]怪我の治癒から、骨の発達、軟骨、結合組織の再生を促す役割を持つ。また、怪我をした細胞損傷部分へと補完する細胞を送り届けるのも助ける。治癒過程の新しい細胞の成長や細胞相互の接着を調整する役割を持つ。この遺伝子の減少は、がんや線維筋痛症のような自己免疫疾患の発症に関連がある。

TUFT1

細胞修復や治癒に関するさまざまな機能を持つ。[58]幹細胞の機能の成長を調整する手助けをする。子どもの歯の成長の際のエナメル質の硬化過程を促進させる。また、細胞内の酸素濃度を調整し、神経細胞の分化に関わっている。

DIO2

脳や内分泌組織のさまざまな機能にとって重要な役割を果たす[59]。甲状腺機能と同期しながらその他の組織に発現する。インシュリン耐性を減少させることで新陳代謝を調節する手助けをする代わりに、代謝性疾患の危険性を減らす[60]。その一方で欲望が制御できなくなったり中毒になる心理状態とも関連がある。また、落ち込んだ気分を整えてくれる。

C5orf66-AS1

腫瘍の成長抑制に関係のある遺伝子[61]。がん細胞を同定しその排除に働くＲＮＡを体系化する。

KRT24

細胞構造を支えるタンパク分子の合成に関わる遺伝子である。合成されるタンパク分子が規則正しく配列する助けをする[62]。そして結腸直腸がんなどのある種のがん細胞を抑制する[63]。

ALS2CL

特に頭頸部に発生する扁平上皮がんと呼ばれるがん腫瘍を抑制する遺伝子の一種[64]。

RND1

成長期の細胞が構造を強固にするための分子を構成するのを助ける。また、神経細胞が他の神経

細胞とつながるための成長を促す。また、咽頭がんや乳がんなどのがん細胞の増殖を抑制する。(65)

新技術によって、核の中をのぞいたり、脳内の情報の流れがわかるようになったり、ＥＦＴや瞑想といったストレス対処中に起こっていることがわかるようになっている。これらが作り出している変化は決して取るに足らないほどわずかではなかった。意識が変化すると、肉体を作り上げている物質にも大きな変化が起こることがわかったのだ。ブライス・ログフの話を紹介しよう。

戦争地帯から心の平穏を得るまで——ブライス・ログフ

多くの友人が、私のことを「矛盾」が歩いているようだと言います。私は、日本の禅寺で瞑想を学び、ヨガの指導者となったり、世界中のトップヒーラーたちから心身医療を学ぶ一方で、アメリカ海軍の衛生兵や医療補助員としてイラクでの４度の戦闘に派遣された退役軍人です。

私のアメリカ海兵隊での最初の派遣先は偵察大隊（海軍の特殊部隊）で、２００４年11月、ファルージャへ２度目の戦闘に赴くことになりました。その戦いは大規模なものでした。その時派遣された私たち全員が、一生忘れることのできない経験をし、私はこの先どうやって生きていけばいいのかを探し求めるようになりました。私にとって最初に目に焼きついて離れない出来事は、反抗分子によって地面や道路わきに埋められた爆弾を部隊にいた仲間が掘り起こしている最中に亡くなった時のことです。その時、精神を保つために私にできたことといえば、鎮痛剤を服用しながら、自分はすでに死んだも同然だと思うことを受け入れ、たとえ亡くなった仲間と同じようなことが自分に起こったとしても大したことではないと自分に言い聞かせることぐらいでした。

２００８年にアメリカ軍から名誉除隊を受け取った時には、生き延びた自分に驚きました。同時に私はこの先、どこにも派遣されることがなくなり、きっと安堵するだろうと思っていたのですが、そんな解放感が訪れることもなく、イラクにいた時と同じような緊張感を持ったまま、アメリカで暮らしていたのです。

精神科医からは依存症の危険性も高く、時に暴力的になることもある薬を処方されていました。アルコールと薬への依存症を克服するには自己ヒーリングが必要だと思った私は、瞑想を学ぶことを決心し、日本の岡山県にある禅寺、曹源寺で修行をしました。半跏趺坐（はんかふざ）で何時間も過ごしていると、戦争中に行われていたストレス・ポジションといわれる拷問法での尋問のことが思い出されてしまいました。現代の真の禅僧である原田正道氏には、禅を経験させてもらったことに深く感謝をしつつも、寺を離れてしまうと瞑想時の心理状態を保つことができない自分に気づき、日常の中で役立つ、もっと早くて簡単な心と体への理解を深める瞑想法が必要だと感じました。そして、偶然にもエコ瞑想というプログラムが行われていることを知って驚きました。

最初にエコ瞑想を見つけた時は、ただ、ネットでページを開いて言われるままにやっただけだったのに、２分もしないうちに癒しが起こり、それまで何時間も何日も、あるいは数週間も瞑想してようやく感じられていた、ゆったりした健全な精神状態に入ることができたのです。

ブライスは、退役軍人のためのエコ瞑想の熱心な提唱者となり、簡単で費用もあまりかからない手法を退役軍人全員に知ってもらいたいとした。今では数千人がエコ瞑想をネットで見て学び、ブライスと同様、瞑想状態に深く入って心の平穏を得ている。そんな彼らの肉体に起こった変化を調べてみると、心拍数が下がり、コルチゾールの量も減少していることがわかった[66]。また、免疫ホルモン値も上がり、幸福感も増し、うつや不安症、痛みの減少に明らかな効果が見られた。心の平穏はストレスを軽減して、遺伝子の発現レベルにも影響を与えることができるような変化をもたらすのだ。

内面の状態が遺伝子の現実

遺伝子検査が一般的になってきた現在、多くの人が自分にはどんな遺伝子があるかを知り、その遺伝子によってどんな病気になりやすいかがわかるようになった。私のワークショップでもよく、「私はＸＹＺ遺伝子を持っていますが、それはＸＹＺの引き起こす病気にかかる運命にあるということですか?」と質問されることがある。つまり、遺伝子検査をした人の中には、病気にかかるかもしれないと過剰に心配し始める人がいるということだ。

以前に列挙した遺伝子リストからもわかるが、タッピングや瞑想によって多くの遺伝子は劇的な変化を遂げる。あなたの運命は、あなたの遺伝子によって決まるものではない。

肉体に強いストレスが長期間かかったままだと、がん細胞を作り出す遺伝子が発現するようになってくるが、タッピングや瞑想を毎日行えば、ストレスが軽減し、それにともない遺伝子発現にも変化が生まれる。毎秒新たに生まれている81万個の細胞が愛と優しさに満ちたフィールドで生まれれば、遺伝子発現もそれに従う。

思考を物質に変える、ということは抽象的な表現ではない。それは厳然たる事実であり、私たちが生きている肉体と同様に現実なのだ。さまざまな思考を巡らせたある一瞬にも、私たちの心は細胞が再生するためのエネルギーフィールドを作り出している。

ポジティブな思考によって細胞が生き残れるエネルギー環境ができるなど、細胞が再生する際の思考が分子という物質に影響を与えているのだ。私たちが自分の意識を無限に高め、光り輝くエネルギーを脳内に生み出すことができるようになれば、細胞はそのエネルギーを基に再生する。

第5章　共鳴した思考のパワー

通常、一日の内におおよそ4000種類の思考が人の頭脳を巡るとされている。そのうちの22〜31%が、制御できずに頭に浮かんできてしまう好ましくない思考で、またそのうちの96%が何度も繰り返し浮かんでくる。[1] クリーブランドの健康増進プログラムによると、浮かんでくる思考の実に95%が何度も繰り返され、その80%がネガティブな思考であるとされる。

2000年前、釈迦は人間の思考こそが苦悩の元凶であると突きとめた。ヒンドゥー教の聖典バガヴァッド・ギーターには、王子アルジュナが「心は本当にコロコロ変わる。クリシュナよ、心が常にかき乱される」と嘆く場面が出てくる。私たちのほとんどは、こうして知らない間に逃げ道のないネガティブな思考に囚われてしまっている。どうして私たちの脳はそこから進歩できないのだろう？

心にネガティブ思考が住み着く訳

繰り返されるネガティブな思考が生まれるのには生物学的に意味がある。繰り返される思考の中には先祖より受け継がれてきたものがあり、きちんと注意を向けないと命に関わる気づきがある。そのため、ネガティブな思考により、自分の周りで起こるかもしれない出来事に常に注意を払うようになっている。生き残りをかけた状況下では、人間の脳では脅威を感じ取るベータ波が主に発生する。確かに先祖にとっては、脅威を察知できるか否かが生死と直接関係していた。

ハグとガグという10万年前の10代の姉妹の寓話がある。

ハグは誰よりも陽気な少女で、毎日楽しく歌いながら水を川から村まで運んでいた。途中で黄色い花の匂いを嗅いだり、子どもたちの笑い声を聞いたり、朝日が昇る時の光を見つめて不思議な気持ちでいっぱいになったりして暮らしていた。また村の人たちのいいところを見つけるのも得意だった。

一方、正反対の性格のガグは、疑り深く、いつも何かおかしなことが起こらないかと危惧してばかりだった。どんな時も何か危険がないかが気になり、仲間の欠点を探してばかりだったので、村の人たちは小川から水を運ぶ彼女を避けていたが、ハグだけはガグのいい点を見つけて一緒にいることができた。

ある日、二人は草むらの中のトラに気がついたが、ハグだけがトラに食べられてしまった。いつもピリピリ何か危険がないか気にしているガグは、ハグより数秒早く気づいたおかげで助かった。

それから千世代を経て、何かがおかしいと察知する才能は自然淘汰の環境下でますます研ぎ澄まされ、人は周りに危険がないかに注意を払う意識を塗り重ねていった。その能力は、現代の私たちに受け継がれている。ガグから受け継いできた危険を察知する感覚を持つ私たちの脳は、まったく何も起こっていない状態でも常に脅威がないかを探っている。

私たちのはるか昔の先祖は、2種類の間違った考え方をしてきた。それは、草むらにトラが隠れているのに隠れてなどいないと考えてしまうことと、もう1つは、トラが隠れていないのに隠れているのではないかと考えてしまうことだ[2]。

後者の実際にトラがいなくとも細心の注意を払うという感覚がそのまま人間全体の進化に受け継がれることはないにしても、恐怖を感じるとよくないことが起こるのではと連想し、ガグのように性格が悪くても、それは同時に生き残る能力を生む。ところが、前者の間違いは死につながる。たった一度でもトラが草むらにいるのに気がつかなければその餌食になってしまう。だからハグのように危険を察知できない人の遺伝子が受け継がれることはない。

なぜできないと思い込み、不吉なことを探すのか

ホームセンターに、私の1983年式フォード車の鍵を作ってもらいに行った。私が店員に鍵を見せると、鍵にまるで伝染病の菌でも付いているかのように手にとって首を横に振りながら店員は

言った。「この型の鍵はここにはありません」

フォード社は同種の車を３００万台も作っているので、そんなに珍しい車種の鍵でもないはずだと言う私に対して、店員は怪訝そうに「この鍵は二重構造になっているので」と、さも合鍵を作るのが難しそうに答えた。「同じ鍵を先週は作ってくれたじゃないですか」と私が言うと、店員は嫌そうに鍵をレーザー光でスキャンする装置にセットした。作動不可を示すライトが赤く光ると、「ここでは無理です」と答えた。

私がもう一度やってみてくれと頼み込み、店員が装置のスイッチを再び入れると、今度は緑のライトがついたのだが、それでも店員は、「合鍵の在庫数があまりないので、合うものは見つからないと思います」と再び首を横に振った。そこで私は、「探すだけ探してもらえませんか？」と丁寧に頼んだ。

在庫をチェックすると、合鍵となるものが見つかり、やっとスペアキーができあがった。イライラした私は今にも彼の肩をつかんで、「仕事はきちんとやりなさい」とでも言いたくなった。いっそのこと『【新訳】積極的考え方の力』（ノーマン・ヴィンセント・ピール著　月沢李歌子訳　ダイヤモンド社）を買い与え、私のセミナーに無料招待して講演を聴かせてやりたくなったほどだった。

けれども同時に、彼に対して哀れみもわいてきた。実際は何の問題もないのに、私も彼のように何でも難しいと思いながら生きているのでは、と思った。思考の癖で、ごく簡単なことでも手をつける前から無理だと思い込んでしまうのだ。一体、このできないと思い込む癖はどこから生まれるのだろうか？

私たちの先祖は数千年も前にサバンナを離れたのに、いまだに多くの人は自分の周りのよいことよりも、これから起こるかもしれない不吉なことを一生懸命探す癖がついている。

朝、起きた時の脳の状態は、睡眠状態のシータ波とデルタ波が優勢だが、やがてアルファ波に取って代わり、だんだんと目が覚めてくる。そしてベータ波が生じ始めると、思考を巡らし、悩み始め、トラが襲ってきた時のために進化した「メカニズム」が働く。さらには、脅威になることが次々と頭の中に浮かんでくる。たとえば、次のような思考だ。

- 報告書を上司に提出するのは今日だっけ？　来週だっけ？
- 朝ご飯には何を食べよう？　食べたら太るかな？
- 昨夜、主人にいびきが聞こえたかしら？
- 子どもたちの今日の機嫌はどう？　子どものせいで一日が台なしにならないかしら？
- 今日履こうと思っている靴って、服に合ってないかしら？
- コーヒーはまだあったっけ？
- 昨晩のニュースで観た惨事のことをもっと知っておかなきゃ。
- 今日の天気は？
- 私のフェイスブックにジェーンがコメントを残してくれてないなんて、頭にくる！
- グーグルマップの通勤経路にどのぐらい渋滞の赤いラインが出ている？

目が覚めると、脳は心配事であなたを振り回すように進化してきたのだ。私たちを餌食とする敵がいない今日でも、目が覚めると同時に不安が頭をもたげる。心にいろいろな考えが流れ込み、心配事でいっぱいになる。そして一日を始めようと玄関を出る前にはすでに、心配事で疲れ切ってしまうのだ。

洞窟に住んでいた頃の人間の脳は、肉体に大きな影響を与える。イギリスの医学誌「British Medical Journal」に掲載された６万８２２２人への８年間にわたる研究では、たいした心配事でなくとも不安になると死亡率が20％高まることがわかった[3]。

先祖が生存するために身につけた能力が、今や素晴らしいことを見逃して、よくないことばかり見つけ出そうとする思考を生み出し、生存の最大の脅威となっているのだ。洞窟に住んでいた頃の人間の脳は、現在では真逆の状況を人間にもたらしている。

恐怖に囚われるとストレスが手放せない

ある日二人の僧が旅をしていると、水かさが増して川を渡れずに困っている女性と出会った。そこで年上の僧侶がその女性を抱きかかえて向こう岸まで運んであげると、女性はお礼を述べ、そのまま歩き去った。

しばらく二人の僧は無言で先に進んでいたものの、緊張した空気が二人の間には漂い、やがて年下の僧侶が口を開いた。
「女性の体に触れてはいけない戒律があるのに、なぜあんなことができるのですか？」
するとと、年上の僧侶は次のように答えた。
「いいかね、確かに私は朝、女性を抱えたが、向こう岸で彼女を降ろした。でも、一日中そのことを考えていた君は、彼女を抱えたまま歩いていたようなものだ」

あの時こうしたという過去や、だからこうなるかもしれないという未来に対する恐怖に囚われてしまっていると、何かが終わった後でもストレスレベルが上がったままになる。

私はアリゾナ大学の心理学研究者であるオードリー・ブルックス博士とともに、介護や福祉関係の仕事に就く人を対象に研究を行った。対象者は、カイロプラクティック、看護師、精神医療セラピスト、医師、そして代替医療の仕事に就く人たちだったが、タッピングの1日講習会の前後で精神的苦痛をどの程度抱えているかを測ってみることにした。最終的に5つのワークショップの参加者、216人が研究対象となった[4]。その結果、たった一日で不安、うつなど精神的問題が45％も減少し、半年後に追跡調査を行うと、タッピングを継続している人たちのストレス度合は、やめてしまった人たちに比べて低かった。

特筆すべき点は、実は医療関係者がストレスをどれほど抱えているかということだ。私たちが用いた閾値は60点で、それを超えると不安症やうつなど治療が必要な程度だとみなされる。彼らを最初に計測した時の平均値は治療が必要な閾値よりわずか1点低い59点だった。個人的には患者よりストレスを抱えている人も少なくない。医療のプロといえども洞窟内の脳を脱出しうるとは言えない。EFTトレーナー、ナオミ・ジャンツェンの例を紹介しよう。

うつ状態の渦――ナオミ・ジャンツェン

私は最悪の人間関係のせいで、18か月間うつ状態に苦しみました。うつ状態を乗り越えようと、あらゆるものを試しました。しかし、何をしてもうまくいかず、怒りと悲しみの感情に囚われたまま、ネガティブな思考や感情に振り回される終わりのない渦に引き込まれたかのような日々を過ごしていました。うつについて「ネガティブな感情を振り落とせ」と記されたパンフレットを見ただけで、これまでさまざまな手法を試してきた私はイラついたものでした。

毎晩のように深夜3時11分になると目が覚めてしまい、私を傷つけた相手のことが浮かんできては頭から離れなくなるのです。私は自分の正当性に固執したまま、同じことを何度も考えてしまう渦に引きずり込まれてしまっていました。

EFTは終わりのない渦の中から私を引き上げ、救ってくれました。今ではそのような渦の中にいる人たちを助けるのが私の仕事となりました。

ナオミ・ジャンツェンが渦と表現している、ネガティブな思考が繰り返し浮かんでくる状態は祖先から伝わってきたものだ。それがあったからこそ彼女の祖先も彼女も生き延びてこられたのだが、今日ではもはや必要ないものである。この心理パターンは心の平穏を奪い、コルチゾール値を急上昇させ、回復や癒しに必要とする原材料を奪ってしまう。

ナオミのように非常に賢い人でさえ、いらだちの感情の渦から抜け出すように自分自身に言い聞かせることができなかったわけだが、ＥＦＴのような意識や精神に働きかける手法は、洞窟にいた頃の人間の脳の状態から抜け出す有効な手段となる。

作用速度の速いホルモンと遅いホルモン

医療関係者を対象にした研究が終わる頃、私は人々がＥＦＴを用いることでいかに早くストレスを解放できるかに興味を持った。

この時、肉体で何が起こっているのかを測る指標となるのが、コルチゾールである。コルチゾールとはアドレナリン（エピネフリン）と並ぶ体内の2大ストレスホルモンである。アドレナリンと聞けば、ストレスがかかるとすぐに反応して働きだし、闘争か逃走かという反応を引き起こすホルモンだということは多くの人がご存じだろう。

ストレスがかかると、すぐにアドレナリンが体内に放出されて3秒後には心拍数が上がり、血管が収縮して肺を広げる反応が起こる。つまりは洞窟にいた頃、人が危険を察知したら、素早く逃げるのに適した状態へと肉体を変えるためのホルモンと言えるだろう。一方、コルチゾールはもっとゆっくり作用するストレスホルモンで、体内での分泌量は一日中ゆるやかに上下を繰り返す。たとえば朝には元気をもたらし、その日一日の活動に備えるように急増する。最も分泌量が少ないのは熟睡している早朝4時頃、ピークは朝9時頃で、夜8〜10時頃に分泌量が減少してくると眠気を感じ始める。

けれどもストレスがかかると、アドレナリンと同様コルチゾールも数秒間で急増し、通常1日単位で変化するホルモン量の分泌サイクルが崩れてしまう。トラから逃げようとしている時のあなたの肉体でコルチゾール値がアドレナリンとともに上がるように、不安になっても同じくコルチゾール値は上がる。ところが、私たちの肉体は通常のコルチゾール値がゆったり変化するサイクルに合わせて成長するようにできているので、コルチゾール値が継続的に多量に分泌される状態をうまく処理できない。コルチゾール値が慢性的に高くなると、その影響として次のようなことが起こる。

- 高血圧
- 記憶中枢の神経細胞の破壊
- 高血糖値
- 心臓病
- 細胞再生力の減少
- 老化の進行
- アルツハイマー病

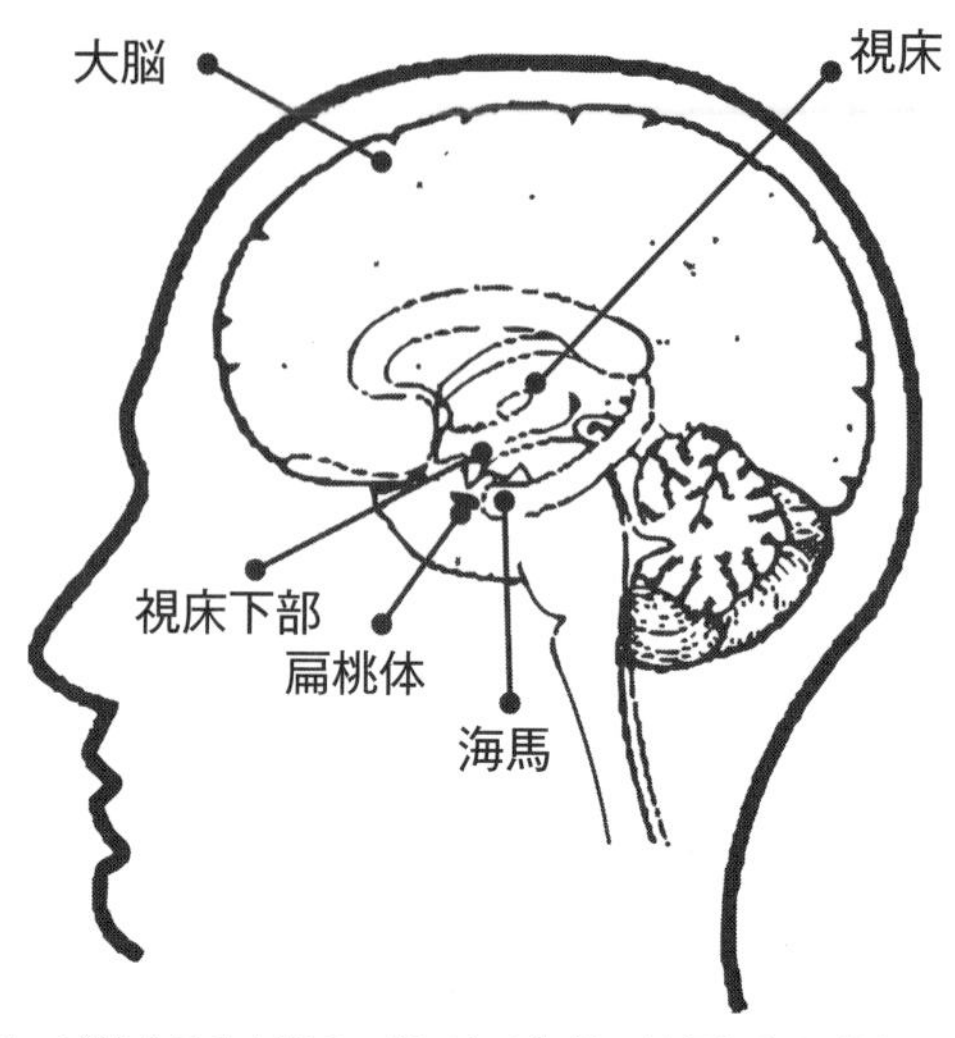

コルチゾールは、感情を司る中脳の一部である海馬の神経細胞を破壊する

- 疲労
- 肥満
- 糖尿病
- 傷の治癒力低下
- 骨の回復力低下
- 幹細胞数の減少
- 筋肉量の減少
- 皮膚のしわの増加
- 下半身につく脂肪
- 骨粗しょう症

長期間コルチゾール値が高い状態が続くと、新陳代謝の速度が乱され、脳細胞にカルシウムが過剰に取り込まれる。その結果、体内に最も害のある分子、遊離基が生まれる。遊離基は多くの変性疾患の原因となり、老化を早めてしまう(5)。

また、コルチゾール値が高いと「エネルギー工場」といわれているミトコンドリアの機能障害につながる。[6]すると、疲労を感じたり、体力が落ちたと感じるのだ。

さらにコルチゾールは、感情、記憶、学習を司っている海馬の神経細胞をも破壊する。[7]コルチゾールが分泌されると、脳波にはストレスや不安があることを示す高ベータ波が生じる。

慢性的な高コルチゾール状態

私たちがストレスを感じると、すぐに肉体の破壊につながるのだろうか？

答えはノーである。というのも、私たちの肉体はストレスに素早く対処した後、通常の状態に戻すようにできている。ストレスのかかるようなことが起こっても、その危険を察知して分泌されたアドレナリンをわずか2分後に分解してしまうのだ。[8]また、比較的ゆっくりと分泌されるコルチゾールの場合には、分解するのに約20分かかる。[9]私たちの肉体は、脅威に素早く反応してアドレナリンやコルチゾールを分泌し、それが去れば直ちに分解されるようになっているのである。では、どうして長期間、それらのホルモン値が高いままになってしまうのだろうか？

それは、思考である。特に強い感情を伴った思考が誘因となる。

ストレスホルモン値が慢性的に高い状態では、ネガティブな思考が脳内の神経路を流れる。身近なストレスに注意を向けることで、私たち自身がコルチゾールを作り出してしまうのだ。

ネガティブな思考は、それがたとえ脅威となるほどのものでなくとも体内のコルチゾール値を高める。その理由は、脳が過去に起こったよくないことや、今後起こるかもしれない最悪の状況に思いを巡らせるからだ。肉体は現実にその脅威があるのか、それともただ脅威を感じているだけなのかの区別がつかない。つまり、ネガティブな思考で創り出した心理的脅威か、実際に生死にかかわるほどの脅威なのかが肉体には判断できないのだ。つまり、思考を巡らしただけで私たちは体内のコルチゾール値を上げて身体をむしばむことになる。

ストレスホルモンをリセットする

ＥＦＴを行った後、ふっとため息をついてリラックスしている患者を見て、そのストレスホルモンがどう変化したのだろうと思った私は、この疑問への答えを出すためにコルチゾール値を測ることを考案した。

カリフォルニア・パシフィック・メディカル・センターとアリゾナ大学の同僚とともに、ＥＦＴを行う前後でのコルチゾール値の変化や、不安やうつなどの精神状態を調べる研究を初めて行った[10]。この大胆な試みはカリフォルニア州の5つの統合医療クリニックの83人の患者を対象に行われ、完成まで数年を要した。

科学的確証を得るための黄金律である「三重盲検法ランダム化比較試験」を行ってわかった大変興味深い結果は、北米で最も有名かつ歴史のある精神医学専門誌に公表された。ＥＦＴを行ったグループと、トークセラピーを受けたグループ、そしてただ休息をとっただけのグループの被験者の精神衛生状態やコルチゾール値を治療の前後で測って比較すると、驚くほどの違いが見られた。不安症やうつなどの精神的症状はトークセラピーや休息をとった被験者にも改善が見られたものの、ＥＦＴを行った被験者には2倍以上の効果が見られた。コルチゾール値が24％も減少したのだ。

コルチゾールに関する研究の被験者の一人に、トークセラピーを受けるグループに参加していた58歳の男性でデーンという精神科看護師がいた。デーンの精神的苦痛は、トークセラピー前後で変化が見られなかった。気になった私は、２度目のセッションでは彼にトークセラピーではなくＥＦＴを行うことにした。

ＥＦＴでは、特に彼の感情が高ぶる記憶であるガールフレンドとの別れに働きかけた。彼は今でも彼女と別れたことを毎日考えてしまうというのだ。彼女と別れた当日、彼女を空港まで車で送った時のことを思い出して彼は涙を流した。

この大人になってからの出来事は、子どもの頃のある事件を彼に思い起こさせた。彼がまだ5歳だった頃、テレビの広告で「世界一美しい女性」としてジーナ・ロロブリジーダを見た後、バスルームに行って鏡で自分の顔を見つめ、自分は決して外見がよくない、将来よくもならないと思ったのだ。この記憶について話している間、彼の太陽神経叢（みぞおち）には鋭い痛みが走ったが、ＥＦＴでのタッピングを行うとセッションが終わる頃にはかなり回復した。

数日後、研究所から彼のコルチゾール値の検査結果が戻ってくると、タッピングを行う前後で4・61ナノグラム／ミリリットルから2・42ナノグラム／ミリリットルへと48％の減少が見られた。タッピングを行う前のトークセラピーでの彼のコルチゾール値は、２・16ナノグラム／ミリリットルから3・02ナノグラム／ミリリットルと逆に上昇していたのだ。この事実から、セラピーは単に心に働きかけるより体への刺激があったほうが効果的であることがわかる。

この後、私は5日間の在宅ＥＦＴに参加した人に何が起こっているかを調べる機会に恵まれた。その研究分析はカリフォルニア州のエサレン協会で行われた。エサレン協会では、草分け的な手法を開発している。研究では同時に、不安、うつ、ＰＴＳＤといった精神状態と生理学的な状況が測定された[11]。

すると、ＥＦＴを行った週には精神状態に予想通りの大きな改善が見られた。さらに顕著だったのは肉体的なマーカーの変化だった。なんとコルチゾール値が37％も減少し、唾液に含まれる免疫マーカーグロブリンAは１１３％も上昇、また、安静時心拍数は８％、血圧は６％、それぞれ低下した。これらの数字から、被験者のストレスはＥＦＴを行う前よりもかなり軽減したことがわかる。１時間のＥＦＴでも、コルチゾール値はそれ以前に比べて24％も減少した。一方で、５日間連続して行ったＥＦＴはストレス軽減にさらに大きな影響を与えた。被験者の痛みは57％減少し、幸福度は31％増加した。

測定を行ってから6か月後にもう一度精神状態を追跡して測定してみると、改善点はほとんどそのまま維持されていた。

ＥＦＴや瞑想は、ストレス度合いを減少させる。ストレスは肉体に対して、電気をつけたり消したりするスイッチではなく、明るさを調節するスイッチのように影響を及ぼす。リラックスするとコルチゾール値や脳のベータ波が減少し、ストレスがかかると逆のことが起こるのだ。ポジティブな思考であれネガティブな思考であれ、ある感情を強く抱けば抱くほど遺伝子の発現やホルモン、脳の状態とストレスは大きな影響を受けて自在に変化する。

一貫した精神状態は問題点を効率よく解決する

洞窟に住んでいた頃の人間の脳は、決して効率的とは言えない。ストレス時に生まれるベータ波とコルチゾール中毒は混乱を招く。

画像診断で明らかになったことだが、脳内の前頭葉、側頭葉、後頭葉、頭頂葉が同調性を欠くと、共調して働く神経細胞も混乱に陥る。科学では最大限に効率よく機能していることを一貫性が見られると表現し、その時脳波画像には脳と神経細胞にも一貫性が見られる。ストレスによって意識が乱されると、脳は一貫性を失う。その状態では思考にも一貫性がなくなる。けれども、ストレスが軽減され乱れがちな思考の状態を冷静に保ち、意識からネガティブな思考を解き放つと、脳は一貫性を取り戻す。

レーザー光は一貫して進む光を利用しているが、それ以外のＬＥＤや白熱電球などの光は一貫して進むことがない。あちこち飛散せず全光線が並行に進むレーザー光には異常なほどのパワーがある。60ワットの白熱電球が２～４メートルのところにある物体を照らしても、光はかなり弱くなってしまい、物体に届くのは光源の10％ほどだが、同じ60ワットのレーザー光線で照らすと、一貫性のある光の進み方のおかげで鋼鉄を切断することさえできる。

講義などで使われる、携帯用レーザーポインターの光線は、わずか5000分の1ワットしかないが、20キロメートル先の場所を照らすことができる。[12]また、10億ワットの光源を使った科学用レーザー光線には、月まで届いた光が地球まで反射して戻ってくるほどの力がある。[13]

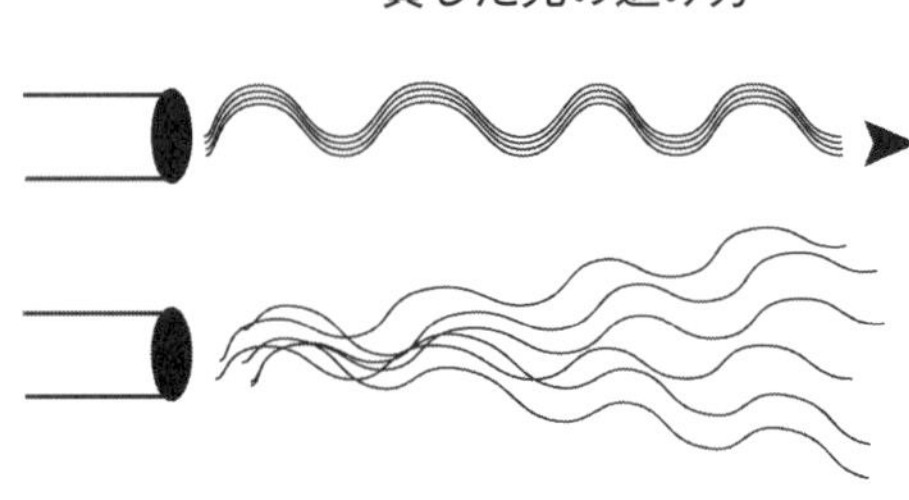

一貫性のある光と、そうでない光の進み方

これと同じように脳波が一貫した状態で働いていると、脳波が創り出す思考は焦点が定まり、したがって何か問題点があれば、そこに効率よく注意を向けて集中し、素早く解決することができる。
ところが、脳の機能に一貫性が失われると、私たちは物事を明快に考えることができなくなってしまう。気が動転してしまった時、人は何が問題なのかがわかりにくくなり、混乱しやすくなる。認知能力も急激に落ちる。この状態をアメリカの神経科学者ジョゼフ・ルドゥーは、意識が「感情によって敵意を持ってのっとられること」と表現している。[14]
脳の研究で明らかになったのは、人はたった一語や一文を聞いて感情的反応を示すまで、1秒もかからないことだ[15]。したがって、ストレスがかかったと認識する頃には、脳はすでにその影響を受けてしまっている。一瞬にして感情的に反応し、脳にもやがかかったように物事を明晰に考えられなくなってしまうなら、私たちにはなすすべがないように思われる。こうなると、これまで記憶し体得してきたはずの技術を思い起こすことも、合理的に思考することも、また物事を客観的に捉えることもできなくなって現実的対処法も浮かんでこなくなるのだ。

ストレスで認識中枢部である前頭葉からの血流が70％以上も減ると、脳へ運ばれるはずの酸素供給量も減少する。この状態では、物事を整然と捉えられなくなるのも当然だ。洞窟に住んでいた頃は緊急事態から抜け出せさえすれば十分だったはずの反応によって生じた思考や感情が引き起こす生物学的影響は大きい。血流が前頭前野から筋肉へと流れ込み、思考を巡らす必要が生じた前頭前野の持つ能力が急に失われてしまう。それはまるで、データでいっぱいになって電源が入らなくなったパソコンのような状態だ。データ自体はパソコンに入っているのに、それを取り出せなくなってしまっているのに似ている。

あるいはまるでコンセントからコードを抜いたパソコンのようになった脳から、セラピーで学んだ技術や書籍で読んだ素晴らしい解決法、授業で練習した手法、専門家から学んだ戦略など、本来脳に保存されているすべての情報が取り出せなくなってしまう。しかし、脳が一貫性を持って働き始めると、情報を再び取り出せるようになる。

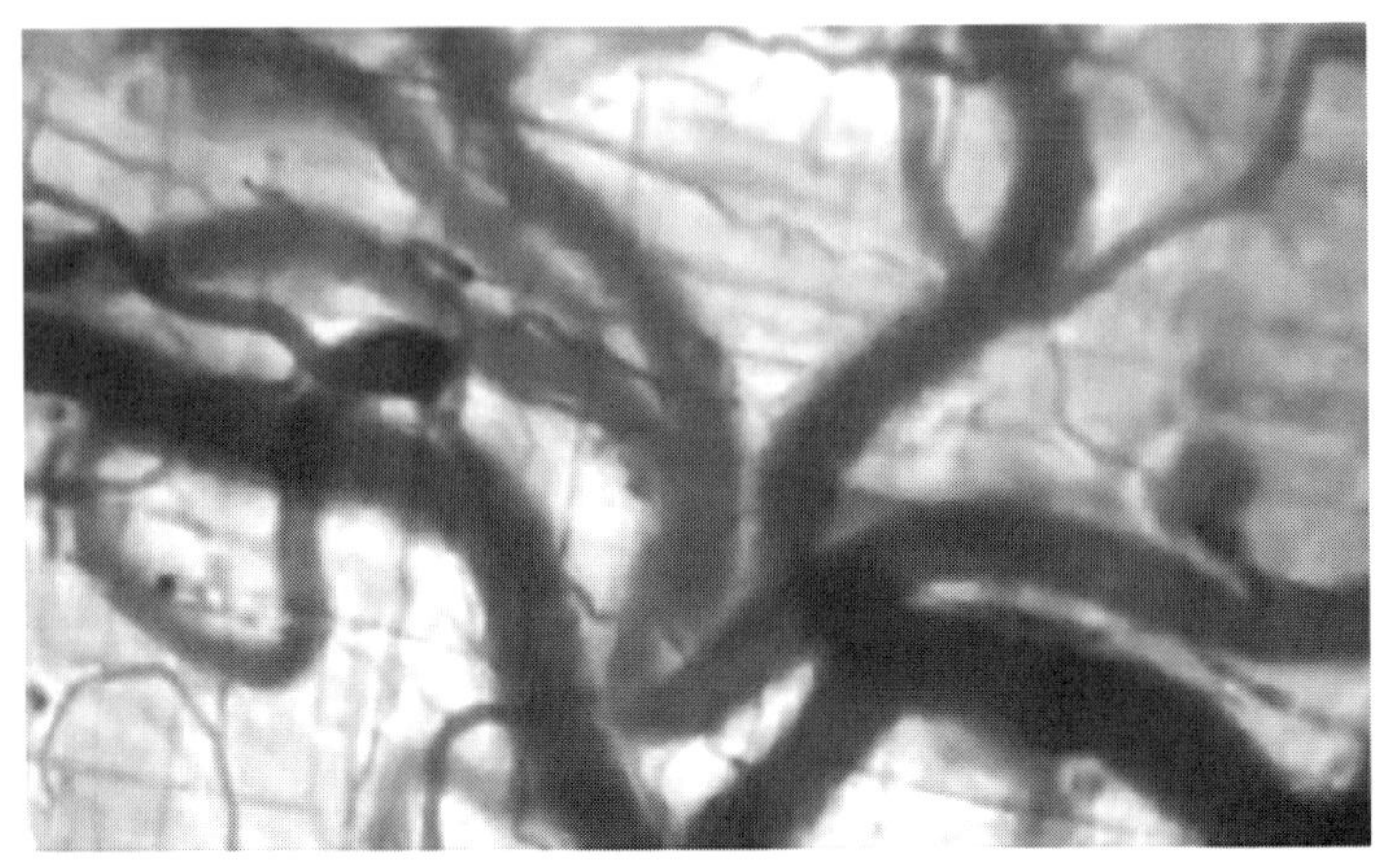

毛細血管

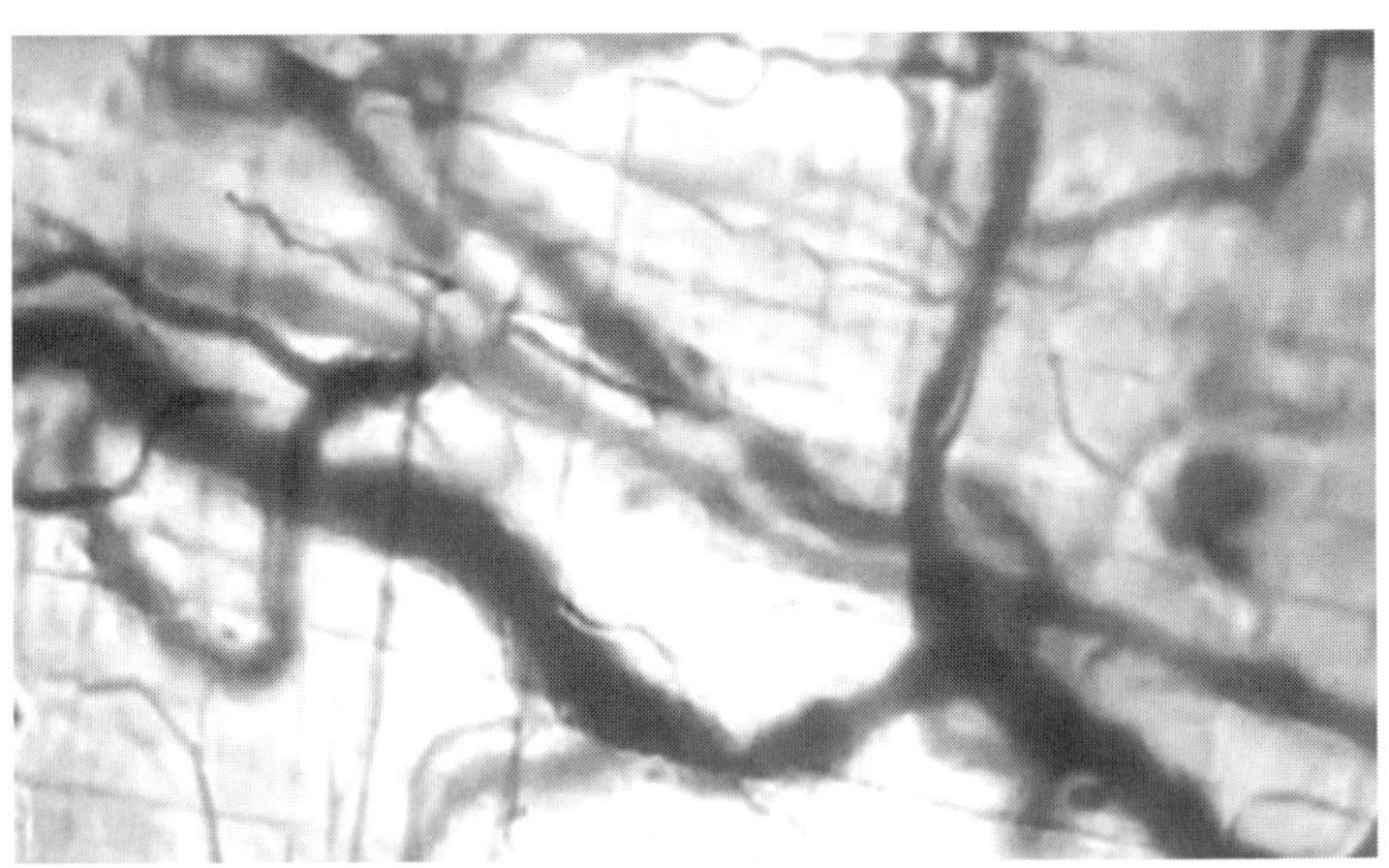

ストレスを受けてから14秒後の毛細血管。血流が70%以上悪くなる

４種類の力の法則

一貫性のある精神状態は、レーザー光線が進むように意識を集中することができる。さらに高い一貫性を保てるよう訓練した人は、通常ではなしえないことを可能にする。一貫性のある精神状態では世界に存在する力を曲げることさえできる。

物質世界には基本的に、重力、電磁気力、強い核力、弱い核力という4種類の力がある。強い核力とは、陽子と中性子からなる原子核のごく微小な距離間に存在する、陽子と中性子が互いにバラバラにならないよう保つための巨大なエネルギー力をいう。

原子の構成部分をつなぐ超近距離で作用しているこの強い核力に対して、弱い核力とは原子の核で互いを引き寄せておく力が弱くなり、放射性崩壊を引き起こす力を指す。この不安定な崩壊していく核からは長期にわたってエネルギーと物質が放出され続けて、やがて放射性のない安定した状態になる。さまざまな放射性物質は、それぞれ崩壊する時間が異なり、たとえばウラン２３８は半減期がとても長く約35億年かかるとされるが、フランシウム２３３元素の半減期はたったの22分と、気が遠くなるほど長期間かかるものからきわめて短期間で崩壊を終えるものがある。

各元素の半減期は一貫しているので、その半減期の時間を測れば元素の区別ができる。正確な時間を測る必要のある科学者は、世界中に設置されている原子時計の値を統合して算出された国際原子時間を参照する。たとえば１秒は、セシウム１３３が91億９２６３万１７７０回振動する時間と

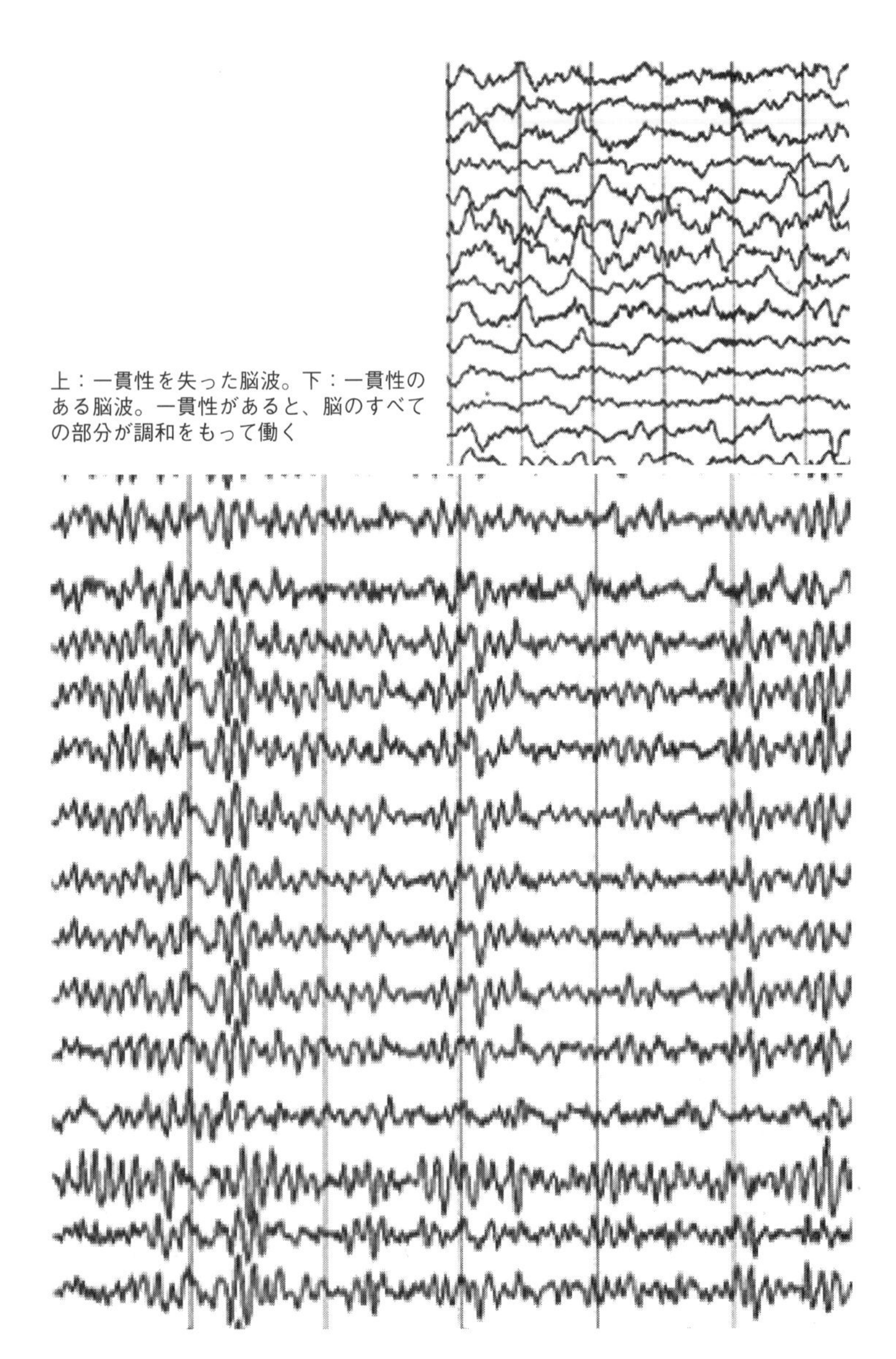

上：一貫性を失った脳波。下：一貫性のある脳波。一貫性があると、脳のすべての部分が調和をもって働く

決められている。

研究に最も頻繁に使われる放射性物質は、１９４４年に発見されたアルファ粒子を放出する半減期４３２年のアメリシウム２４１で、室温でも安定している。この物質は、アルファ放射線がわずか３センチまでしか届かない上、固い物質によってさえぎられることから、日用品に使用しても安全とされ、私たちの家庭の至る所で利用されている。その１例である煙探知器では、器具に入り込んだ煙の粒子がアルファ粒子にぶつかると、電気を止めて警報機が鳴るようになっている。

弱い核力は、電磁力や重力に影響されることはなく、実際、重力とは比較にならないほどの強い力である。

自然界の法則を変える力

中国科学院の高エネルギー物理学研究所は、患者に生命エネルギーである「気」を与える気功師ヤン・シン博士の気の力を、厳格な条件下で客観的に調べることにした。実験では、アクリル樹脂プレキシガラスの容器に入れられた厚さ2ミリメートルのアメリシウム２４１が使われ、博士にはその小片の崩壊速度を変化させるように、という指示が出された。

放射性物質の崩壊は高温、強酸、強力な電磁波、非常に強い圧力に耐性がある。博士は、アメリシウム２４１の傍らで8回にわたって20分間、気を送った。対照実験として準備されたもう1枚のアメリシウムには何の変化もなかったが、ターゲットであるアメリシウムの崩壊速度は変化し、博

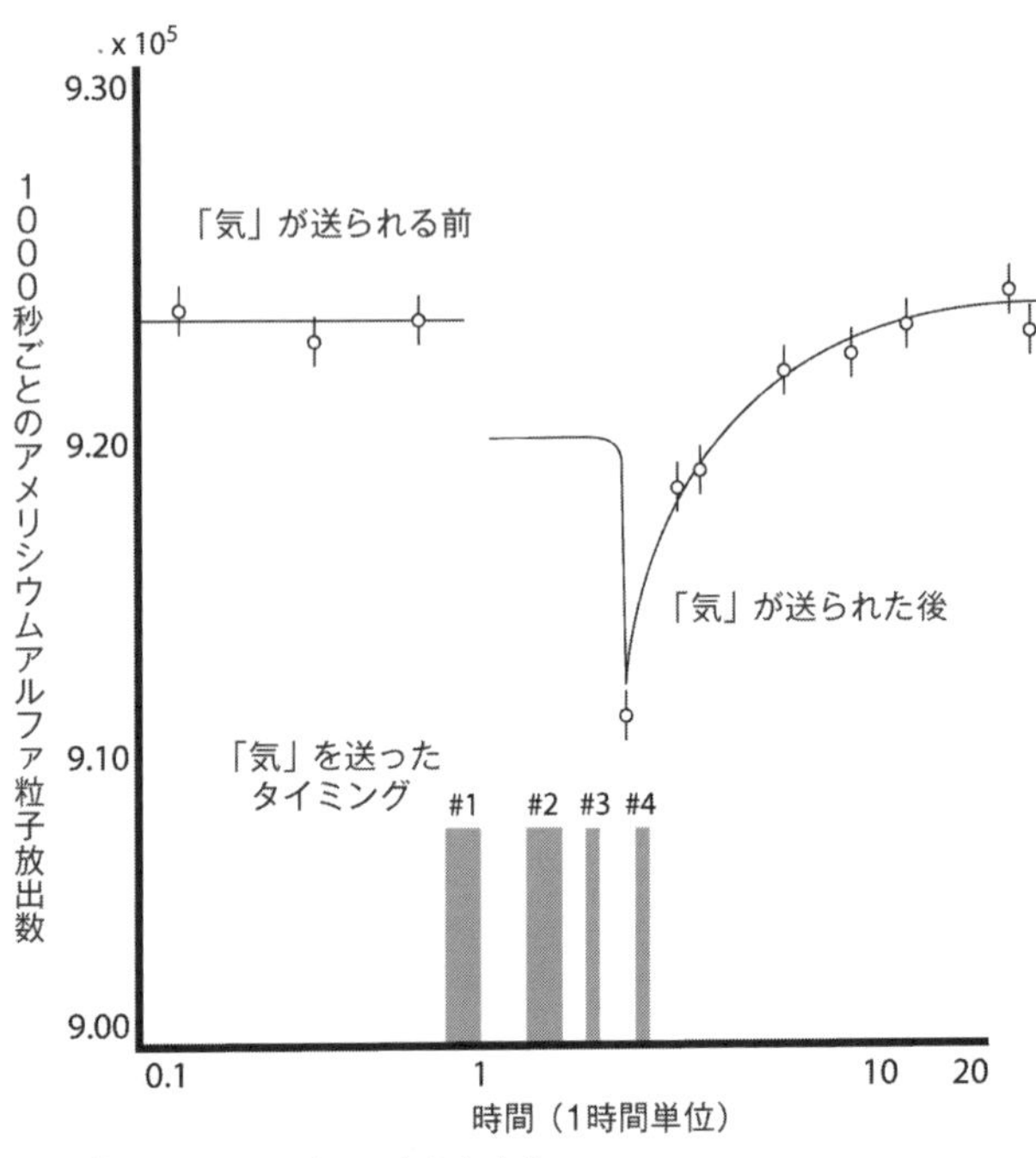

ヤン・シン博士がアメリシウムに与えた変化

士は指示通り崩壊速度を早めることも遅くすることもできたのだ⑯。そこで次の実験では、ターゲットまでの距離によって結果に影響が出るかどうかを調べることとなり、博士から100～200メートル離れたところにターゲットが置かれたが、距離は変化に何の影響も及ぼさなかった。

さらに、もっと離れた都市にいる博士が、同じように影響を与えることができるかを調べ、最初は1500キロ離れた場所、そして最終的には2200キロ離れた場所から気を送り、39回の実験を5年かけて実施し、博士が小片を置いた部屋にいる時と同じ効果が出ることがわかった。

これらの実験に加えて計50回行わ

れた実験でわかったのは、博士が通常より放射性崩壊速度を11・3％まで遅らせたり、9・5％まで早めたりすることができることであった。通常アメリシウムの半減期は432年であり、一日につき0・0006％の割合で崩壊が進むことを考えると、実験で起こった変化は説明不可能なものだ。

その分野の研究者の一人、原子物理学者フェン・ロは「ヤン・シン博士の研究は、これまでの自然界への見方を変えてしまうものであり、研究結果によって、人間の持つ潜在的な力がこれまで考えられてきたよりずっと大きいことが証明されたことになる」と述べた。

ビル・ベングストン博士は自著『The Energy Cure』（未邦訳：エネルギー治療）の中で、ヒーラーのベネット・メイリックに対して行った実験について述べている。[17]

放射性崩壊の割合を示す装置につながれたベネットは、放射性崩壊の割合を速めるよう技術者から指示を受けて実験が行われた。ビルは、「技術者が、おかしいと悲鳴を上げるほど、信じられない速さで崩壊が進んだ。それに対してベネットが、おどけた調子で今度は崩壊速度を遅らせてみるわと言うと、技術者が小声で、崩壊速度が通常の半分になったと言った」と記している。ビルが、ベネットにどうやったのかを尋ねると、「崩壊速度を速めるには、頭の中で雲を思い浮かべて、自分の心をその中に溶かしていきました。速度を遅らせるには、凍った岩を思い浮かべました」と答えた。

ダイニングでの実験

２０１７年6月26日のこと、私は注意深くガイガーカウンター(放射線検出器)を箱から取り出した。この実験に必要なのは、ガイガーカウンターとアメリシウム２４１の入った煙探知器だけで、さほど費用もかからず、実験方法も、ヒーラーが半減期を速めることができるか、できないかを測る基本的なものだった。放射性物質から1分間で放出される電子の量を科学的測定基準マイクロシーベルトを単位に測る（ＣＰＭ）ガイガーカウンターを、まずは自分の家のダイニングテーブルの上に置いてから放射性物質をどう測定しようかと考えていた。

私の家のダイニングの基本的なＣＰＭ数値は12～22ＣＰＭで、平均18ＣＰＭであることがわかった。その後、家庭用の煙探知器にガイガーカウンターをかざしてみると、放射能値は平均60ＣＰＭまで上昇した。さらに、煙探知器からほんの数センチ離れただけで数値は正常に戻ることも確認した。このように安全性を求められる家庭用煙探知器は、放射性物質を検知するにはかなり探知器に近づかなくてはならないようにできている。

私は、実験前にエコ瞑想を行ってから、ベネットをまねて、まずは凍った岩を心に思い浮かべてみたが、ガイガーカウンターには何の変化もなかった。放射性物質の崩壊速度に影響を与えることができる能力はベネットやヤン博士のような人だけが持つものだと納得しつつも、片方の手を煙探知器の近くにかざして瞑想を続けた。

私がヒーリングを行う際に患者に施すように、手からエネルギーを放つイメージを持ち続けていると、やがて装置の数字が上がり始め、最初は60台にまでしか上がらなかった値が、やがて70台、そしてしばらく瞑想を続けていると、80ＣＰＭを超えるまでになった。それから10分間の実験の間の平均値は80ＣＰＭまで上がるようになり、瞑想をやめると60ＣＰＭに下がった。さらに、ガイガーカウンターを煙探知器から60センチメートルほど離したところに移動させると、実験開始時の平均値と同じ18ＣＰＭを指した。

私は、頭に浮かんだ次のような疑問点を書いた紙を家中に貼った。

- 2度目の実験でも同じような効果が出せるだろうか？
- なぜ私は数値を上げることはできても、下げることができないのだろうか？
- 他の人でも同じような効果が出せるのだろうか？　才能のあるヒーラーは普通の人より効果が上げられるのだろうか？
- 訓練すれば効果が出るようになるのだろうか？　この能力は他人に教えることができ、練習を重ねれば上達するのだろうか？
- エネルギーヒーリングを信頼する私の気持ちが効果に影響を与えているのだろうか？
- 効果が出るかどうかに疑いがあると、同じことが起こるのを邪魔するだろうか？
- 放射能レベルを変化させているのは、何の力だろう？
- 「思考は物質化する」と書いたＴシャツを着ているからできたこと？（これは冗談）

興奮のあまり、私は車をジムへと走らせながら、叫び声を上げたり体を叩いたりして、「これこそ祝うべき瞬間だ！」と思った。ヤン・シン博士やベネット・メイリックでなくても効果が出て、放射能を測る針が確かに上がったのだからと。

その日の午後、仕事から帰宅した妻がダイニングに座っている時、今度は、針をもっと上げられないかどうかを調べようと、まず煙探知器にガイガーカウンターをかざしてみると、10分間の平均は60ＣＰＭだった。

次に妻が探知器に手をかざして10分間瞑想すると、ＣＰＭ値は57まで下がり、一番幼い孫の顔を思い浮かべるよう私が言うと、さらに52まで下がったところでその状態を10分間保つことができた。今度は、ベネットと同じ雲をイメージしてＣＰＭ値を上げるよう妻に頼んでみると、数秒間、値にまったく変化がなく、しばらくするとまた値が下がり始めてしまった。結局、妻は他のイメージを持って瞑想しても数値を上げることはできなかった。これは実に興味深い結果だ。私は数値を上げることができるが下げることはできず、妻はその逆だった。

妻との実験を終えて10分間検知器のそばに置いたままにしていたガイガーカウンターの値は平均61ＣＰＭで、さらに煙探知器から少し距離を置いて10分間測定してみると、その値は平均18ＣＰＭに戻っていた。これで、放射性物質に影響を与えることができる人間がヤン博士とベネットの二人に加えて、少なくとも４人はいることになり、きっともっとたくさんの人が加わっていくだろうと思った。

第5の力

放射性物質の崩壊速度を変化させる能力は、基本的物理の法則に則った4種類の力にいくつかの疑問を投げかけることとなる。もし、弱い核力である崩壊速度に他の3種類以外の力が変化を加えることができるとすれば他の3種類の力も変化させることができるのだろうか？　2種類の核力よりずっと弱い重力、電磁気力に対してなら変化を与えることができるのだろうか？

そこでカリフォルニア大学アーバイン校放射線医学教授（故人）ジョイ・ジョーンズ博士は、ロシアの物理学者ユーリー・クロンと協力して、電磁力に変化を与えられるかどうかを測る巧妙な実験装置を作った。彼らは、4種類の力以外に変化を与える力を「5番目の力」として認める必要があると指摘し、その力を「微小なエネルギー」と名付けた[18]。彼らの実験で、微小なエネルギーで満たされたさまざまな物質の電気伝導率は通常に比べて25％まで上がることを突き止めた。さらに、ヒーリングの意識を送ったターゲットの周りの磁界を調べる実験も行われた[19]。

実験にはがんを誘発する物質が注射されたネズミが用いられ、初日にはネズミがいる部屋で、その次の12週間はネズミがいる部屋から離れたところから、ネズミに30分間癒しの意識が送られると、ネズミが入ったかごに取り付けられた装置の示す磁界は20～30ヘルツに上昇したのち、8～9ヘルツ、そしてさらには1ヘルツ以下まで減退した。この効果は、ネズミと同じ部屋にいても、離れたところにいても変わらなかった。

さらにさまざまなヒーリング法での効果が測定され、太極拳や対象に触れることで癒しをもたらすヒーリングタッチの施術でも磁界に同様の変化が起こることがわかった後、5つほどの同類の測定を再検証した[19]。

再検証によってわかったのは、物理学で認められている基本的な4つの力のうち少なくとも電磁気力と弱い核力の2つに対しては、癒しの意識を一貫して送り続けると影響を与えうることだった。

クロンとジョーンズによると、この実験はある研究室では成功したものの、うまくいかない場所もあり、成功の可否を左右する理由を探し当てるまで時間がかかった。実験が再現できなかった実験室はいずれも死んだ動物が使われた場所だったということだった。クロンは、「場の浄化」という手順を実験に加えてみたが、「浄化の後、実験はうまく再現できた」と記している[20]。

クロンはまた、科学者自身の研究内容が実験結果に影響を与えることを見出した。彼によると「科学者自身のエネルギーが、記録している実験結果に影響を与えている。だからうまくいかない実験は、何度繰り返してもうまくいかない。また、実験参加者の中にひどく調子の悪い人がいても、エネルギーの変化が正確にはとらえられない」という[20]。

私と妻が通常の意識でガイガーカウンターのそばにいても、ほとんど何も起こらなかったのに、私たちがいったん瞑想を始めると変化が生まれた。同様に、放射性崩壊速度を上げたり下げたりするのに、ベネット・メイリックは心の中の鮮明なイメージ力を用い、ヤン博士は気エネルギーを用いてアメリシウムに働きかけた。このように物質に対して変化をもたらすには、一貫した心の状態が必要である。ところが、精神状態を表す脳波に一貫性がない時には、不安で悩んでいることを示すベータ波が優勢になり、コルチゾールやアドレナリンといったストレスホルモンが細胞内に流入し、私たちの意識も乱れる。明快さも力もなくなってしまう。

しかし、瞑想をして、シータ波やデルタ波と意識をつなぐアルファ波が脳内に広がると、一貫した心のパワーが生まれるのだ。この心の状態であれば、私たちの意識は物質に影響を与えることができる。

一貫した心と意識の活性化

カリフォルニア州にあるハートマス研究所のローリン・マッカーティは、20年以上にわたって一貫した心拍数のもたらす影響を研究している。

思考が安定しているかどうかは、信頼性の高い健康指標であり、その影響は体全体に及ぶ。思考が安定しているとコルチゾールの分泌量が減り、脳内のアルファ波を増大させ、脳内だけでなく循環器系や消化器系といった他の臓器にも影響を与え、免疫力も増加する[21]。

マッカーティは「現在の科学の概念ではこれまで、すべての生物学的なコミュニケーションは化学的で、いわば分子レベルで起こり、それはまるである錠が特定の鍵でしか開かないように、ある受容体に合わせて神経化学物質が作動するとされてきた」と述べている。

けれども最終的な分析から判断すると、実際には情報伝達は弱い電気信号で細胞内部に伝えられることから、電子、あるいは量子レベルで体内に起こっているエネルギーや情報の交換は、これま

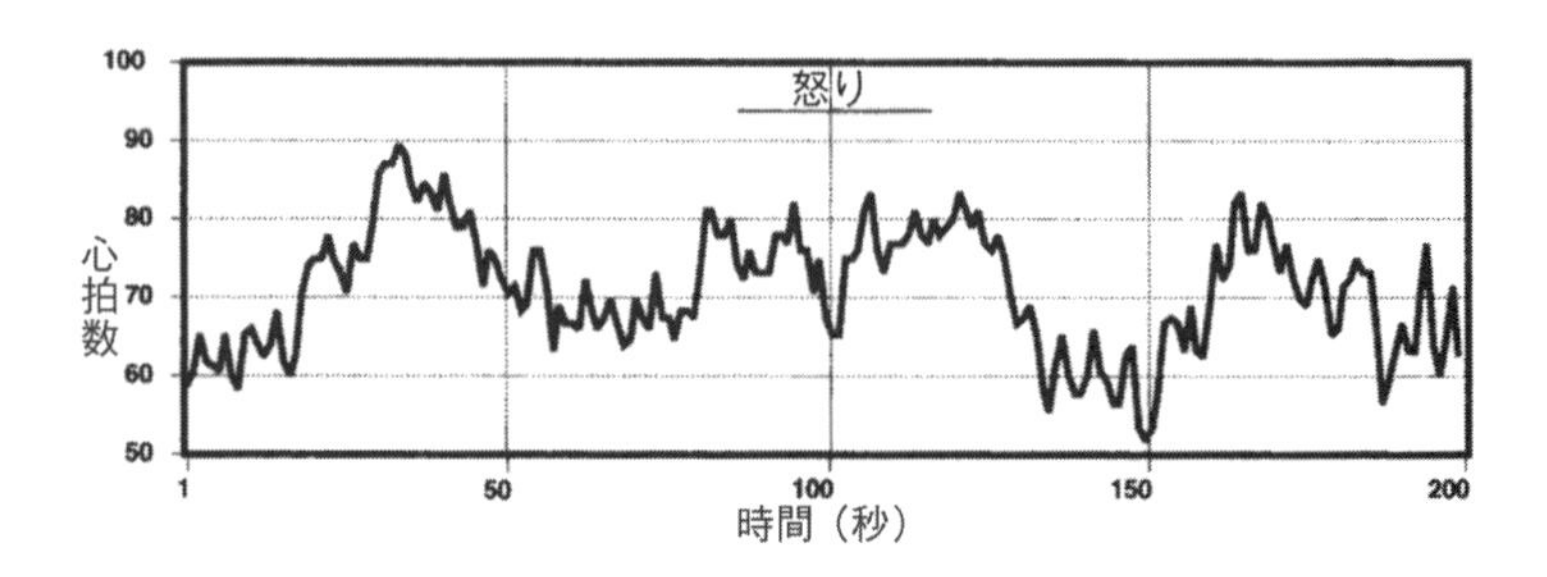

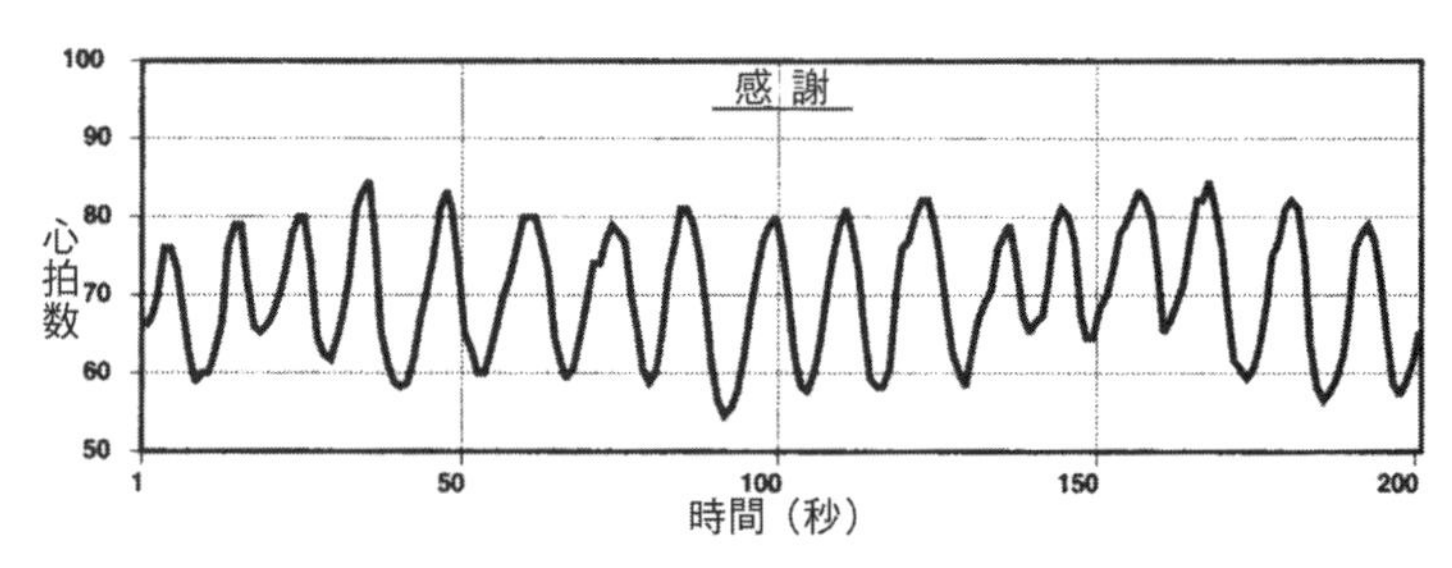

上：怒っている際の心拍変動（HRV）　下：感謝の気持ちでいる際の心拍変動（21）

での化学、分子レベルでの枠組みでは説明できない。「逃げるか戦うか」という命を脅かすような状況下にある私たちに直ちに生じるさまざまな反応は、この鍵と錠穴の関係のように起こっている。この事象は量子物理学や内外に影響を及ぼす電磁波やエネルギー信号機構システムの枠組みであれば説明がつく。そして、細胞と人間、そして周りの環境間でエネルギー情報交換が連結しているともいえる。

アルファ波やベータ波といった脳内に走る電気的リズムは自然に心拍数と連動している。この脳と心臓の同期化は体内が生理的に一貫した状態になるといっそう促進される。この同期化には周囲や自分自身の持つ電磁場との相互作用が少なくとも部分的に関連している。心臓と脳の同期化は、適切な直感、創造性、あるいは行動を生み出

す過程で重要である。(21)

一貫した心が起こすDNAの変化

人間の思考が一貫した状態にどのような影響を及ぼすかを調べるために、ハートマスでの実験では、人間の胎盤のDNAが用いられた。DNAサンプルの紫外線吸収率から、DNAの持つらせん分子のねじれ方の程度が割り出せる検査では、その二重らせん構造の密着性が密であるかそれほど密でないかを知ることができる。DNAのねじれ具合がさまざまなDNAサンプルに愛や感謝の意識を送るという実験がハートマスで訓練を受けた人々に実施され、その研究結果は意味深いものであった。なんとDNAのねじれ方に25%もの変化を生じたこともあった。さらに、実験参加者にDNAに対してねじれを強くしたり弱くしたりするよう具体的な指示が出された場合にも同様な影響を与えることができた。

一方、実験参加者が一貫性のある心理状態に入っても、DNAの変化を引き起こす意図がなければ何の変化も見られず、まったく訓練を受けていない一般の人や学生から成り立っている対照実験のグループのDNAにも何も起こらなかった。また、訓練を受けた人たちにDNA配列を変化させる意思があっても、一貫した心の状態に入っていない時には何の変化も起こらなかった。

そこで、心の一貫性とDNAの変化に直接的な関連がどの程度あるのかを調べる実験を行おうと、高度に訓練されたボランティアに3つの瓶に詰められた3種類のDNAが準備された。ボランティ

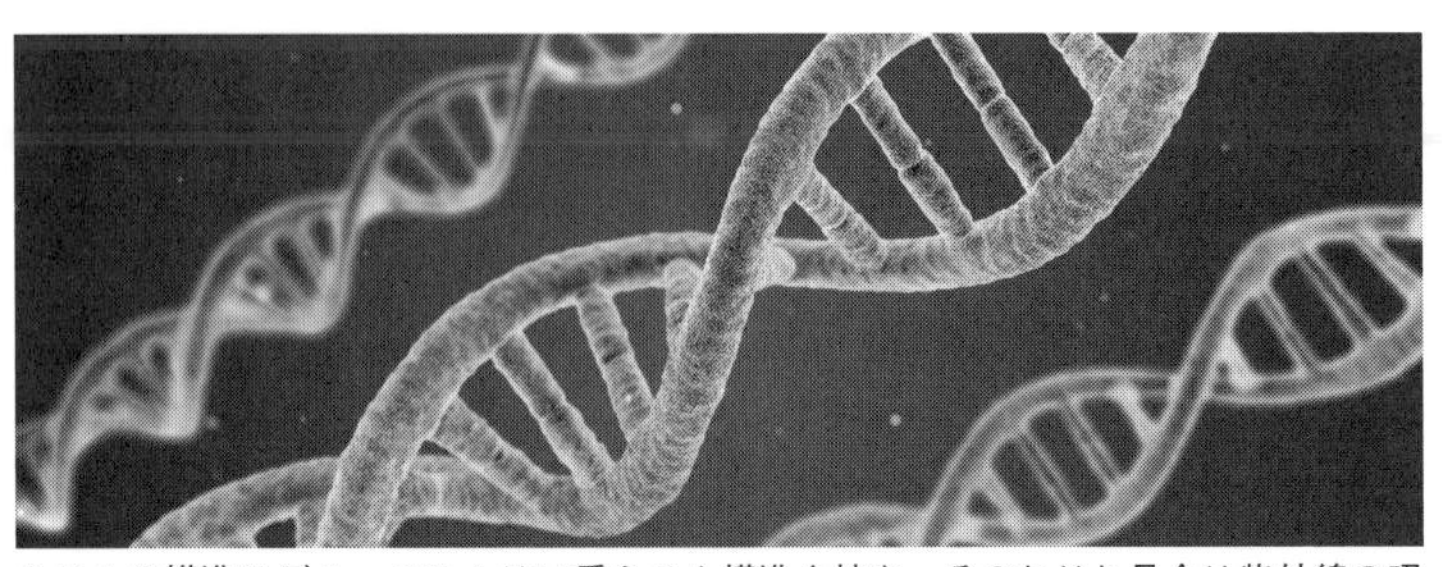
ＤＮＡの構造モデル。ＤＮＡは二重らせん構造を持ち、そのねじれ具合は紫外線の吸収率によって測られる

アには、3つの瓶に入ったＤＮＡのうち、2つはねじれをより強くし、1つは変化しないように意識を送る指示が出された。その後研究室で紫外線を用いて厳密に測定すると、ねじれを強くするようにと指示されたものだけに変化が起こった。このことは単に形のないエネルギーフィールドが変化を起こしたというだけでなく、意識の送り手の意図と結果に強い関連性があることを示唆している。

研究者は、この結果はサンプルが参加者の心臓に近い場所に置かれていた影響が出たのかもしれないと疑った。というのも、心臓からも強い電磁界が放たれているからだ。そこで類似の実験を、今度はＤＮＡサンプルと意識の送り手との間を800メートル離して行ってみたが、結果は同じで、距離の離れたところから5回繰り返し行われた実験すべてに科学的に重要とされる変化が確認されたのだ。

これらの研究で、ＤＮＡ分子は意図があれば変化させられると示されたことになる。また実験参加者の心の働きに一貫性があればあるほど、意図してＤＮＡに働きかけることができた。しかし、心の一貫性を保つ訓練を受けておらず、技術が身についていない人は、意識をいくら強く持っていても何の効果ももたらすことができなかった。つまり意図があること、その意図に一貫性があることがＤＮＡ分子の変化には必要不可欠なのだ。研究者は、「量子的に空の状態とそれに伴う物理的平面構造の間にはエネルギー結合があり、このつながりは人間の持つ意思の力に影響を受けるだろう」と示唆している。

マッカーティと彼の同僚はまた、自然寛解や信仰による健全な身体状態と長寿など、祈ることで起こるポジティブな効果といった現象にはＤＮＡにも影響を及ぼすポジティブな感情が大きな役割を果たしているのではないかと推測している。たとえば一貫した精神状態になったヤン博士によって、伝統的漢方医療の「気」のエネルギーががんに侵された細胞と健全な細胞に対して５分間送られると、健全な細胞が傷つくことなく、がんに侵された細胞のＤＮＡだけが崩壊した。[22] また別の研究では、大腸がんや前立腺がん、そして乳がんにも同じ効果があったことがわかっており、人間が生み出す癒しのエネルギーの効果は多数の研究で示されてきた。

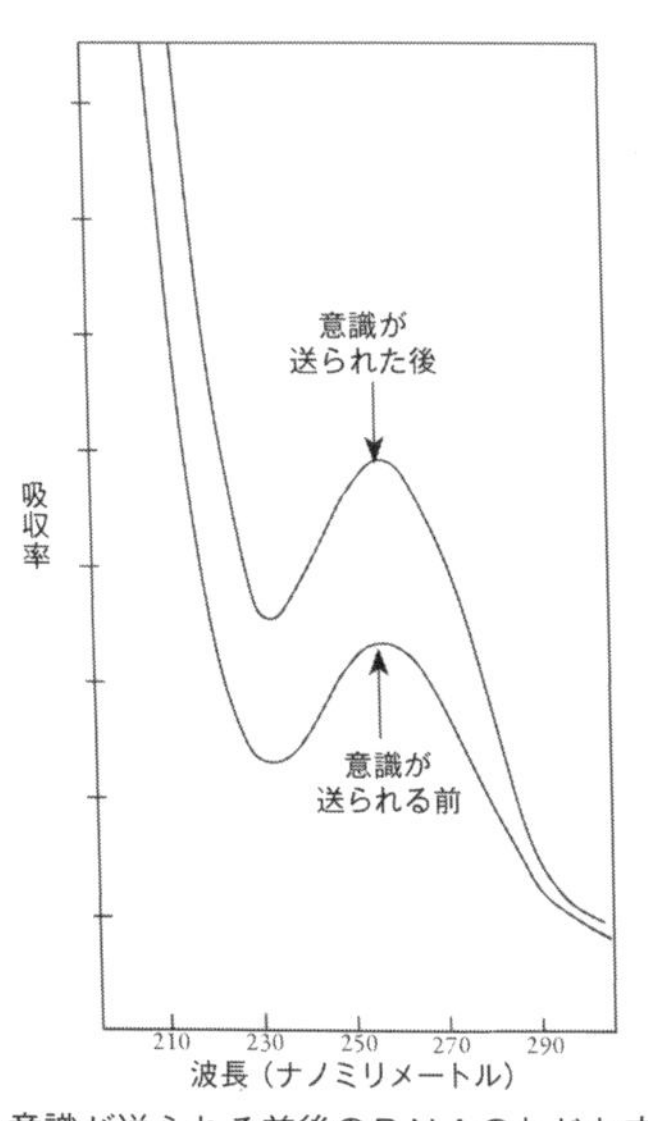

意識が送られる前後のＤＮＡのねじれ方の変化[21]

気功やヒーリングタッチ、レイキなどのヒーリング法についてランダムに比較研究された90種について、偏りのある文献データを限りなく除いて質の高い研究のデータを分析するシステマティック・レビューが行われた。そして、質が高いと認められた３分の２の実験で、その手法に効果が確認された。[23]

二重スリット実験と観察者効果

科学では、ある現象がどうして起こっているかの理由を理解するまで、まず対象をひたすら観察する。

ＥＦＴタッピングが研究され、コルチゾールの減少、脳が一貫して働くこと、遺伝子の発現などにより不安、うつ、恐怖症に治癒が起こるとわかる10年も前からＥＦＴタッピングによる治癒は起こってきた。医学では、アスピリンが痛みを止める仕組みがわかるまで1世紀もかかった。ペニシリンが細菌を殺す仕組みを科学的に説明できるまでに30年以上もかかった。そこで、一貫した精神状態がなぜ物質に影響を与えることができるのだろうか？　という理由について考えてみよう。

私たちは物質的な現実を事実として受け入れるが、量子の世界ではすべての可能性が同時に存在するし、やがてその可能性がより起こりうることへと集約される。理論上は可能性のある波の中に存在している無限の可能性すべてが現実となりうるが、その中のたった1つだけが現実となる。同時に存在していた可能性は、ある現実が実現すると消滅してしまう。数多くある可能性を崩壊させ、現実がどちらに進むかを決めている要因の1つが「観察」という行為だ。

量子的宇宙では現象と空間、そして時間は「観察者」によって影響を受ける。量子が存在する場にはすべての可能性が詰まっており、それが観察されることで起こる可能性のあることが限られる。これは「観察者効果」と呼ばれるもので、亜原子粒子が誰からか観察されると、その瞬間にそれまで無限の可能性があったとしても、たった1つの可能性へと絞り込まれることを示す。つまり観察者がいなければ、亜原子粒子は可能性が定まらないままの状態であり、観察者ができて初めて実現可能なたった1つの可能性が定まる。

物質が事実上できあがるには観察者が必要であるという科学的発見は、物質界への理解という点からも、物質界を創り出す意識の役割からしても、意味深い。

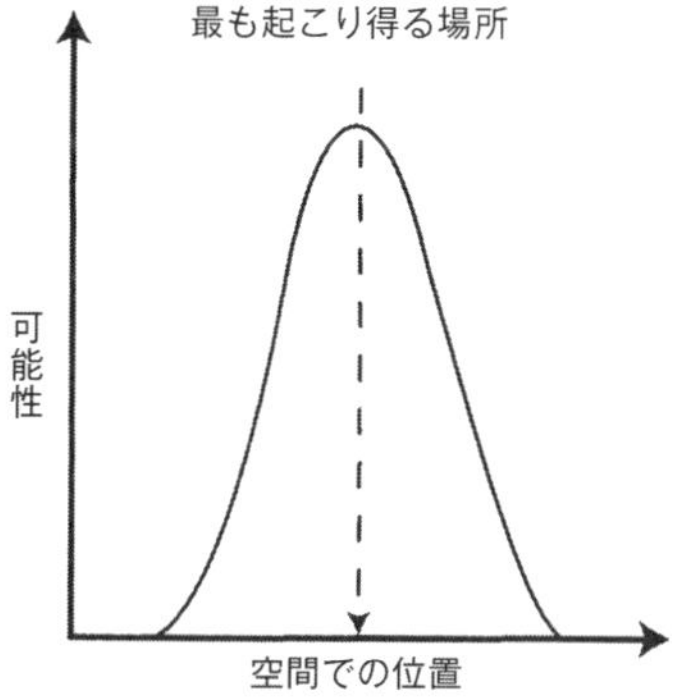

観察者効果は、二重スリット実験と呼ばれる古典的物理学での手法で確認できる。過去1世紀にわたって繰り返されてきたこの方法では、観察者が観察の結果にどう影響を与えるかが説明される。電子や亜原子粒子は、物理法則に従ってその振る舞いが決まるはずであるが、二重スリット実験で、観察された粒子が振る舞いを変えることで常に法則に則っているわけではないことが証明される。

最も起こり得る場所
可能性
空間での位置

量子の持つ可能性と実現する空間との関係

実験では、スリットの2つ開いた壁に向かって電子が発射され、その電子がスリットの向こう側の壁にどう到達したかが記録される。もし電子が粒子としての振る舞いをするのであれば、壁の向こう側に届いた電子が作り出すのは2本のスリットと同じ形だと予想される。色のついたテニスボールをスリットに向けて投げたら、向こう側の壁には2本の直線状に色がつくのと同様のことが起こるはずだ。

ところが電子は、色のついたテニスボールが投げられた時のような振る舞いをすることはなく、電子同士が干渉し合ってある波動を作り出し、それが壁に到達する。フォトンや水、音といったものを投射した時にもこれと同じことが起こる。

それではもし、たった1つのフォトンを2つのスリットに向けて投げたら何が起こるだろう？投げられたフォトンは1つであっても、まるでいくつかのフォトンが2つのスリットを同時に通り抜けたかのように、壁に互いに干渉し合った「干渉縞」と呼ばれる濃淡のある縞模様の形ができる。

けれども、スリットの近くに検知器を置いてその様子を観察すると、電子やフォトンはテニスボールと同じような動きをして干渉縞を作らない。大きな粒子を投射しても、通常投射されたものはテニスボールと同じ振る舞いをする。しかし観察されないままの亜原子粒子レベルの電子やフォトンは波動のように振る舞う。つまり観察するという行為が実験結果をまったく異なるものに変えてしまい、波動は粒子に、エネルギーは物質となる。

二重スリット実験で、亜原子粒子は粒子としての特徴と波動としての特徴を持ち合わせていること、また、観察者が粒子の振る舞いに影響を与えることが証明されたことになる。ノーベル物理学賞受賞の物理学者リチャード・ファインマンは、「この現象はこれまでのどんな理論を用いても説明できないものであり、量子力学の中核となるものだ。実際、謎だらけだ」と述べている[24]。

電子やフォトンは可能性に満ちた波動として存在しているが、観察するという行為が、その波動の可能性を1つにすることで他の可能性が崩壊するきっかけを作る。ある装置による測定に観察者

二重スリット実験装置

スリット１つの実験では予想通りの結果となる

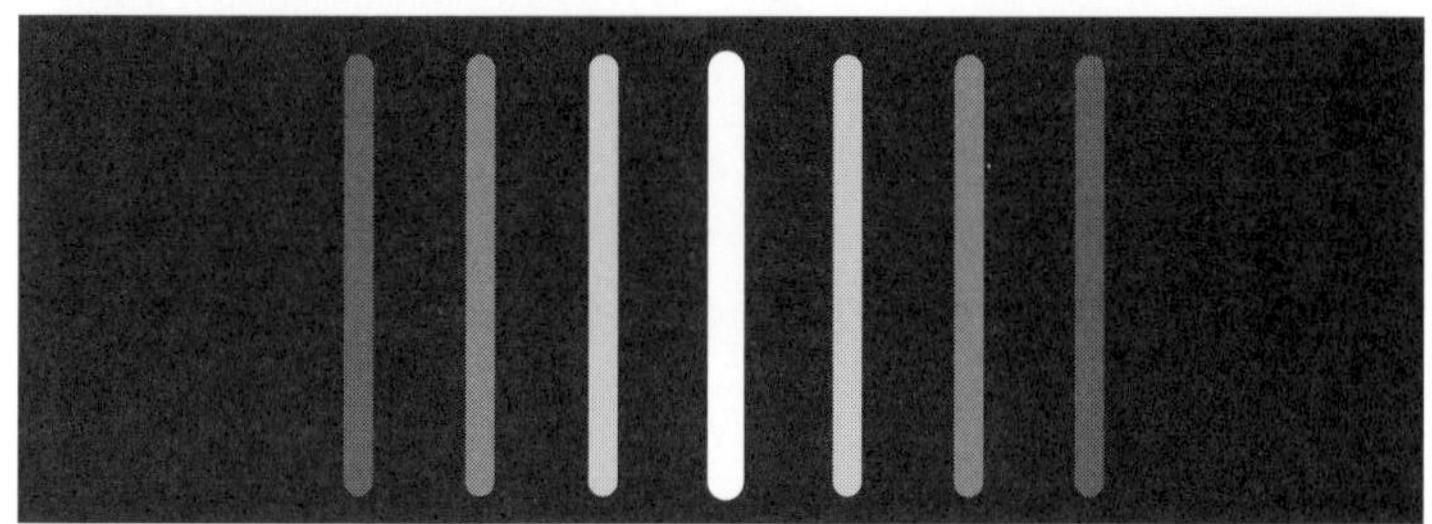
干渉し合った波動。二重スリット実験では、電子が干渉し合って波動ができる

効果が現れるのならば、測定値は観察者の影響を受けていることになる。

観察者効果ともつれる粒子

量子物理学における重要な原則の2つ目は、「もつれ」という現象だ。物理学者によって水晶にレーザー光線を当てて作り出されるもつれ現象は、光の粒子にも物質の電子にも起こる。2つの電子がもつれる時、1つは時計回りに、もう1つは反時計回りに回りだす。どちらか一方を測定すると、どの方向に回っているかが決まり、いったん2つの電子間にもつれが生じると、どんなに離れた距離にあってもお互いにもつれたままである。パリに住む物理学者が時計回りに回転するものを測定すれば、サンフランシスコにいる同僚が反時計回りに回るもう片方の電子を観測する可能性もある。互いにどんなに距離があっても、もつれの効果は持続する。

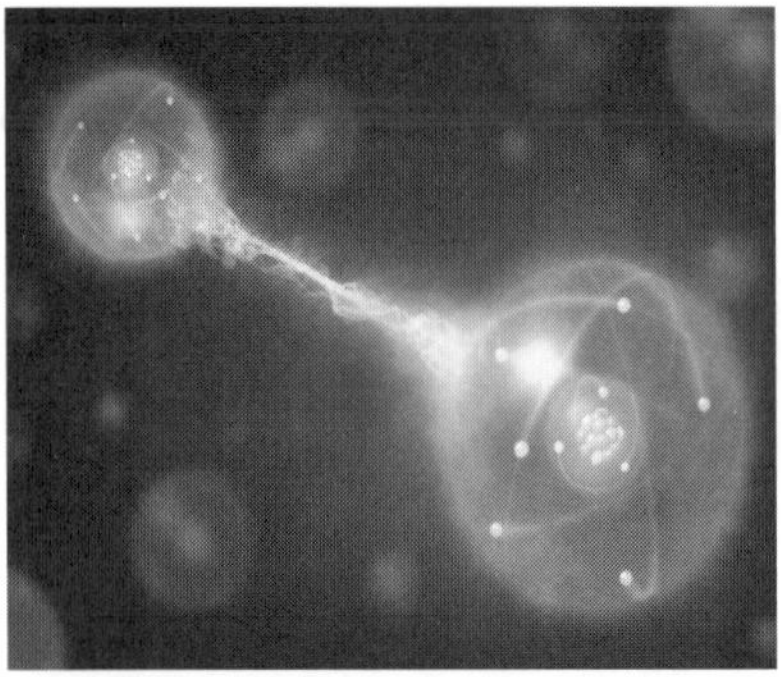

オランダのデルフト工科大学の研究者たちが、互いにもつれていない電子を使ってある重要な実験を行った。それぞれをフォトンともつれさせた2つの電子を別の同じ場所に移すと、2つの電子は互いにもつれ始めた。こうして電子同士ももつれを生じることとなる。[25]

互いに離れたところにある原子粒子間のもつれ

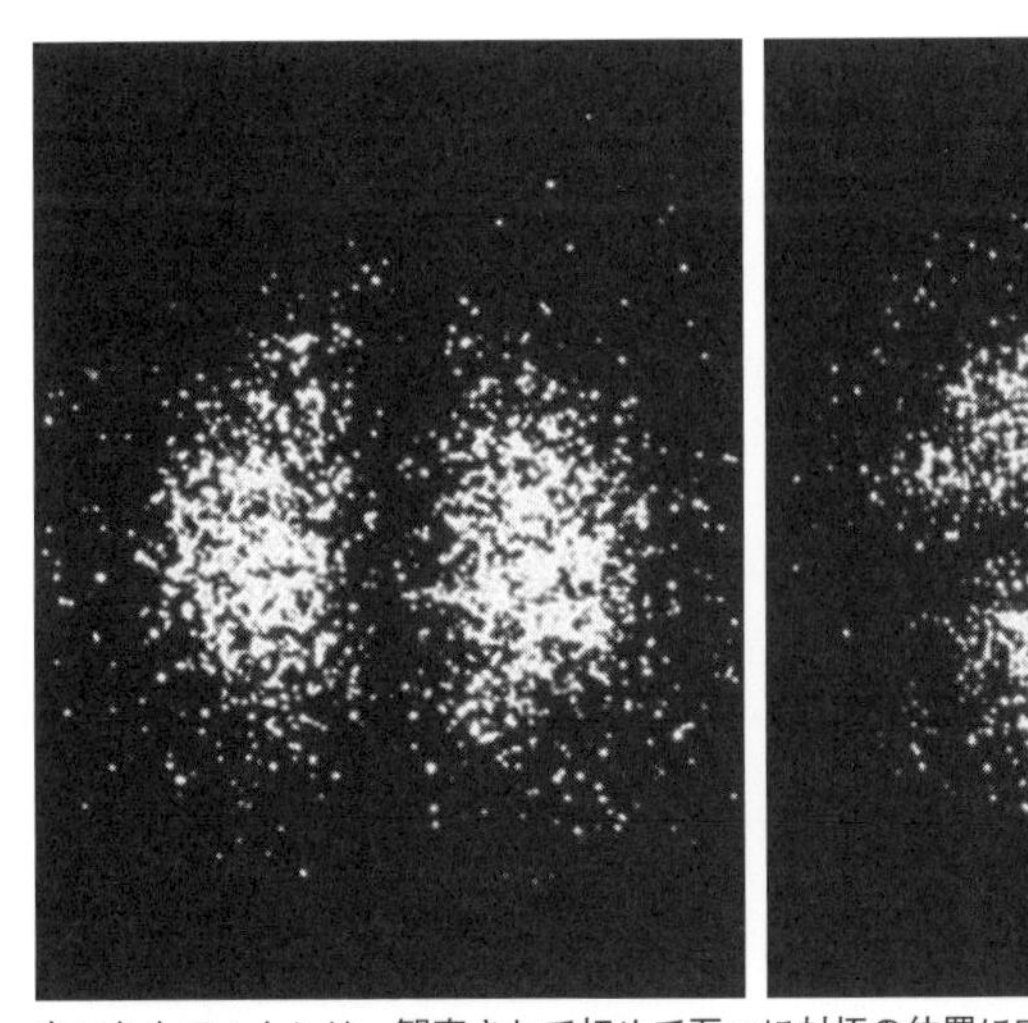
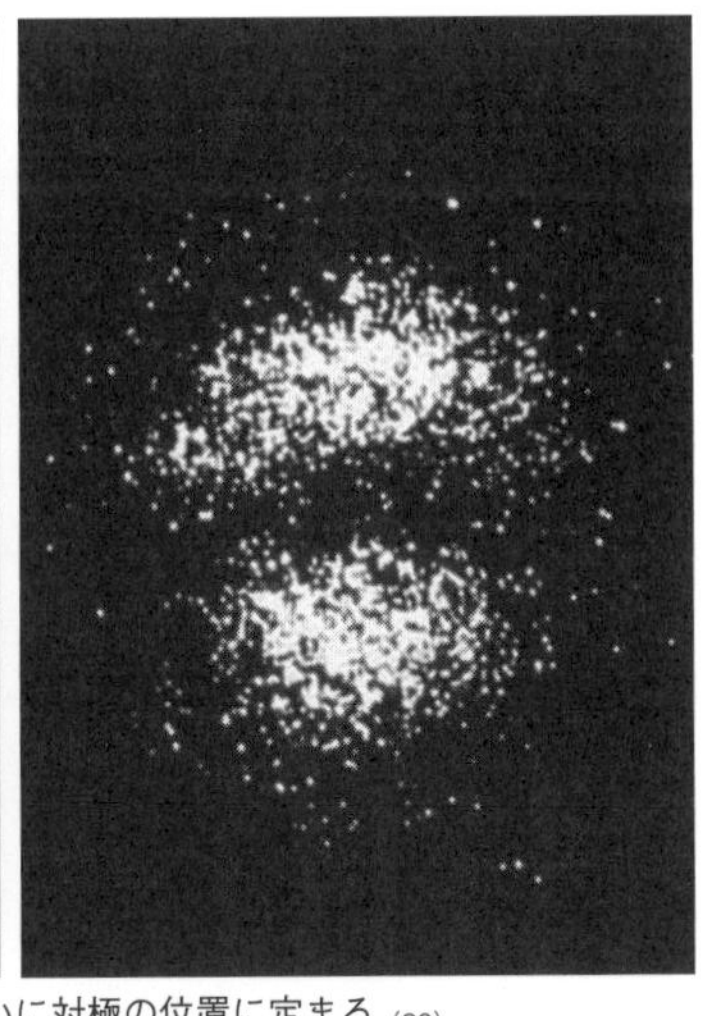

もつれたフォトンは、観察されて初めて互いに対極の位置に定まる(30)

アメリカにある純粋知性科学研究所のディーン・ラディンとアルノー・デロルムは、人間とロボットが実験を観察する場合を比較する実験を行った。二重スリット実験を人間あるいはロボットが観察するという形で行われた実験をネット上で2年以上、のべ5738回行った結果、意識を持つ人間が観察したほうが、機械が観察したより観察者効果が出ることがわかった。(26)

粒子のもつれでの観察者効果を調べる実験では、互いに上下に並ぶのか左右に並ぶのか定まっていない2つのフォトンが、「小さな宇宙」と呼ばれる空間に入れられた。空間における2つのフォトンの互いの位置は、はじめ安定した形に留まることがなかった。けれど、観察者がどちらか1つのフォトンを観察し始めると、もう一方のフォトンが起こす現象は、最初のフォトンに対して上下か左右のどちらかに並ぶようになった。一方のフォトンの場所が定

まると、もう一方のフォトンはそれに反応して反対側に位置した。(27)

物理学者ヴェルナー・ハイゼンベルクは、「私たちが観察しているのは自然界にはないものだが、その自然界が私たちが行っている手法に疑問を投げかけている」(28)と述べた。

量子物理学者アミット・ゴズワミー博士は「可能性に満ちた領域で、電子が私たちや電子そのものの意識から切り離されることはない。意識は可能性そのものとも、物質的可能性そのものともいえる。つまり、意識が電子の持つ可能性のうちの1つを選ぶことで、波動の持つそれ以外の可能性がなくなり、選ばれた1つが現実となる」と述べた。(29)だから科学者の意識は、単に客観的かつ公平にある事象を見つめているだけでなく、無限の可能性の海からある事象が存在するよう影響を与えていることになる。

ゴズワミー博士はまた、「あらゆるものになる可能性を変化させ、現実とするのは意識である。だからある意識を持って観察するだけで、あらゆる可能性を持つはずの波動がどうなるかを決定し、その瞬間意識したもの以外の可能性を消してしまうのに十分なのだ」と続けた。

「期待効果」は存在する？

科学は通常、物質的現象を客観的に捉えているとされている。ある科学者が、がん細胞を消滅させる分子を発見したと雑誌に公表すると、私たちはそれが事実だと信じるし、情動伝染など社会的な事象を科学者たちが調査し、その結果を分析したものが示されると、その事象が現実として存在するはずだと思う。けれどももし、こうしたすべての科学的実験に観察者効果が影響しているとしたら、これらの結果をどう解釈したらよいのだろうか？

もし、科学者が、電子やフォトンだけでなく、効果が出ると期待をした上で星や宇宙の規模を観察して、ある発見がなされたとしたら？　その時もし、観察している人々の意識が物質を創り上げているとしたら？　もし、観察している人が信じていることが、観察している対象の一部やすべてを創り上げているとしたら？　もし、観察していることが、その結果に影響を与えるとしたら？　もし、科学者がある程度、ある事象が存在すると信じていることが、その結果に影響を与えるとしたら？　信念こそが、科学のあらゆるフィールドに広がって物事を創り出していることになる。もし、科学者が存在するはずがないと信じていれば、彼らはそれを探すこともない。だから発見されることもない。

こうした例は、エイズ患者の精神を研究する中でも起こったことがある。当初エイズの研究は物質レベルに絞って生物学的事象として起こった病気だとして何百もの研究がなされたのち、ようやく患者の精神的な状態を調査する手順が加えられた。すると驚いたことに、患者の神や宇宙に対する信念が病気の進行に影響を与えていることがわかったのだ。

神は人を罰するものだと信じている患者は、神の慈悲深さを信じる者より血液中のエイズウイルスが３倍多いことがわかった。うつ状態や命を脅かすような行動を回避してうまく物事を処理できるかどうかより、何を信じているかのほうが患者の生死を予測しやすい[31]。それまで信念が病気に与える影響の重要性はまったく知られていなかったが、実は存在していなかったのではなく誰も調べようとしなかっただけのことだ。

科学者の心の中にある信念が物質的な現実を創り出した例は、あらゆるところに存在する。

ハーバード大学で１９６３年に行われた動物実験では、いわゆる「期待効果」というものが研究対象となった。これはある結果を期待して実験を行うと、期待したことがより起こりやすくなるかどうかを調べたものだ。

ロバート・ローゼンタール博士は、まず実験用のネズミを2組の生徒に与え、1つのグループにはネズミが迷路をうまく通り抜けられるように期待するよう、そしてもう1つのグループには迷路を通り抜けることが下手になるよう言い聞かせるように指示を出した。すると、適当に割り当てられたネズミのうち、迷路を通り抜けることがうまくなるようにと世話をされたネズミは実際にそうなったことがわかった[32]。

ローゼンタールは同じような実験を、今度は教師を対象に行い、ある学年に入学した生徒の中からランダムに選んだ生徒に成績がよくなるようにと期待してもらった。1年が修了した時に、割り当てられた生徒たちのＩＱを調べると、成績が上がるように期待されていなかった生徒よりも期待された生徒のほうがいい成績を残したことがわかった[33]。

物質界では、信じているように変化が起こり、意識したことが物質化しているのだ。

物理学や化学のような実験科学では、出る結果が科学者によってぶれることがあってはならない。というのも、分子や原子はある一定の条件を満たす環境では常に同じ振る舞いを見せるとされており、科学者自身の意図や信念、あるいはエネルギーフィールドが結果に影響を与えることなど基礎的科学のパラダイムに入る余地はない。

それでも科学者が、観察することである要素の変化を誘導したり、予想通りの結果が出るように意識するという報告もある。[34] 物理学者のフレッド・アラン・ウルフは「宇宙の法則は、単に自分の意識を集約したものに過ぎないかもしれない」とさえ述べている。[35] 神経科学者のロバート・ホスは「固体に思える物質はただの幻想に過ぎず、私たちが調べられるのはせいぜい宇宙の無限のエネルギーフィールドにある亜原子粒子が、生まれたり消えたりしながら組織を形成しているという基本的な概念ぐらいかもしれない」と述べている。[36]

科学の心理

科学は取り扱う物の大きさや種類を何をどんな測定基準で、何を測定しているかによって分類しうる。

まず物理は、物質の持つ最も基本的なレベルである原子や亜原子粒子を扱い、化学は、それらの粒子が互いにどう集まり、互いにどう関連し合うのかに焦点を当てる。こうした分野は物質を冷静かつ客観的に測定するため「物理科学」「純正科学」「ハードサイエンス（自然科学）」と呼ばれる。生物の持つ予測不能な要素より、数学的な計算に基づいている科学なのだ。

生物学や生命科学は、物理学や化学を基に生きた細胞や組織、生体を研究する。それらを研究する間にも予想できない方向に進みながら、研究対象が互いに複雑に影響し合っていることがわかる。また地質学と天文学も同じように固体である物質を物理的に研究対象としている。地質学は地球の構成要素を調べる。天文学は星や銀河、宇宙の物質的構造や動きを知るために観察対象を大規模に拡大する。

一方、心や意識を扱う〝ソフトサイエンス〟の社会科学分野である心理学では、一人ひとりの行動を観察するが、社会心理学では集団となった時の互いの関わり合いを研究する。

一般的に、研究対象が物質である「ハードサイエンス」は、心や意識を科学する「ソフトサイエンス」よりも優れているとされている。1907年に、原子のほとんどが真空状態であり、亜原子粒子同士が電磁場によってつながっていることを発見した物理学者アーネスト・ラザフォードは、「物理学だけが科学である。他のものはスタンプラリーのようなもの」と物理学以外の科学を鼻で笑い、評価しなかった。

再現の危機

科学者が論文を発表する際には、実験の準備過程や手順も記載することになっており、同じ実験を他の科学者が再現できるようになっている。ある1つの論文に公表された発見が効果があると認められると、別の研究チームが同じ結論を導き出しても最初に発見された実験は本物だということになる。その理由で実験再現は科学にとって重要である。同じように、新薬が認可されるためには、アメリカ食品医薬品局ＦＤＡにより効果があることを示す２つの実験の提出が義務づけられている。「実証的に効果がある治療」に対する基準を定める際にも、アメリカ心理学協会は同じ基準を採用し「ある治療に効果があるという再現実証」を要求している。[37]

２０００年代初頭、巨大なバイオテクノロジー企業アムジェンは重要な研究に乗り出した。何百万ドルもつぎ込んで、それまでの研究に基づいたがん生物学の研究の再現に乗り出した。もともとの研究が確固たるものであれば、その研究が再現でき、次にその研究に基づいてがん治療薬を発明すればいいともくろんだのだ。まず科学者たちに、どの実験ががん治療薬を発明するのに最も重要だと思うかと尋ね、53の画期的な研究を取り上げることにしたのだが、10年かけて再現できたのは53件の研究のうち、わずか6件だけであった。研究者たちは、この結果を衝撃的結果だと表現した。[38]それより数か月前に、別の巨大製薬会社バイエルが同じような分析結果を公表した。これもすでに現在実用化されている重要な研究がどの程度再現可能かを見出すというものだったが、がんに対する５つの生物学的実験のうち、再現できたのはたった２つだった。[39]

スタンフォード大学の疫学者ジョン・ヨアニディスは「実験再現には問題点がある」と、この事態を要約した。[40]

では、いわゆる「ソフトサイエンス」はどうだろう？

２００８年に発表された、国際的研究グループの２７０人からなる１つの団体が、著名な心理学誌３誌に公表された１００の研究再現に取り組んだが、再現できたのはその半分にも満たなかったという。[41]「ネイチャー」誌が、１５７６人の研究者に対して実験再現に関する調査をしたところ、他の科学者の発見を再現しようとして70％以上がうまくいかなかったことがわかった。また半分以上の研究者は、自分が成し遂げたはずの研究結果の再現にも失敗した。[42]「実験結果の再現性」には多くの見えない問題がある。

科学で、結果の再現性を実現するには、実にさまざまな要素がそろっていなくてはならない。実験室の広さひとつをとっても、一般的な広さの実験室では大きなパワーを扱う実験には狭すぎるなど、同じ条件下で実験を繰り返すには独自の技術も必要となる。また、与えられている情報が限られていることも大きな要因となる。ポジティブな結果が公表され、同時にネガティブな結果が存在していた事実は伏せられていることが多い。ネガティブな結果は、引き出しの奥深くにしまわれてしまい、日の目を見ることがない場合も多く、いわゆる「引き出しにしまわれた実験」といわれる。ある心理学の実験分析では、実際に行われた研究のうちおよそ50％は公表されることがないとわかった。[43]

研究再現を困難にしているもう1つの要因は、研究者自身の信念を再現することが難しい点にある。科学者には信念がある。彼らも人間なのだ。だから、栄光を求める気持ちもあるだろうし、エゴや嫉妬で自分の居場所を脅かされることを気にしない、神のような知性豊かな人とは限らない。気まぐれだったり好みがあったり、自分なりのニーズがあったりするものだ。それに、彼らも資金を得て仕事に就き、研究者としての任期を確保する必要があるので、自分の研究に心を奪われてしまう。

また、科学者たちは、多くの人が考えつくようなすべての仮定を試しつつ、自分が挑んでいることが正しいという信念を持ち、思ったような結果が出るまで模索し続けるのだ。

ところが、彼らが結果に対して抱く期待が、「期待効果」と呼ばれる現象によって結果をゆがめてしまうことがある。このことを防ぐために、ほとんどの医学的研究はどちらが実験群か対照群か知らされないまま分析結果をはじき出すことになっている。

けれども、このことは物理学や化学といった「ハードサイエンス」には必ずしも当てはまらない。この分野で対象がどちらか伏せられて比較実験が行われるのは、全体のわずか１％以下にすぎないことが調査でわかっている。[44][45]つまり、この分野の研究者は、どの対象がターゲットかをわかった上で、研究者が観察している物質に影響を与えながら実験を行っていることになる。

観察者効果は物理学で測定される原子や分子レベルだけでなく、人間や社会を対象としたソフトサイエンスの分野でも起こっている。

研究者の信念の強さを数値化する

研究者の信念はどのくらい強いものだろうか。ここに一連の興味深い研究がある。

コーネル大学の社会心理学者ダリル・ベムは、１０００人以上が参加した９つの実験で、予知に関する役割で統計学的に有意差を見つけた。ベムの考えに批判的で、仮説に基づく予測が結果に与える影響などありえないと考えていた研究者たちは、９つの実験結果をひとまとめのデータではなく、それぞれ個別に分析した。[46]データが少ないと効果が明確でないのは当然のことだ。その上、彼らは心理学で通常用いられることのない統計法を使った[47]。それは、ある事象について「これは正しい」という予測と「これは間違っている」という予測を立ててもらい、予測が結果に与える影響をわずか10兆分の1と設定した[46]。

当然ながら予測の及ぼす影響は見られなかった。

そこでベムの研究チームは、自分自身の持つデータに対して同じ手法を使って9つの実験結果を集計した。すると、ほんのわずかでも予測が正しいと信じていると、影響があるということがわかった。

それでは、どのぐらい信じていれば変化が起こるのだろうか？　それには1億回にわずか1回起こるという予測があればいいことがわかっている[48]。つまり、観察者効果が表れるのに、予測したものを心から100％信じている必要はなく、せいぜい1億分の1の確率程度の影響が出るくらいだろうと疑ってかかっていても、その結果は信念に影響される。「たとえほんの少しでも可能性があると信じる気持ちがあれば、それを証明するよう、もっと信じられるようにと変化が起こるのだ[46]」

ある研究チームによる実験で、ベムの実験を再現できないということが起こった[49]。そこでベムは14か国33か所の研究室で90回に及ぶ大規模実験を行った。今回は、これまで用いられてきた標準的手法と非慣例的な新たな手法の両方を用いて分析をしたところ、どちらも予測したものの影響があることがわかった[50]。

ベムの最初の実験と、批評家によるデータの再分析でわかったことは、科学者たちがどれだけ強く信念を持つことができているかが面白いほどわかる、という予期せぬ結果だった。

予測したことが結果に影響するなど1億分の1の可能性でも存在することに耐えられなかったべムの反論者たちは、驚くべきことに10万兆分の1を起点と定めた[46]。それは、最も強固な根本主義の人たちでも納得する揺るがぬ結果といえるだろう数字だ。

「ネイチャー」誌の調査では、再現に失敗しても、70％の科学者は自信を失うことはないということがわかった。科学者たちの抱える自信は確固たるもので、ゆるがずに強くほとんどの人は公表されたものを信じていた。このデータによると、科学者たちは思っていたより楽観主義者であることがわかった。

「73％の科学者は自分の専門とする分野の論文の約半数は信用に足ると感じており、その中でも物理学者と化学者が最も強く信じている[42]」

私たちが、実験に観察者の信念が影響するかどうかを調べてみると、良くも悪くもかなりの結果がそれによって左右されていることがわかった。科学者の理想は「事実を客観的に判断する人」であり、現実とのずれが生じても科学者は自分の仕事や研究に対して特に強い信念を持っているので、物質から精神や心理的なものを切り離すことができない。

科学は実際に物質を客観的に測定することなどではない。むしろ科学者の心の中の意識と、物質でできた世界の間で行われるダンスのようなものが科学なのだ。意識が変われば、それに伴って物質も変化するのだから。

もつれや観察者効果が起こる規模とは？

もつれや観察者効果は微小サイズの世界でしか起こっていないというのが、21世紀の物理学において合意された見方であり、亜原子世界の不思議かつ特異な性質である。原子より大きな構造を持つものに対しては古き良き時代の常識である因果関係を表すニュートン物理学が使われてきた。

もつれが生じるには、光の速さより素早く粒子間を行き交うものが必要となる。もつれとは、アインシュタインが言うところの「不気味な遠隔作用」である。[51] 過去1世紀の間、物理学者は、その奇妙な振る舞いをするものを微小な領域のものに限定した。細胞や生体といったより大きなものには、その現象は起こるはずがないとしてきたのだ。けれども2011年には、研究者たちは何百という原子を一度にもつれさせることができるようになった。

まず2007年、光合成の際にバクテリアによる光の利用に量子的効果があることが認められる。2010年にはこの現象が室温でも起こっていることがわかる。そして、2014年には生体内の量子の一貫性はフィールドによって成り立っていることが発見された。[52] 人間の嗅覚は、匂いの分子を探る際、形より量子的なエネルギー記号に基づいて認識していることが研究でわかった。[53]

また、人間の脳では神経細胞の集まりに独自の量子的なもつれが生じているようだ。広く分布する神経領域に量子の同期による位相同期回路と呼ばれる現象が一斉に発火する。[54]

人間の脳内で起こっている量子の働きを解明するために、7組のペアを脳波計につないで行われ

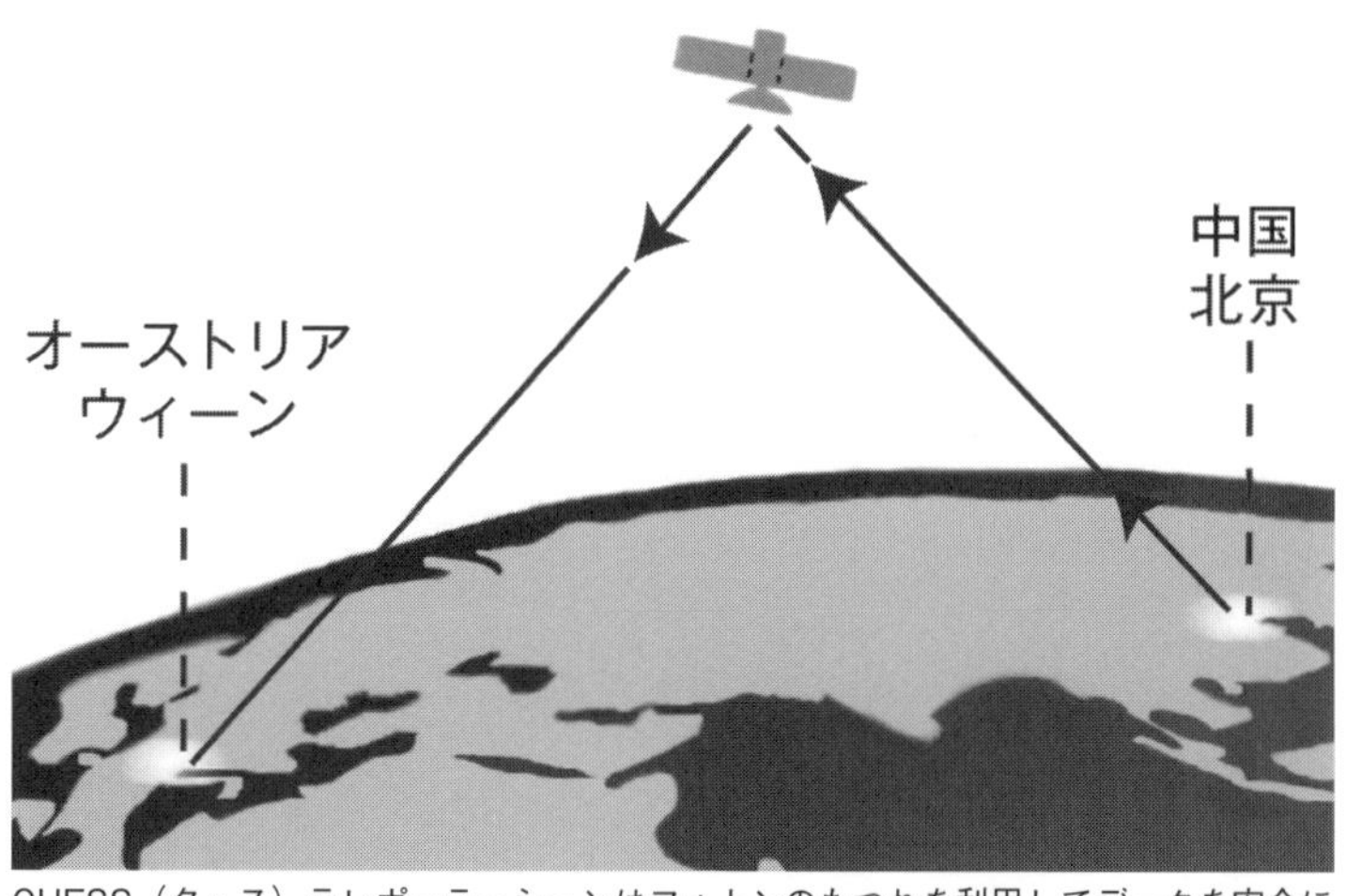

QUESS（クェス）テレポーテーションはフォトンのもつれを利用してデータを安全に伝達するシステムである

た重要な実験がある。7組のペアのそれぞれ一人を、どんな電磁波をも通さない防音室に入れ、部屋の外にいるもう一人に対して適当なタイミングで100回の刺激を与える実験を行った。室内外2つのグループの脳波を比較してわかったのは、防音室に閉じ込められた人が部屋の外にいる人に与えられた刺激に反応していることだった[55]。

さらに大規模なものとしては、2016年に中国で行われたQUESS（クェス）と呼ばれる宇宙規模の実験であり、量子的同期を用いて保全性の高いデータを何千キロも離れた場所に送った。光ファイバーを通してのデータ通信技術では、途中でデータが拡散したり、周りに吸収されたりして外部に漏れてしまい、フォトンの量子状態を長距離保つことは難しい。中国によるこのプロジェクトの目的は、フォトンのもつれを利用して量子を送信することである。フォトンを分極化した糸状にすることで暗号化した状態で空間を通ったデータが、衛星によって地上の遠く離れたところに跳ね返されて受信される仕組みになっている。この技術を使えば、光ファイバーでデータが伝達される際に起こるデータの拡散を防ぐことができる。

地球規模の周期

地球や太陽、惑星などのフィールドが人間にもたらす影響についての研究は、最近になって生まれた新たな科学分野である。現在、生命体と惑星のフィールドが互いにどう影響しているかが、ようやく図式化され始めたところだ。これらの関係性をデータ収集しようとする最大規模の試みは、グローバル・コヒーレンス・イニシアチブ（GCI：Global Coherence Initiative）と呼ばれている。これは最近発明された巨大な磁気センサーを用いて地球の電磁場を測定する。世界中に設置されているこの装置では「命ある存在のシステムをつなぐ生物学的に有益な情報」が測定されている。[56]

GCIセンサーのモニターは、太陽フレアや太陽風などにより地球の電磁場に変化が起こると作動するようになっている。また、多くの人が集団となってある意識を持った時に、その情報がフィールドに影響を与えるのではないかという仮説のもと、「親切な心や愛、慈悲といった意識を多くの人が一斉に持った時に、他人のためになりたいと思うフィールド環境を作り出すことで、現在の地球上の不協和音を正す手助けとなる方法がないか」を模索している。

ロシアの科学者アレキサンダー・ティキエフスキー教授は、20世紀初頭に起こった太陽黒点フレアを観察し、それらが発生した時期と、第一次世界大戦の勃発が同時だったという驚くべき事実に

６つの作動中のモニターで、ＧＣＩによって６か所でモニターされている

気づいた。このことから、彼は１７４９年からさかのぼり１９２６年まで72か国で起こった社会革命や戦争など主要な歴史と太陽黒点フレア活動との関連を調べてみたが、社会的構造改革とフレア活動との間には80％の一致が見られることを発見したのだ。この関係性は、文化繁栄の時期とも関連がある。芸術や科学、建築や社会正義などが飛躍しポジティブな意味での社会変革が起こった時期とフレア活動の時期も一致している。

ある人が首尾一貫した心理状態にあれば、その人の体内から一貫性のある信号が放たれ、そんな人が誰かと交われば、そばにいる人たちもまた一貫した状態になり、集団でのフィールドを作り出す効果をもたらす[57]。ＧＣＩの目的とは、互いの影響力の関係性を測ることであり、首尾一貫した精神状態の人が多ければ、地球上のすべての人にポジティブな進化を遂げるような変化をもたらすことができるというのだ。

このプロジェクトは、多くの国が地球規模でのもっ

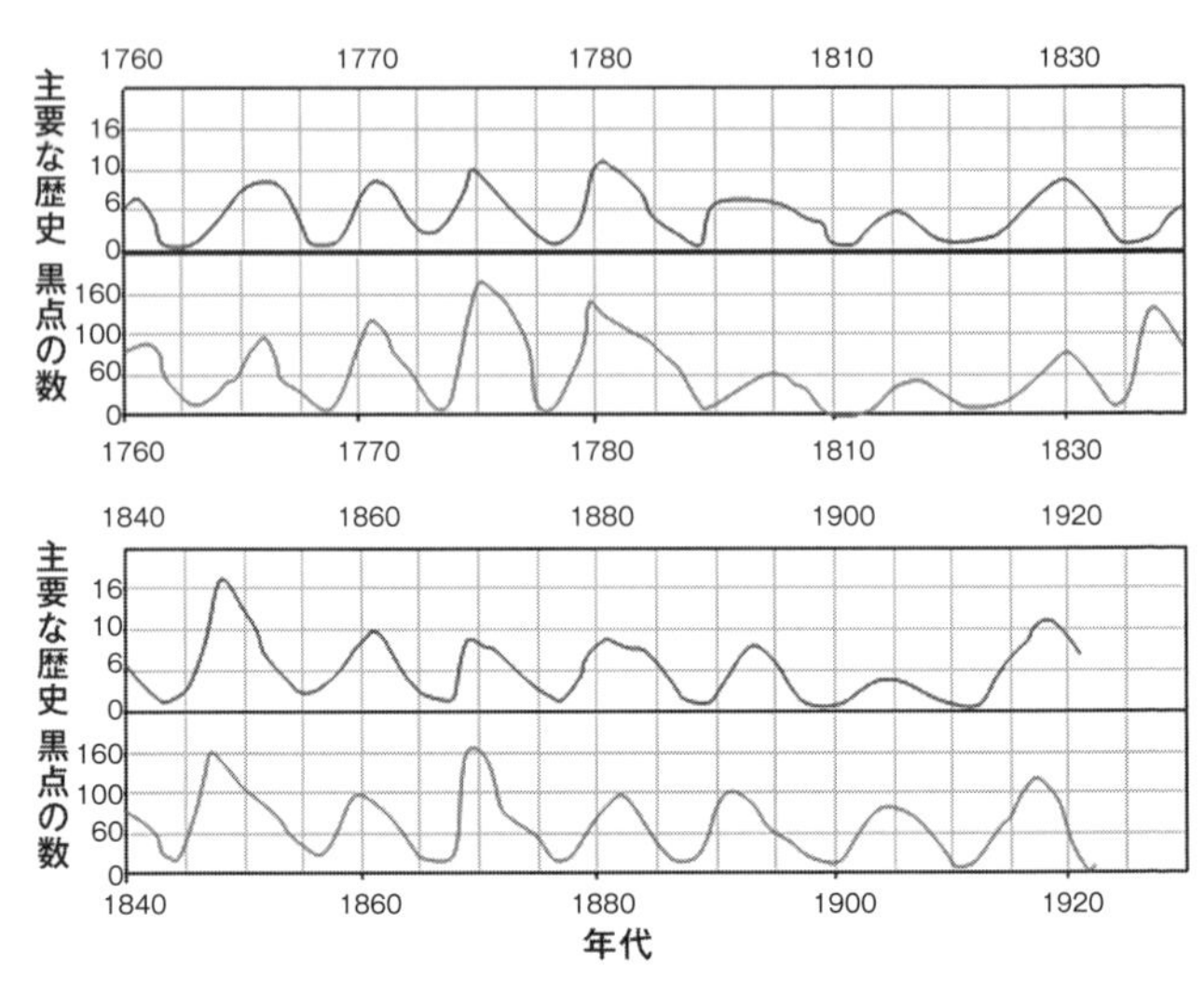

上の線は歴史的出来事を、下の線はその時期に発生した太陽黒点の数を示している

と筋の通った包括的な視野を持つようになれば、それらはさらに明確になっていくだろうという期待のもと、人々の「偉大な協力関係や革新的な問題解決、あるいは社会、環境経済に関わる問題点を扱う際の直観的な識別能力」を飛躍的に伸ばしてくれるものとされている。社会的経済的抑圧や戦争、文化の違い、犯罪や環境問題への無関心などを問題にする際、地球規模の視野が成功のカギを握る重要なものとなる[56]。

人間の意識の変化は、乱数発生器（RNGs）でも捉えることができる。この発生器は単にゼロと1をランダムに続けて発生させるためだけのコンピュータである。集団である経験をすると、常に発生し続けているこの数字の流れが大きく変化してランダムとは言えない状態になり、統計学上、意味のある数列をはじき出す。これまで何かしら意味のある変化が現れており、それが単なる変則的なものだったという可能性はわずかに20分の1

しかない。たとえば大規模なスポーツの祭典で人々が大騒ぎすると、通常とはかけ離れた状態が起こることがわかっている。[58]

地球規模の意識変化を測る

地球意識計画（ＧＣＰ：Global Consciousness Project）では、世界中から集まった科学者やエンジニアによって世界70か所から集められたデータがプリンストン大学にある中央データ貯蔵所に送られる。[57] 地球規模での劇的な出来事に多くの人々が巻き込まれてひとつになると、乱数発生器にランダムとは言えない変化が起こる。

地球意識計画では、大勢の人々の意識が向けられた地球規模の重要な出来事と、乱数発生器のデータの変化には関連があるとしている。およそ20年間、次のような変化を追跡してきた。

- １９９８年　ケニアとタンザニアでのアメリカ大使館爆撃
- １９９９年　セルビア人大虐殺阻止のためＮＡＴＯが仕掛けたユーゴスラビアへの爆撃
- ２０００年　ローマ法王による初のイスラエル訪問
- ２０００年　ロシアの潜水艦クルスクの爆発
- ２００３年　デスモンド・チュチュや多くの組織による平和を祈るキャンドルナイト
- ２００４年　人質１５０人が死亡したロシアのベスラン学校占拠事件

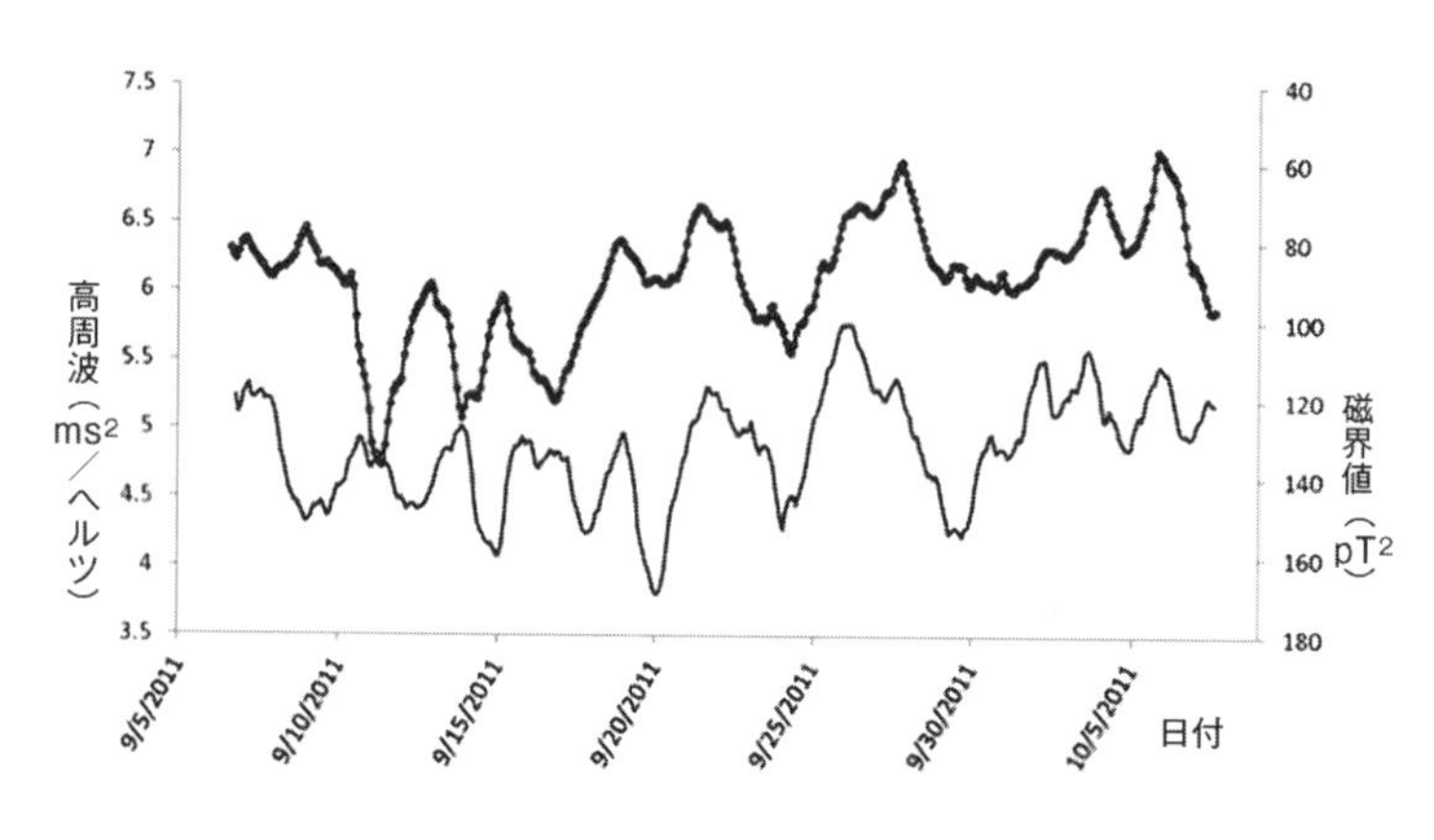

30日以上にわたってカリフォルニアのGCIで測定された参加者の1人の心拍変動（HRV）磁場

■２００５年　イラクでの選挙
■２００５年　パキスタンのカシミール地震
■２００６年　インドネシアで発生したマグチュード６・２の大地震。３０００人以上が亡くなった
■２００８年　バラク・オバマの大統領指名
■２０１０年　オバマケア医療保険制度改革可決
■２０１０年　イスラエルによる民間人９名が死亡したパレスチナ人擁護船隊への攻撃
■２０１０年　チリで地下に18日間閉じ込められた鉱員33人の救出劇
■２０１１年　ニュー・リアリティと呼ばれる「自分の意識が現実を創り上げると信じる物理学者と数学者たち」の集団による地球規模での瞑想
■２０１３年　平和ポータル活動グループによる地球規模の瞑想
■２０１３年　ネルソン・マンデラの死

■2015年　国際平和記念日

世界意識計画においては、出来事がまったく偶然に起こった可能性を統計的に算出し、累積して追跡しているが、その可能性の確率は1兆分の1である[59]。こうして大規模に行われた測定結果からわかるのは、人間の持つ集団の意識は物質界に確かに影響を与えているということである。

カール・ユングは個人的な経験が大きな集団の意識として人類全体に広がると信じ、これを「集団的無意識」と呼んだ。この集団的無意識には人間の進歩に伴って受け継がれてきた精神が含まれており、それがそれぞれの人間が新たな分野を生み出すことにつながると彼は信じていた[60]。GCPやGCIといった大規模な科学的プロジェクトにより、同じ経験を多くの人と分かち合い、同時に物質界にも実際に影響を与えることができることがわかった。集団でひとつとなった人の心は、地球全体の物質に影響を与えることができるのだ。

個人の一貫した精神状態が地球規模の一貫性に影響する

個人レベルの一貫した状態は、地球規模の出来事より、さらに感情的、精神的、物理的な感覚として詳細に感じ取ることができる。

神経伝達物質セロトニンとドーパミンで脳内がバランスの取れた状態になると、脳内全体のコルチゾールの分泌量が減少し、癒しを促す脳波が強化され、不安な気持ちと関連のある高ベータ波が低下する現象が起こる。主観的には気分がよくなったと感じ、それが細胞の仕組みと働きに客観的に伝えられる。すると、地球の持つ波動にも同調できるようになり、それぞれが自分は孤独ではないと感じ、宇宙の一部の存在として宇宙と同調しながら生きていけるようになるのだ。

個人レベルで首尾一貫した状態に至れれば至れるほど、地上に生きる多くの人々との調和をますます保てるようになっていき、たとえ一人ひとりの存在はちっぽけでも、地球全体が繁栄するのに重要な役割を果たすのだ。次のジョー・マラナの話は、時に場所を超えた出来事がシンクロナイズして一緒に起こる例である。

あちらの世界から届いた愛——ジョー・マラナ

私はウエイン・W・ダイアー博士のオーディオブックを友人に貸していました。その全6巻のカセットテープが手元に戻ってきた時には、1本を除いてきちんと巻き戻された状態だったので、1本だけ巻き戻されていないことに少しイライラしましたが、ひょっとしたら何らかのメッセージがあるのかもしれないと思い直した私は、カセットを入れてプレイヤーの再生ボタンを押しました。

すると、ダイアー博士の声で「もし3年間連絡をとってないあなたのお姉さんと話ができたらどんなに素敵だろう、と思ったとしたら?」と聞こえてきました。私はただ呆然としました。というのも、その日は3年前に亡くなった姉を思って、とてもさみしい気持ちでいたからです。

すると同日に、パラグアイのワニータ・ロペスという女性から郵便物が届きました。多発性硬化症を患っている彼女に、私は年に数回送金していて、私がお金を送るたび、彼女はたとえば姪に靴を買ったとか、屋根を新しく葺いたとか、浄水器を買ったなどとその使い途を知らせてくれていたのです。その日の手紙の冒頭に、明らかにワニータの筆跡ではない文字で「私はあなたの永遠の姉妹です。いつもあなたのことを思い出していますよ。愛しています」と書かれているのを見て、私は涙が止まらなくなって座り込んでしまいました。

どうしてこんな手紙を送ったのと尋ねる返信を投かんした翌日、パラグアイで地震が発生しました。そして亡くなった4人のうちの一人がワニータで、私が出した手紙の返事をもらうことはできなくなりました。

この話を、純粋知性科学研究所の科学者に伝えると、理由として最も考えられるのは「もつれ」だということでした。ワニータからの手紙が投かんされたのは、私がダイアー博士のカセットテープを聞いてみた時より前だったのですから。それでもすべてがうまくつながったのです。

彼女に起こったこのシンクロニシティの話は、私があるホテルの外に停めた車で、妻がチェックアウトをすませるのを待つ間のラジオから流れてきた。その時の私はちょうど純粋知性科学研究所での基調講演を終えたばかりだったのだ。

もつれと人生

もつれの現象は、遠く離れた場所へ、癒しや意思伝達をしようとする際に起こることがある。特に感情的に近しい人とは神経信号がどんなに距離的に離れていようとも伝わる。

シアトルのバスタ大学とワシントン大学では、脳波を用いて感情的に近しい人との間のつながりについて調べた。そして、パートナーの一人がある映像を見せられると、どんなに離れていてももう一人も直ちに同じ脳波状態を示すことがわかった[61]。

有能な信仰療法を行うヒーラーとは、量子的なレベルでいえば時空の持つ可能性を癒しの可能性に落とし込む観察者であるといえるだろうし、祈りもまた無限にある可能性の波動をある一方向の可能性に収束させる意図があるといえる。

リン・マクタガートは著書『意思のサイエンス』の中で、人間の意識が物理的に影響を与えることができるかどうかを測定したことに触れ、観察者効果というのは「生きている者の持つ意識はいまだ構築されていない量子の世界に働きかけて、日々の現実を創り上げているプロセスの中心である。現実とは決定しているのではなく液体のようなものなので、外からの影響を受ける可能性がある」と述べている。ビル・ベングストンの言葉を引用すれば、「個人または集団での人間の意識が現実と呼ぶものを創り上げている」となる[17]。

臨死体験や予知夢のような超感覚に取り組む神経科学者のロバート・ホスは、次のような挑戦的な疑問を私たちに投げかけている。もしも観察をするという行為によってあるエネルギーの波動で物質粒子に影響を与えて身の周りの現実を創り出しているとすれば、一体、この物質界にあるすべての物質を創り出して現実とする偉大な存在とは誰のことだろうか？　ホスは、それは人々の「意識」だと主張し、その意識は高次元宇宙そのものだと述べる。つまり、宇宙とは意識そのものであり、意識にあるものを常に物質化し、創造し続けているということだ。[36]　彼の主張は今や科学の主流としてどんどん受け入れられている。

ニューヨーク・シティ・カレッジ・オブ・テクノロジーの物理学者グレゴリー・マットロフは、私たちそれぞれが持つ意識は、高次元を含むすべての空間に広がっている「原始的意識フィールド」である宇宙の意識とつながっているのではないかという。この主張では、宇宙空間で惑星が互いの間を通り抜けるのに、その軌道を惑星の持つ意識がコントロールしている可能性がある、というのだ。このように全宇宙を知ることは自分を知ることかもしれないという彼の主張は、多くの賛同を得ている。[62]

私たちの心が場所と時間の制限を受けている現実にしがみつくのをやめて、宇宙という制限のない意識と同調する時、自分の意識が無限の意識と一致し、この首尾一貫した状態でこれまでの空間や時に制限された意識で創り出してきたものを眺めてみると、すべては実は何の制限もない単なる意識の投影だといえる。それがわかれば、もはや古くなってしまった、あれこれ条件のついた思考に制限を受けることなどなくなり、これまでと同じような現実を創り上げることもなくなる。その代わりに、箱の外側に何があるかを考えてみれば、これまで囚われていた心では見えなかった可能性が開けてくる。

私はきちんと意識して行動できている時には、自分が望んだように現実を創り出し続けていけるように思考を使うことにしている。

現実のフィールドを思ったように維持すること

45歳の時に転職した私は、その数年前に出版業界を辞めて小さなホテルを買い求めていた。当時の私は二人の子どもを育てながら半ば引退したような生活を送っていたが、同時にヒーリングの世界から切り離されている自分も感じていた。自分だってかつて出版業界に関わっていたこともあったのにと思うと、退屈な日々に涙が出そうになることがあった。そこで私はかつての世界に戻ろうと、1980年代に出版して成功を収めた『The Heart of Healing』（未邦訳：ヒーリングの心）という本の再版を決心して、ラリー・ドッシーやディーパック・チョプラ、ドナ・イーデン、バーニー・シーゲル、クリスティ・ノースラップなどヒーリング界の有名人30人に手紙を送った。手紙には切手を貼った青いはがきを同封し、再版に賛同してくれるかどうかと、どうしてそう思うのかを簡単に書いてもらう欄を設けた。

翌月になると私は毎日郵便受けを見に行って、返事が来ていないかを確かめるのが楽しみになり、最初に返事をくれたバーニー・シーゲルが賛同してくれると書いてあるのを見た時には、私は仕事場に駆け戻り、15年たっても私のことを覚えていてくれた人が少なくとも一人はいることがわかってどんなにほっとしたかを助手に向かって語った。

それからラリー・ドッシーからは断りの返事が来たにもかかわらず、やはり同じように助手のところまではがきを頭の上で振りながら戻ったので、助手は不思議な顔をした。

「だって、ラリー・ドッシーと手紙の交換ができたんだ！」

断りの手紙が来るたびに、そんなふうに思うことにした。同封した青い返信用のはがきは、「閉じられた扉」ではなく会話の始まりだと。

私は、現実が逆のことを示していた時でさえ、自分の本の再版は絶対にうまくいくという現実を心に持ち続けた。ラリーはそれ以来私の友人となり、本書に推薦の言葉を書いてくれた。

一貫した心の養い方

あちこちに散らばってしまって混とんとしている意識は鍛え直すことができる。脳内にガンマ波が多量に発生している時には、創造性が高まり、脳全体の働きに調和がとれていることを示す。何の制限も受けない高次元の宇宙の意識と自分の意識が同期できるよう訓練することもできれば、同時に意思にはレーザー光線のような集中力もある。妻と私がガイガーカウンターで発見したように、ある意識を持って物質中の分子に変化を与えることができる能力は、超人的能力を持つ人だけにある例外的な能力ではない、訓練さえすれば一貫した意識の状態は簡単に作り出せるのだ。

もつれ現象や二重スリット実験でわかったことは、意識は日々私たちの周りの物質に影響を与えていることだった。スタンフォード大学教授ウイリアム・ティラーは、一貫性のない白熱球の放つ光とレーザー光線の違いを取り上げ、「同じように、すでに私たちの内にある基本要素のパワーは一貫性を欠いたままなのだ。私たちのやるべきことは、一貫性が取れないままいまだ使われていない巨大な力を一貫性のあるシステムへと変化させることだ」と主張する。(63)

周りから押し付けられた現実ではなく、自分の思考にきちんと意識を向けて手に入る才能を使いこなそう。疑念や恐怖ではなく愛や目的でいっぱいになるよう意識できれば、たとえどんなに不利な状況に陥ってももっと大きな存在の自分を目指すことができる。

意識を高尚な状態に保って神経路を組織化し、脳波が一貫性を見せれば、心臓だけでなく他の臓器もすべて整然と働き始める。こうして私たちの神経路は書き換えられていき、物理の法則を超えたレベルで働き始める。すると、ポジティブな意識で共鳴する大規模な社会のエネルギーフィールドとも調和し、他の人たちとも自然でいられるようになる。シンクロニシティはただ期待して起こるものではなく、当たり前のこととなる。

一貫した意識を培うための第一歩は、無限に広がる愛と創造力のフィールドに自分の意識を合わせることだ。だから、脳内にベータ波が出現する前の、アルファ波にあふれている朝に瞑想をするのが最も効果的だ。私は目を覚ますと、アルファ波が出ていた状態をできるだけ持続させたいので、すぐに瞑想を始める。一貫した心の状態の脳で一日を始めたいと思うからだ。

このポジティブな精神状態は、健康にも長寿にも計り知れない効果がある。楽天主義者は、悲観主義者に比べて死亡率が低く、ストレスが減少すれば寿命が10年延びる。(64)(65)

意識を無限に広がる状態に合わせておけば素晴らしい日々を送れる。その状態が、肉体を健全な方向へと促してもくれるし、創造力も広がり、家族や周りの人たちとの関係も愛や思いやりを持った楽しいものとなる。自然を大事にできるし、やがては地球上の意識領域にも影響を与えることができるのだ。意識に一貫性を保っていれば、奇跡の領域を照らし出すこともできる。

第6章 シンクロニシティが起こる仕組み

モロカイ島は最もハワイらしい島だと言われていて、2軒のガソリンスタンドと簡素な八百屋があるだけで、信号が1つもないのが誇りだ。島を訪れる人たちは、島唯一の「ホテル」に滞在する。数年前に初めてモロカイ島を訪れた妻と私は地元住民とふれ合い、イベントを通して島とのつながりを強く感じる10日間を過ごした。私たちがマウイ島からモロカイ島へと飛行機で移動する前の日に、偶然にもモロカイ島出身の音楽家でシャーマンのエディー・タナカと出会った。

そしてモロカイ島滞在初日、私たちは散歩をしようとトレイルの入口を探すことにした。コンドミニアムにいったん戻って散歩に行く準備はしたが、何とはなしにリビングをうろうろし、それから45分ほど経った頃になってやっと計画通り散歩に行こうと一階に降りていくと、駐車場に停まっている車のバンパーに貼られたステッカーに気づいた。

「モロカイ島を変えないで。モロカイ島があなたを変えるから」

そう書かれたステッカーの写真を携帯電話のカメラで撮った私は、フェイスブックにアップした。するとその車の持ち主が歩いてきて私に話しかけてきた。車の持ち主はジョイという会計士を引退した女性で、コンドミニアム付近の情報をたくさん教えてくれた。ジョイは私たち夫婦が滞在しているコンドミニアムのすぐふもとに住んでいて、先日出会ったエディーとも知り合いで、ウクレレを一緒に演奏することもあるという。また、翌日にホテルで行われる「歌の会」に招待してくれ、そこでジョイの友人たちとも知り合いになったが、みんな温かく私たちを迎え入れてくれた。

私たちは10日間、ジョイや新しい友人たちと話をして楽しんだ。

けれどもシンクロニシティは、この旅よりずっと以前から始まっていたのだ。

モロカイ島への旅の前年、友人の20代の娘が仕事を離れて1年旅に出た。私は、自分も1年仕事を休んでどこかに行けたらなあと思ったが、とはいえ私には講演予定が詰まっており、妻にも予定があったので、とても不可能に思えた。

ある朝、瞑想を終えた私に、「モロカイ島」という小さな声が聞こえた。

私はもう20年もハワイの島々を訪れているものの、その朝の瞑想まで一度もモロカイ島を訪れようと思ったことはなかったが、どうにか10日間の休みを取って妻とともに素晴らしい時間を過ごせたのだ。空気の中に毎日、魔法が流れているようだった。

私は幼い頃から虹が大好きで、鮮明な虹のふもとを求めて車を走らせたことが何度となくあるが、それまで一度も虹のふもとに出会ったことはなかった。モロカイ島でのある夕方、妻と私が嵐の収まった直後に運転している時に見えた虹が、ちょうど走っている車の前で終わっているのを目にし、もう2つの虹が道路の両側に続く緑の中にできていた。私は望んでいた以上のものを目にすることができたのだ。

モロカイ島に着いた初日に起こったことは、実にさまざまなことが織り重なってのものである。そもそも私が自分の直観に従わなかったら、私たちはモロカイ島を訪れさえしなかっただろう。それでもこんなシンクロニシティは私たちにはよく起こる。私たち夫婦は出会って以来、日々に起こったことやひらめいたことを記録してきた。

数年前、どれほど起こりえないようなシンクロニシティが起こっているのか、また思ったことが魔法のように数多く実現したかに気づいたのだ。そこで、シンクロニシティが起こったと思ったら、日記に「S」の文字を書き入れることにして、自分たちがどんなに幸せで調和のとれた日々を送っているかを確認した。

神の介入は「匿名」で起こる

20世紀初頭、スイスの偉大な精神科医カール・ユングは、シンクロニシティに心を奪われた。彼はそれを「2つ以上の出来事が意義ある一致を見せ、起こる可能性以上のことが起こること」と定義している。(1)

シンクロニシティについて彼が最も頻繁に引用するのが、セラピーの時に起こったことだ。ユングの患者に、何度セラピーを受けても同じ夢を見る症状がなかなか改善しない若い女性がいた。セラピー中に彼女がエジプトの宇宙科学では再生を意味する黄金のコガネムシのような形をした宝石が夢に繰り返し出てくるという話をしていると、窓をトントンと叩く音が聞こえてきた。

何だろうと思って確かめに行ったユングが見つけたのは、コガネムシ科の昆虫だった。ユングはその昆虫を拾い上げ、コガネムシは忘れられない過去を乗り越えて再生できる象徴なんだよと言いながら彼女に手渡した。ユングは、「シンクロニシティは主観的世界と客観的世界との関係を意義あるものにしてくれる」と書き記している。

アルベルト・アインシュタインは、相対性理論を展開しようとしていた頃、ユングの家を頻繁に訪ねていた。時と空間の相対性に関するアインシュタインとの会話は、ユングにとってはシンクロニシティの概念を深めるのに役立った。アインシュタインは、「シンクロニシティは誰が起こしたかわからないように神が介入することだ」と皮肉たっぷりに述べたという。

シンクロニシティとがん患者の見る夢

しばしばシンクロニシティが起こる前触れとして夢を見ることがある。

ユングは特に患者の夢に出てくる、たとえば先のコガネムシのようなシンボルに注目して分析を重ね、夢に出てくるシンボルと、目覚めている時の生活とのつながりを見出していったのだ。すると、こうしたシンクロニシティがかなりの頻度で起こっていることに気づく。

私たちの日常を変えてしまうほどの力がある夢には現実世界で抱えている超えるべき問題点やそれに関する象徴や出来事にあふれている。現実世界で経験することに意義をもたらし、目覚めている時に受け取っているよりもかなり多くの情報をもたらしてくれる。その1つが、私たちの健康に関することだ。夢の中で人は、通常の意識で感じている以上に自分の肉体の状態がわかる。

放射線技師のラリー・バーク博士は、何年にもわたり乳がん患者の研究を続けた。世界中の乳がんを患う女性から夢の話を聞いて分析してみると、その多くが人生を変えてしまうような夢を見ていたことがわかったのだ。[2] 彼女たちにはいくつか共通点があり、その1つが、自分が見た夢には何かしら重要な意味があると94%もの人が感じたという。また、83%の人が通常より強烈で鮮明な夢を見たといい、ほとんどの人がその夢に恐怖を感じ、44%の人の夢の中に「がん」や「腫瘍」という言葉が出てきた。博士が収集した夢の話の提供者のうち半数以上が、夢を見た後に診察を受けてみようと思ったことがわかった。夢のおかげで、病院に行って診察してもらわなければと思うことにつながり、その多くは腫瘍ができた場所まで正確にわかっていたという。

バーク博士の研究に参加した人の中に、ワンダ・バーチという名前の女性がいた。彼女は幾度も腫瘍の夢を見たこともあって、健康診断とマンモグラフィ検査を受けることにしたが、どちらの検査でも明らかな腫瘍が発見されることはなかった。彼女の主治医は新しい手法の採用に積極的だったので、彼女が見たという夢の話に耳を傾けてくれた。ワンダは次のように話した。

「医師は私の夢の話を聞いて、フェルトペンを私に手渡すと、乳房のどの部分に腫瘍ができた夢を見たのか書いてみてごらんといったのです。私は左胸の右下に点を書いてから、その下に腫瘍が隠れている夢も見たと話しました。そこで医師は、私が点を書いた場所あたりの確かに何か問題がありそうな部分に生体組織検査用針を刺しました。

生体組織検査の詳細な結果はすぐに医師へと伝えられ、マンモグラフィでは発見できない、細胞が集まらないまま急速に進行する悪性がんであることがわかりました」

こうしてワンダの治療はうまく進み、彼女の話は『がんが自然に治る生き方』（ケリー・ターナー著　長田美穂訳　プレジデント社）の中で紹介されている。

一方、バーク博士の友人ソニア・リー・シールドは診察の際に、警告と思えるような夢で見た自分の症状を医師に話したが、不運にも医師との意思疎通があまりうまくいかなかった。彼女は次のように述べている。

「私はがんになった夢を見ました。そこで医者に行って、胸部にしこりがあり、しびれる感覚がするなど症状を訴えたのです。ところが医師は、しこりは正常な乳房細胞だと診断し、しびれについては却下されてしまいましたが、とんでもない間違いでした。1年後、他の医師を受診した時には、乳がんがステージ3まで進行していたのです」

その段階では手遅れになってしまったソニアの治療はうまくいかず、結局生還することはできなかったが、彼女に起こった悲劇に刺激され、バーク博士は警告を含んだ夢をもっと公にしていかなくてはならないと痛感した。彼は、皮膚、肺、脳、前立腺、直腸がんなどでも夢であらかじめ患部を見たという多くの例を発見した。(2)

ワンダやソニアのようながん患者の夢は、意識と物質が複雑に絡み合って夢が意識に語りかけ、肉体の不調を照らし出していることを示している。ただ問題があることを示すだけでなく肉体のどこに不調があるのかも正確に示してくれ、現代医学で使われている最も優れたスキャンなどの機器でわかること以上の情報をもたらすことができる。

また、夢は率直に肉体や人生の不調を知らせてくれる。癒しももたらしてくれる。夢を見て自分の体が癒されたり、他の人を癒した人は多い。夢で伝わってきたメッセージがその後の診断で医学的にも正しかったことが証明されている。次の話は、「人生を変えた夢」の例だ。[3]

聖母マリアとオーブ――キャロル・ワーナー

私はあるクライアントとその娘ジェニファーを診察しました。

ジェニファーは、同居男性から虐待を受けていましたが、それを人にばらせば殺すと脅かされていたため、誰にも話したことはありませんでした。

数年たって、彼女がそのことを公表したため男性は逮捕されたが、意外にも裁判官が、虐待の原因はジェニファーの母親にあると結論づけたため、男性は無罪放免となってしまったのです。

ジェニファーは、結局はまた虐待を受けるような男性と関係を持ち、薬におぼれ、男性のもとから逃げ出しても、またレイプされてしまうこととなりました。ジェニファーの母親は深く悲しみました。しばらくして母親が新たな仕事を始めようと別の町に引っ越してしまったこともありセッションに来ることはなくなっていました。そんなある日、母親が私に電話をくれ、ジェニファーが故郷に戻りたいと言ったといいます。ジェニファーが新たな人生をスタートするために過去に向き合う準備ができたというので、母親は私のセラピーを受けることを条件にそれを許しました。

ジェニファーも私を信用してくれてはいたものの、私のところへは車で3時間もかかり、その上ジェニファーは運転免許を失効していたので、母親が週に一度休みをとっては往復6時間の送り迎えをすることとなりました。

最初のセッションで、私はまずジェニファーに婦人科で徹底的に診察を受けることを強く勧めました。次のセッションにやってきた二人は、とても悲しい知らせを持ってきました。ジェニファーが卵巣の病理組織検査を受けると、がんが見つかり、医師によると、ちょっと見ただけでも大きな腫瘍が3つあるというのです。病理組織検査で、彼女のがんは末期で、余命はわずか半年と診断され、母と娘は途方に暮れたのでした。

ジェニファーは、新しいスタートを切ろうと思った途端、死ぬことになるなんて自分の人生は最低だと語りました。母親も心を痛め、絶望に打ちのめされていました。私もまた悲しみに呆然とするしかありませんでした。

私はその夜、神に祈りをささげ、彼女たちを助けてほしいと願いました。

その夜、私は次のような夢を見ました。聖母マリアが、空から美しい青い光に囲まれて輝きながら降りてきました。聖母マリアは、金色の光のラメの入った美しい青いガウンを着ていたと思います。彼女の周りには、平和と愛に満ちた素晴らしいオーラが輝いていました。

私が聖母マリアを見つめると、マリアが腕を伸ばしてきて、その手の中には3つの白金色に輝く光の球がありました。私にはその3つの光の球がジェニファーの卵巣がんを取り囲み、包んでしまうのが見え、ジェニファーから完全にがんが消えたと確信して夢から覚めたのです。

その確信は目が覚めてからも感じられました。それから数日間、私はその夢を繰り返し思い出しながらも、日がたつにつれて夢の内容に疑いを持ち始めたので、ジェニファーに伝えるべきかどうか迷いました。無責任な希望をジェニファーに与えたくなかったからです。けれども、夢が正確に何を意味しているのかはわからないけれど、と前置きして彼女に伝えることにしました。

私のもとを訪れたジェニファーに夢のことを話すと、ジェニファーは目を大きく見開いて、聖母マリアが自分を癒してくれたと信じる、と言いました。

それからジェニファーは、腫瘍があると診断してくれた医師を再び訪ねました。そして、信じられないことに1週間前にあったはずの腫瘍が完全に消えていたことがわかったのです。

その後2度にわたり病理組織検査を繰り返しましたが、がんはすっかりなくなっていました。

あれから15年たちますが、ジェニファーにがんはありません。

夢に癒しの効果があることは何も驚くようなことではない。最も鮮明な夢はレム睡眠中に起こるが、その最中は目覚めている時に物を見るのと同じように眼球が素早く動き回る。また、レム睡眠

中に見られる主な脳波であるシータ波は、ヒーラーが癒しを行っている時に見られる脳波である。(4)

予知能力と時間の針

何かが起こる前にそれを感じる予知能力も広く研究されている。予知に関する研究は100件を超えるが、その中でもダリル・ベムによって行われた一連の実験は疑う余地がないものである。

ベムは、学生に対してリストに挙げた言葉をできるだけたくさん覚える標準的心理テストを行った。そのリストから無作為に選んだ言葉をいくつかタイプするようにと学生に指示を出した。そして、タイプするようにと言った言葉と、そうでない言葉がどの程度記憶に残っていたかを比較してみると、タイプするように言われた言葉のほうが明らかに学生たちの記憶に残っていた。

別の実験では、PC画面に2枚のカーテンを映して、学生たちにどちらのカーテンの向こうにエロチックな画像が隠れているかを36回繰り返して推測してもらった。通常の確率は50％であるはずなのに対して、彼らの正解率は53・1％となった。ベムは細心の注意を払いながら、10年にわたり1000人もの参加者を募って実験を完成させた。彼の出した結果は、純粋知性科学研究所のディーン・ラディンが行った75年間に及ぶ101件の予知についての研究の分析によって世の中に広く知られている。(5)

アメリカ、イタリア、スペイン、オランダ、オーストリア、スウェーデン、イングランド、スコットランド、イラン、日本、オーストラリアなどさまざまな国にある25か所の実験室で行われた予知に関する研究のうち、84％は統計学上意義ある結果が見られたという。後にベムは、規模を拡大して自分の主な実験の再現を果たした(6)。

彼の研究は、予知能力の存在に批判的、懐疑的な人々の間で旋風を巻き起こした。人間というのは、科学で明らかになっていても自分の世界観にしがみつきたくなるものだ。それでも量子物理学では、一方向だけでなく、多くの方程式は前後どちらの方向にでも成り立つ。アインシュタインは「過去、現在、未来を区別するものは、幻想に頑固にとりつかれている気持ちにすぎない」と述べている(7)。

実は予知能力や幽体離脱といった超常現象を経験することは、さほど珍しいことではない。アメリカや中国、日本の大学生を対象に調査したところ、多くの人が超常現象を経験したことがあると答えた。そのうち30％以上は超常現象が繰り返し起こっていると述べている(8)。デジャブ（既視感）に至っては少なくとも59％が経験したことがあるという。幽体離脱の経験をした人も多い。

信心深いとか超自然現象の存在を信じているかどうかは関係なく、無神論者でも経験するのだ。ある研究で、超常現象を信じる者のほうがそれを経験しやすいかどうかを調べたものがあるが、そうとも限らないことがわかっている。有名な懐疑主義者であり「スケプティック」誌の編集長マイケル・シャーマーでさえ、自分の信念を揺るがす次のような出来事を語っている(9)。

２０１４年６月25日、マイケル・シャーマーとジェニファ・グラフは結婚式を挙げた。

結婚の3か月前、グラフは自分の荷物をカリフォルニアにあるシャーマーの家に送ったが、途中で荷箱が壊れてしまい、代々受け継いできた家財もほとんどなくなってしまった。無事に届いたわずかな荷物の1つに祖父の古いラジオがあった。シャーマーは電池を入れて、数十年間音を鳴らしていなかったラジオをよみがえらせようとしたが、残念ながら音が鳴らなかったので、ラジオを分解して修理を試みたが無駄だった。

結婚式当日、グラフはさみしい思いに駆られた。彼女が大好きだった祖父に見届けてもらえなかったからだ。

二人が結婚式を終えて家に戻ると、寝室から何やら音楽が聞こえてきた。さて、どこから音楽が聞こえてくるのかと思った二人は音源を探し回り、机の引き出しを開けてみると、祖父のラジオから流れてきているのがわかったのだ。流れてきている音楽は、ラブソングだった。二人は驚きに言葉も出ず、グラフは泣き崩れた。シャーマーの娘にもその音楽は聞こえたという。

翌日には、ラジオから音は再び出なくなり、以後音がすることはなかった。

自然科学（ハードサイエンス）を学ぶ生徒を対象に超常現象の経験の有無を問う調査では、彼らは人種や文化を問わず超常現象を経験していることがわかった。ユングが述べたように「シンクロニシティはそれを見ようとする人たちにとっては現実」なのだ。

シンクロニシティについて最もわかりやすい書物の1つは、ユング派学者ジョセフ・キャンブレイによる『Synchronicity: Nature and Psyche in an Interconnected Universe』（未邦訳：シンクロニシティ：互いにつながる宇宙の自然と精神）である。編集者デイビッド・ローゼンは、この本の編集中に起こった驚くべきシンクロニシティについて次のように語っている。

「私の家の裏庭には池に鯉が泳ぐ日本庭園があります。ジョセフ・キャンブレイが本の原案となった講義の直前、私はたまたまその池でヘビが鯉を捕まえて飲み込もうとしているところを見かけました。そしてその直後に開かれた講演で、ユングの『魚を飲み込もうとしているヘビ』の彫刻の写真を目にした時、これこそシンクロニシティだと思いました。そんな風景にはそれ以前も以降も出くわしたことはありません[10]」

シンクロニシティはなぜ起こるのか？

シンクロニシティの概念については最近かなり確立されてきているが、なぜそれが起こるのかは別問題だ。どうしてまったく異なる次元の物事が、同時に起こるのだろう？　どうしてがん細胞が増殖しているなどの生物学上の現象が、夢や予知能力とつながるのだろうか？

がん細胞は身体の一部として存在し、正常な細胞が古くなったり損傷を受けている細胞を自滅させる信号を免れてしまうことで急速に増殖する。がん細胞には、周りの組織から分離していても生存できるよう、他の細胞との間に接着タンパク分子がない。したがって離れた場所に転移する。ステージ3や4に至ってしまった体中に転移したがん細胞は手に負えなくなり、結局はがんが巣くった患者本人をも死に至らしめる自己破滅へと導く分子の集まりとなる。

一方、夢は純粋に「意識」から作られ、夢を作り出す本人独特の主観である。また、夢には感情や感覚を映し出す映像があふれており、その映像が眠っている間は意識の連続体として働いている。細胞増殖のような客観的に現実となるようなことがどうして個人の主観的な夢に出てくるのだろうか。それは、シンクロニシティがその客観的な出来事と主観的なものをつなぎ合わせているからだ。物質界のものではない「精神や意識」と物質や形を創り上げている「物質界のエネルギー」をつないでいるのがシンクロニシティなのだ。意識と物質の世界はシンクロニシティが起こるプロセスで共鳴を起こしている。

細胞レベルで起こる共鳴

インターネット上には、共鳴して振れ始める振り子のビデオが多く出回っている。その映像を見れば、それぞれのメトロノームは初めバラバラにリズムを刻んでいるのがわかる。やがてゆっくりと、けれども確実に変化が起こる。2つのメトロノームの針が同じリズムを刻むようになると、その後すぐに3つ目のメトロノームも同じリズムを刻み始める。4つ目のメトロノームが加わるのは、3つ目が加わるよりずっと早く、3分もしないうちに全体の振り子がまったく同じリズムを刻み始める。

この現象は、1665年オランダの物理学者クリスティアーン・ホイヘンスによって記述されたのだが、その8年前に彼はすでに振り子時計の特許を取得していた。病にかかった彼が回復を待つ

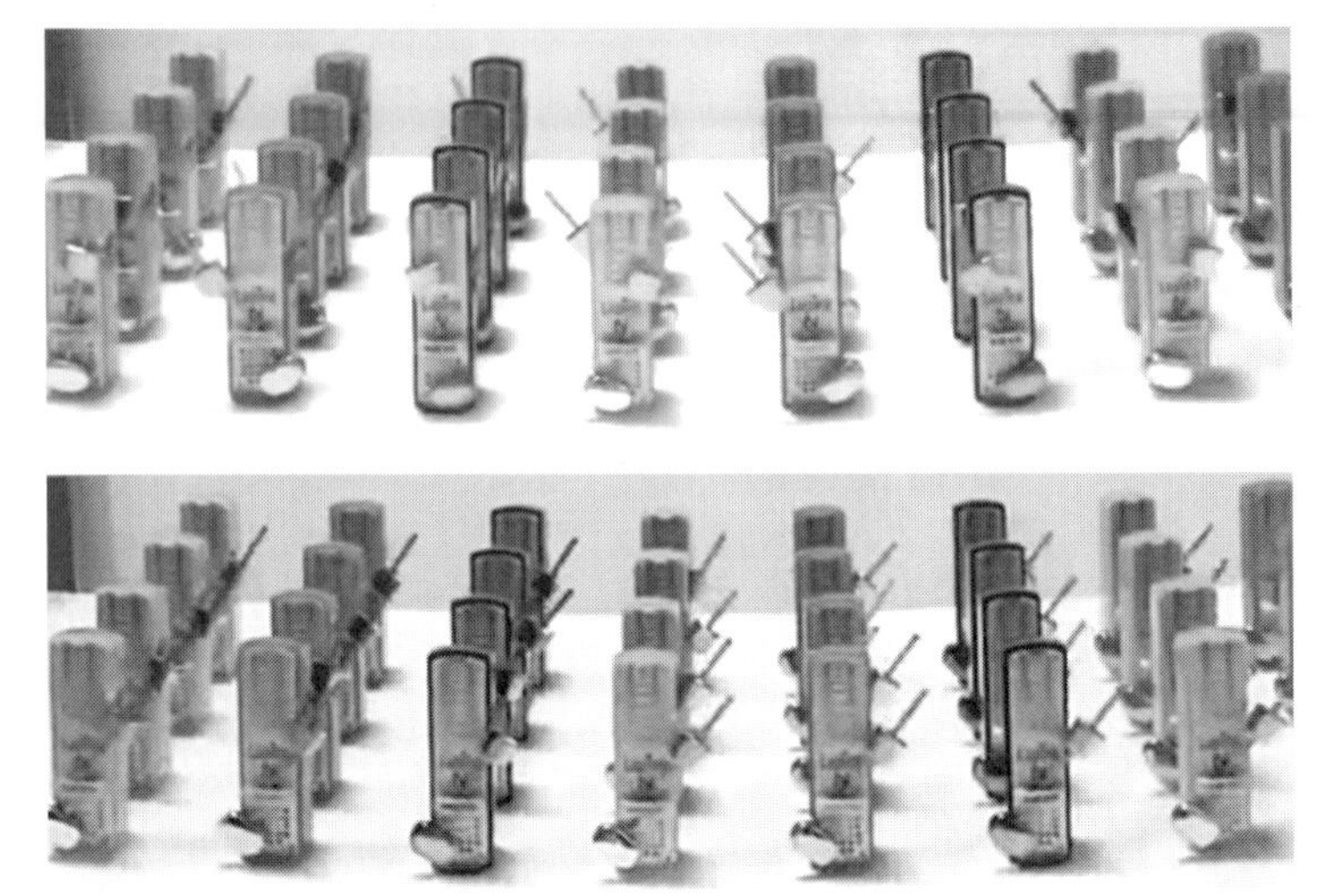

最初の写真は32個のメトロノームがそれぞれリズムを刻んでいるもの。３分もしないうちに、互いに共鳴して同じリズムを刻むようになる

間、周りにあるものをじっくり観察する時間があり、部屋に置かれた2つの振り子時計が不思議な現象を見せることに気づいたのだ。

振り子がどんな位置から振り出しても、やがて2つは同じように動き始める。共鳴現象は、小さな規模からとても大きな規模までどんな組織にも見られる特徴である。原子レベルでも、共鳴する分子を見出すことができる[11]。

また細胞レベルでは、傷んだ細胞を治す際の共鳴現象により細胞同士がコミュニケーションを取っている[4]。ウイルスから生体、さらにもっと規模を大きくした人類にも共鳴現象が起こっているのがわかる。もっと大規模に、地球全体にも共鳴現象は見られる。さらに太陽系、銀河、宇宙そのものも「天体の織り成す音楽」のように共鳴していることがわかる。無限に小さいものから想像できないほど大規模な範囲まで、物質による音楽は共鳴して鳴り響いている。

また、共鳴し合うのは似通ったシステム同士とは限らず、異なるシステムでも互いに共鳴している。巨大なシステムでもはるかに小さいシステムとの共鳴を見せる。私たちの肉体は脳内の松果体で地球と共鳴できるようになっており、その分子の30％は金属の性質を持つので磁気にも反応する。[12]

共鳴線フィールド

私たちの住む地球は大きな磁石のようなものである。地球から発せられる巨大な磁力は、北極と南極の空間を何十万キロも伝わる。磁力が伝わっていく磁力線がバイオリンのような楽器の弦だと想像してみよう。弦をはじけば、音が鳴り響く。それと同様に地球の磁力線も、はじかれると音が鳴り響くのだ。地球7周半の距離に相当する時速300万キロメートルで地球に届く太陽風も地球の磁力線に常に伝わっており、いくつもの音が磁力線という地球の弦によって鳴り響いていることになる。これらの音の中には、常に鳴り響いているものもあれば、時折発する途切れ途切れの音もあり、これらの共鳴音は規則的な脈動と不規則なものとに分類される。[13][14]

科学者が測定した規則的に鳴り響いている脈動の中で最も重要なのは、0・1〜0・2ヘルツと、0・2〜5ヘルツであり、不規則なものの中で最も周波数が低いものは0・025〜1ヘルツである。規則的に鳴り響いている周波数のうち、最も低いのは0・1ヘルツであるが、この周波数は一貫性を持った人間の心拍数とまったく同じである。

ハートマス研究所によって広められている一貫性を持った状態に素早く入る瞑想法「クイッククコ

ヒーレンステクニック」のようなリラックスするための手法を用いて訓練を重ねれば、私たちの心臓は一貫性を持った状態で打ち始める。その状態に入ると、心臓が地球の磁界が持つ最もゆっくりとした周波数の音で包まれる[15]。

０・１ヘルツの周波数は人間の心臓血管でも発生しており、また、まるでメトロノームが共鳴して振れ始めるようにして、それぞれの細胞が周囲のシステムとのコミュニケーションを取るのにも使われる。

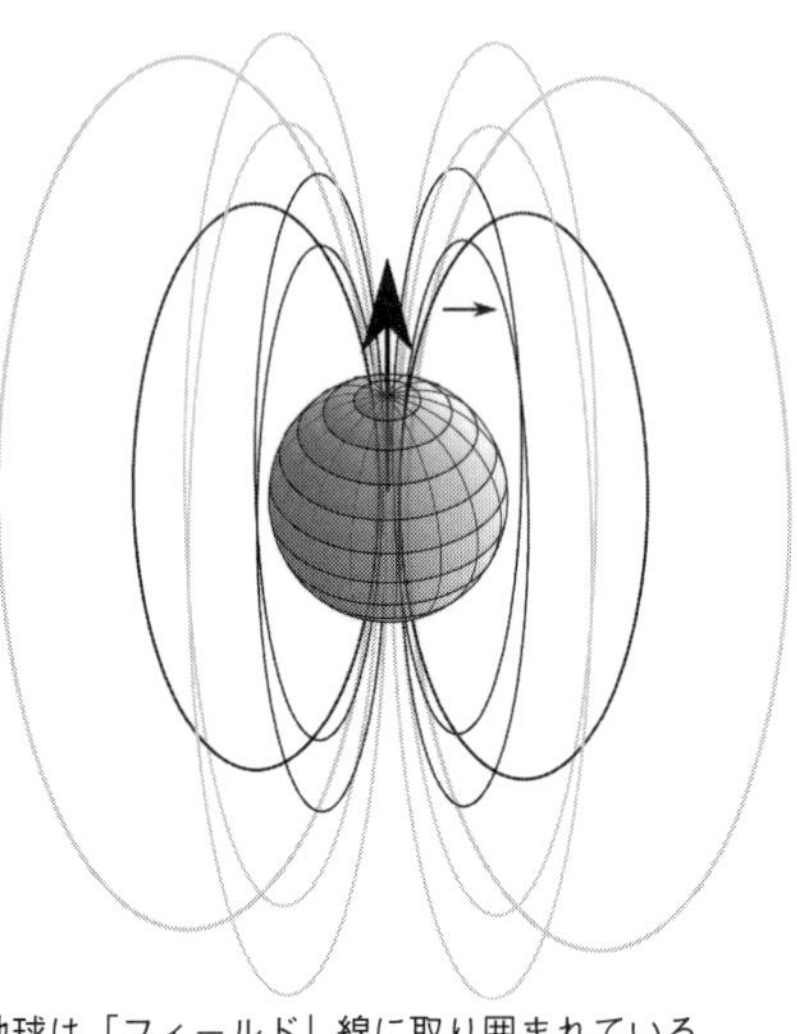
地球は「フィールド」線に取り囲まれている

同じ部屋にいる誰かが楽器を演奏していると、その音楽に反応してあなたが膝に抱えているギターやバイオリンなどの楽器が振動するのを感じたことがあるだろう。それが共鳴だ。たとえ互いに距離があっても、共鳴して同じような周波数で反響し始めるのだ。地球の磁力線の周波数は、脳や心臓とまったく同じであり、互いに共鳴しており、地球が音を奏でると私たちの脳や肉体はその音に共鳴したフィールドで生物学的な働きをしていることになる。

シューマン共振

空ビンに口をつけて息を吹きかけたことがある人は多いと思うが、ビンの口からはビンの中を通った空気があちこちにぶつかる低周波の音が聞こえる。その時出てくる音の高さを決めるのは、ビンの口に吹き込んだ息の量だ。

ドイツ人物理学者ヴィンフリート・シューマンは、同様のことが地球規模で起こっていることを数学的に証明した人だ。彼の証明では、地球の表面と電離層の端までの空間がビンの役割をするという。電離層というのは地球を取り囲んでいるプラズマ層である。低周波の電波は電離層に当たると地上へと跳ね返ってくる。この仕組みを利用しているのがラジオである。ある信号が地上で発せられると、電離層で跳ね返り、遠く離れた場所で周波数の合う受信機へと送られる仕組みになっている。

磁気の波が地上と電離層の空間に入った際、消えてしまう磁気もあれば消えない磁気も存在する。互いに共鳴し続けると、ビンの口に息を吹きかけると起こる音のように広がっていく。これがシューマン共振と呼ばれるものだ。シューマンが共振現象を数学的に表せるはずだと予想してから、１９６０年になってやっと、実際に測定された波の主な共鳴周波数は7・83ヘルツだった。基本となる周波数の倍数は倍音と呼ばれ、シューマン共振の作り出す倍音は14・３、20・８、27・３と33・８ヘルツということになる。

これらの周波数は、私たちの脳内でも情報伝達の際に発生している。７・83ヘルツはシータ波に含まれる。癒しが行われている瞬間の脳内で見られる周波数とまったく同じである。[4][16] また、シューマン共振の倍音14・３ヘルツは低ベータ波に含まれ、肉体の機能を保つ脳波の状態であり、倍音

シューマン共振。電磁波は惑星を取り囲む電離層で跳ね返る

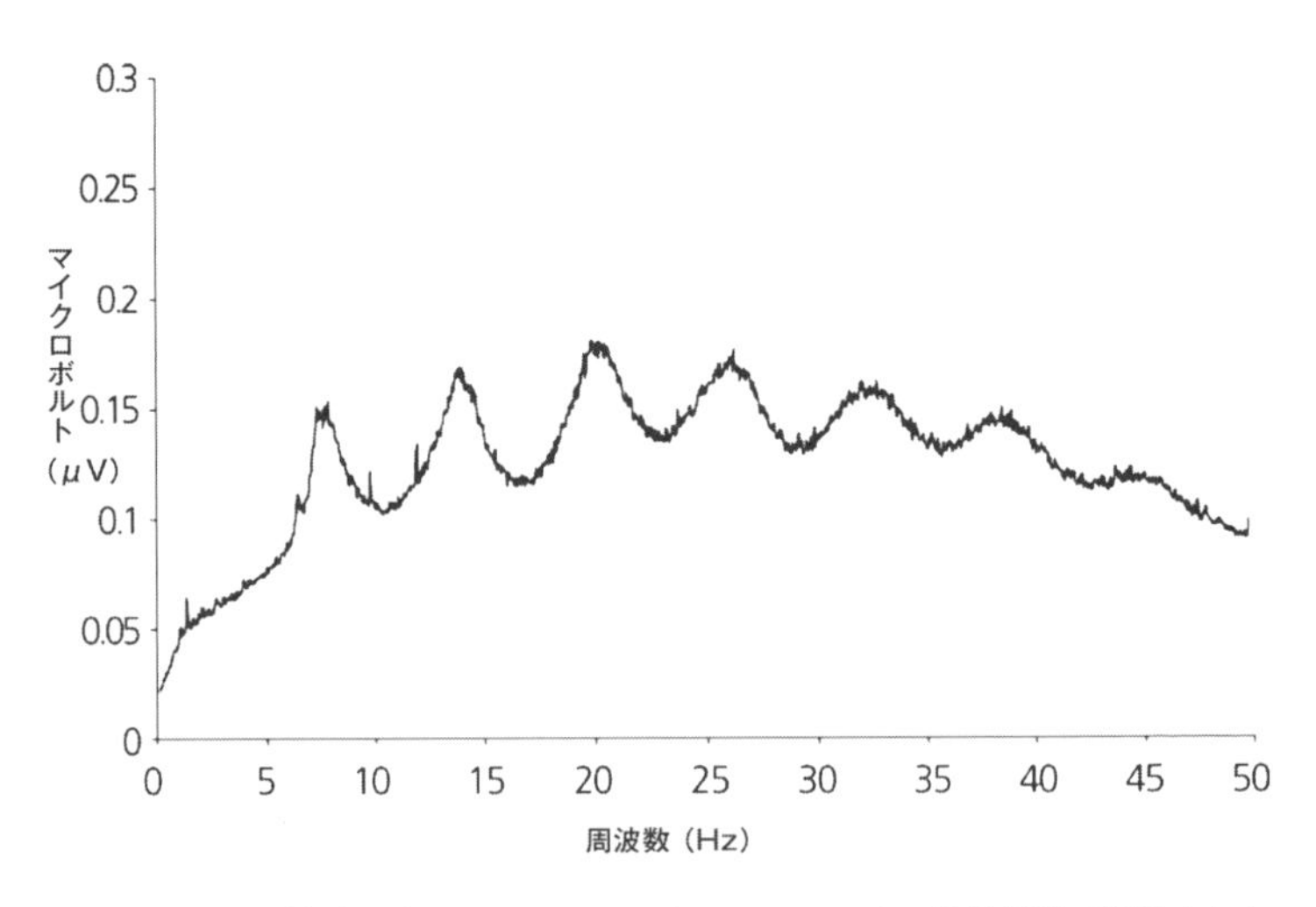

カリフォルニア州ボルダー・クリークにあるGCIセンサー設置場所で記録されたシューマン共振データ。人間の脳波の周波数との一致に注目

27・3ヘルツは、私たちが集中して仕事を行ったり思考を巡らしたりする際の脳波、同じくガンマ波の33・8ヘルツは脳が統合して働きながら物事の分析をする際の脳波とそれぞれ同じである。

この地球を取り囲む電離層によって引き起こされる共振周波数と、人間の主な脳波とが同じ周波数であることは驚くべきことだ。情報が伝わる際に脳で作られるフィールドや精神状態は、私たちが暮らす地球の周波数とも共鳴している。

私たちが癒しや治療に伴うシータ波など、ある特定の周波数を高める時、地球全体の情報信号とより共鳴していることになる。その時、地球とヒーラーは強力なエネルギーをひとつに統合させようとしていることになる。

地球の持つ周波数に同調する体と脳

ミネソタ大学メディカル・スクールのフランツ・ハルバーグ博士は、肉体の日々の周期を表すものとして「概日リズム」という言葉を考え出した。1990年代後半に亡くなるまで、彼は毎日欠かさず実験室で研究を続けた。

ハルバーグ博士は、ガンマ波からデルタ波までが脳や体内に行きわたっているのは、私たちが地球で進化し、その周波数と同調しているからだと信じていた。ハルバーグ時間生物学研究センターや他の科学者たちによってなされた研究により、地球の磁力線とシューマン共振の関係が明らかになり、私たちの健康とも関連があることがわかった。[17][18] 人間の感情や行動、健康や認知機能はすべて、太陽や地球の電磁界に影響されているのだ。[19] 地球の持つ磁界は「生物学的に有益な情報をすべての生体に届ける」役割をしていると仮定されている。[15]

ハートマス研究所所長のローリン・マッカーティは「私たちは地球の脳内の細胞のような存在である。目に見えないレベルで、人間だけでなく動物や植物も含めた生態系すべてをつなぐ役割をしている」と述べた。[15] 地球の脳ともいう生命体のマトリックス全体の情報は、命あるすべての存在の活動を細胞や分子レベルまで同期して流れている。

人間の脳は、電磁気を帯びた器官ということもあって、電磁波には大変敏感である。したがって、「地球の磁界が変化すると、人間の心臓の鼓動や、脳や神経システム活動、運動能力や記憶力などの作業効率、植物や藻の栄養合成、交通違反や事故の発生件数、心臓発作や脳卒中の致命率、うつや自殺の発生率[20]」などにまで影響が出ることになる。地球全体に広がるある周波数の電磁波の中で人間が何億年もかけて進化してきたとすれば、その肉体や心臓、細胞が地球の周波数と同調している事実はさほど驚くようなことでもない。

なぜ超常現象は共時的に起こるのか？

どのように生物学的電磁場が働いているかについて、オランダの研究者チームが175回にも上る実験を行った。それでわかったのは、電磁場は人間の神経組織システムや意識に影響を与えていることである。「命を支える根底にあるのが宇宙の電磁力の原則」として命の芽生えと量子的意識にある生物学的秩序を創造する助けになっている。[21]

量子的なメカニズムと、生物学的システム、そして意識が並行して進行していることが、アルベルト・アインシュタインやエルヴィン・シュレーディンガー、ヴェルナー・ハイゼンベルク、ヴォルフガング・パウリ、ニールス・ボーアそしてユージン・ウィグナーといったこの基本概念を作り出した人々の心をひきつけたのだ。これらの先駆者たちにとって、エネルギー、空間、時間、意識、そして物質は別々の存在ではなく、実際は巨大なシンクロニシティのダンスをしながら互いに交わっていると思われたのだ。

オランダ人研究家のハンス・ヘーシンクとオランダ、フローニンゲン大学教授ダーク・マイヤーは、「人間の電磁場は地球の電磁場と双方向に情報を伝達しており、その際、共鳴することで日常的な感覚、認識、思考、感情を経験し、普遍的な宇宙の意識を作り上げる」ことを見つけた。[21]

すべての科学的発見とシンクロニシティとの点がつながると、途端にどんな現象も神秘的とは思えなくなる。周波数はマクロやミクロレベルの出来事を同期させて運ぶ共鳴装置のような作用をしている可能性がある。たとえ私たちの目には見えなくとも、共時性を持った周波数は意識や物質へと広がっていく。

これらの周波数の中で生活する私たちは、水の中を泳いでいる魚のように意識や物質界のすべてを創り出す源となるフィールドが存在しているのには気づいていない。しかし、私は現実と、シンクロニシティが起こる科学的説明の間に双方向からの情報伝達が起こっていると信じている。

フィールドは私たちが気づいていなくても常につながっている。そのつながりが、超常現象が起こるために必要な要素がすべて集まった時にシンクロニシティとして目の前に現れる。

自然界の自発的秩序

コーネル大学の数学者スティーブン・ストローガッツは、シンクロニシティが自発的に秩序立てて起こる傾向は自然の大きな特徴であり、亜原子粒子の世界から宇宙の果てまでそれは広がっていると述べている[22]。生命のない分子から複雑な生体のシステムまで、自発的に起こる秩序は自然のすべての本質的な傾向なのかもしれない。

ストローガッツは、魚や鳥の群れ、人間の体内時計などにシンクロニシティが見られることを例に挙げている。鳥や魚の群れがどのように繁殖するかもそれが説明しているとする。リーダーも基本的計画もなければ、複雑な何百万という動きを調整するスーパーコンピュータなどなくとも、群れや細胞同士は自然と同期するようにできている。

ストローガッツは、自然に生まれる秩序は宇宙のあらゆる規模で起こっていると指摘している。それぞれの細胞にある核の要素の超伝導性から光る蛍のお尻まで、また心臓を動かす神経信号から鳥などの飛行経路や宇宙の端に至るまで自発的に整う秩序はすべてにいきわたっている。

人間の体内にある時計遺伝子は、地球のサイクルと調和しており、また自分の近くにいる人とさえ同調しているが、このように自然と同調し合って秩序を保つ現象は、私たちの細胞がどう機能しているかの説明にもなる。

それぞれの細胞は、1秒間に10万種ほどの新陳代謝をする過程で何百という細胞の集合体となって、時に体内の離れた組織の活動も調整している。この際に細胞はフィールドを用いている。フィールドとは、化学的反応や機械的信号よりずっと効率のよい方法である。たとえば、あなたがロックをかけた車の鍵穴にキーを入れロックを外すと、これは機械的信号である作業を果たしていることになる。しかし、リモコンつきのキーなら、車まで歩いていかなくとも離れたところからボタンを押すだけで瞬時にロックを解除できる。これがフィールドを用いた伝達方法だ。私たちの体内ではこれと似たような情報伝達がフィールドを通じて行われている。

ストローガッツは、一時的な流行、暴走、あるいは株取引などは、たくさんの人間の行動が共鳴したことで起こった現象の例としている。その1つが、ロンドンのミレニアム・ブリッジの予期せぬ話だ。

ロンドンのテムズ川にかかるミレニアム・ブリッジは、人々をあっと驚かせようという意図で建設され、2000年6月10日に開通した。開通式には何千人もが集まったのだが、そこで思わぬことが起こった。なんと、橋が少しずつ横に揺れ始めた。橋の上を歩いていた人たちは何が起こっているのかわからなかった。

橋が揺れる中、人々は橋の動きを静めるように大きな歩幅で同じように歩き始めたので、橋は同期した振り子のようにますます大きく揺れた。この後すぐ、橋は一時的に閉鎖されてしまった。

建築家と技術者の英知の結晶として完璧だったはずの橋が、なぜ失敗に終わったのだろうか？

最初に橋が少し揺れた時に、橋を渡っていた人たちの揺れを補正しようとした行動が共鳴を引き起こした。結局、彼らは橋の動きが大きくなるように歩き出してしまったのだ。創発システムと呼ばれるこの現象には、ミレニアム・ブリッジが揺れるような予測もなければ、それを先導するリーダーも存在せず、ただ人々が共鳴して反射的にとった行動が大きな現象となって出現したのだ。

この問題は橋の動きを軽減する調節装置が付けられて解決し、橋は再開通した。この開通式の時に起こったことは、共鳴によって起こることは複雑なシステムでも予想できない例として語り継がれている。

ユング、新たな特性の出現、自己組織化

自律的に秩序を持つ構造を作り出す現象である自己組織化システムに最初に取り組んだのは、ノーベル賞受賞者イリヤ・プリゴジンだ。彼は明らかに無秩序に思えるものにどのようにして秩序が生まれてくるのかを研究し、複雑系とカオス理論の研究組織「サンタフェ・インスティテュート」の設立に貢献した。サンタフェ・インスティテュートのある部門では、創発特性としても知られる自己組織化の研究に取り組み、「創発」は、生まれてくる特性はもともとのシステム内部にあったわけではなく外的環境からの刺激で出現することがわかっている。

『創発』（山形浩生訳　ＳＢクリエイティブ）の中で著者スティーブン・ジョンソンは、「自己組織化システムでは、ある組織内のある団体がそれまでより上位の振る舞いを始める。低いレベルの規律

から上位の振る舞いを、『創発』と呼ぶ」と記している。[23] この過程で起こる「創発」の構造には次の5つの特徴がある。

- 急進的な目新しさ：新たな特徴が自然発生的にできあがる
- 首尾一貫性：ある期間は、それ以前の構造が維持される
- より高いレベルの全体の秩序：全体論的な振る舞いを見せる
- ダイナミックな過程：構造が進化する
- 明確になる：構造変化が明らかになる

　このように新たな特性が出現する例として、大都市のある地域の発展が挙げられる。似たような意識を持った人たちが集まり、自分たちに適した仕事、社交の場、学校や宗教施設など彼らに最も大切なものを作り上げていく。このプロセスは社会上層部からの土地利用制限法や土地計画委員会の上意下達的な支配に対抗しながら、まるで有機的に一人ひとりが行動する。この「創発知能」と呼ばれる現象は、無意識のうちに外からの刺激に対抗して生まれ、互いに同化し、情報に反応して適応しながら、新たな創発システムへと自己組織化していく。物理学者ドイン・ファーマーは、「魔法ではないが、まるで魔法がかかったかのように思える現象だ」と述べている。[24]

「創発」を扱うテレビ番組では、アリの巣を例として挙げる。「アリには大した頭脳もなく、一匹のアリには全体の動きなど見えていない。ただ一番強いフェロモンの匂いをたどっているだけだ。

攻撃された場合にはどんなことをしても女王を救おうとする。この単純な行動が、ずっと昔からアリの群生に『創発』を生み出している。アリの群生には素晴らしい調査能力があり、環境をうまく利用して、餌のある場所、洪水、敵など、地上にある情報のうち意味あるものを知覚し反応しているのだ。1匹のアリは数日、あるいは数か月後に死ぬが、アリの巣自体は何年も生き残りながら、さらに安定した組織が作られていく[25]」。

ユングの提唱したシンクロニシティの概念は、自己組織化システムを心理学に応用したものである。シンクロニシティには、個人の経験、脳、フィールドや環境などの「創発特性」が起こることも含まれている[26]。ユング派研究者ジョセフ・キャンブレイは「創発現象は、特に人間にとっては通常の個人の意識に偶然だが意味ある説明可能な出来事として生まれる。(中略)シンクロニシティは、『自己の創発』の1つとして研究対象であり、個性や精神的成熟の中核をなす」と論じている[27]。

また、サンタフェ・インスティテュートの研究員は、自己組織化システムこそが自然の中で選択がなされ進化していく中で重要な側面かもしれないと論じている。「生命やその進化は常に自然な完成された秩序を内包し、その秩序に応じて自然の中での選択をしながらどう作り上げていけるかにかかっている[28]」

キンバリーは、「意味ある偶然の一致は、個人あるいは集団としての意識の進化を促すものであり、思い描いたことや意識したものからは想像もつかなかった形を作り出す[10]」という。つまり、シンクロニシティは、種としての人間が社会的にいかに成長し、進化してきたかを表している。

9月11日のシンクロニシティ

２００1年9月11日、私は幼い娘2人と一緒に自宅にいた。

テレビの電源を入れると、２機目の飛行機が建物に突っ込んだ映像が目に入り、それからタワーごと崩壊するのが見えた。

当初、最初の飛行機がツインタワーに突っ込んだ8時46分に、通常そこで仕事をしている人たちの数をもとに算出された推定死亡者は６０００人を超えるとされたが、２週間後、ニューヨーク警察から公式に発表された暫定死亡者数は６６５９人であり、それからさらに1か月が過ぎ、話が二転三転する中で死亡者数はどんどん減っていき、最終的には２７５３人となった。これは当初の推定数の半分にも満たない。このように数字が大きくぶれたのはなぜか?

１つは、事件の最中、逃げ出すことができた人がたくさんいたということだろう。飛行機が突っ込んだところより低層階にいた人たちはどうにか逃げることができたのだが、それだけでなく、その時間は高層階にいたはずなのに、たまたまいなかった人がたくさんいるはずだ。USAトゥデイの分析によると、「飛行機衝突の後、点呼をとってみると、50階より上の階にある多くの会社の出社率は半分にも満たなかった」という(29)。

その朝、なぜワールドトレードセンターにいなかったかの理由は人それぞれだろう。生き残った人の話では、直観や夢、あるいは予知として危険を感じたという人もいるし、電車が混雑した、家族に問題が起こったなどの予期せぬことが起こって会社に行くのが遅くなった人もいる。レベッカ・ジャバンシール‐ウォンの夫も飛行機が突っ込んだ時、会社にいなかった一人だ。彼女の話は、次の通りだ。

「夫は第2タワーで働いていたのですが、事件当日はいつもより遅れて出勤し、飛行機がタワーに追突した時にはまだ通勤途中でした。というのも、事件前日にマレーシアから会社が研修に招待した2人が到着していたので、彼らにとってアメリカは初めてということで、夫は彼らを夕食に連れていったり、アパートへの滞在を手助けしたりしていました。マレーシアからの2人が時差ボケをしていたことから、会社側から少し休んで翌朝は遅めに出社していいと言われていました」

それが彼らの命を救ったのだ。

また著名人は、スケジュールを公表していることも多いのでビルへの出入りも追跡しやすいのだが、事件当日、ワールドトレードセンターに予定通りにいなかった有名人は数多い。

- ヨーク侯爵夫人サラ・ファーガソンは慈善事業のために101階にいる予定だったが、予定より少し遅れてしまい、最初の飛行機が追突した8時46分にはテレビのスタジオでまだインタビューを受けていた。
- 俳優のマーク・ウォールバーグは友人とともにアメリカン航空11便に搭乗予定だったが、ぎりぎりで予定を変え、専用の飛行機を貸し切ることにした。
- 俳優兼プロデューサーのセス・マクファーレンはアメリカン航空11便を予約していたが、旅行社から間違った出発時間を教えられ、彼が空港に到着した時には出発ゲートがすでに閉まっていた。

▪女優ジュリー・ストファーは友人と同便に乗る予定だったが、遅刻して搭乗できなかった。

▪タワー上層階にあるレストランの料理長マイケル・ロモナコは、1階ロビーの眼鏡屋で作ってもらっていた眼鏡が予定の正午よりも早くできあがらないかと確認しにロビーまで戻ったため、レストランに行くのが30分遅れて命拾いした。

▪ワールドトレードセンター開発者で賃貸業も行っているラリー・シルバースタインはその朝、本当は予約をキャンセルして仕事に行こうとしていたが、妻から医者に診てもらうよう説得されたので皮膚科に行った。

▪オリンピック水泳選手イアン・ソープはワールドトレードセンターの展望デッキまでジョギングをしに出かけたが、カメラを忘れたことに気づいてホテルに戻った。ホテルに戻った彼がテレビをつけると、ノースタワーが燃えていた。

▪会社役員ジム・ピアースは、サウスタワー105階での会議に出席予定だったが、前日の夕方、会議予定の部屋では手狭だと、場所をホテルに変更した。ピアースは後に、会議が行われるはずだった部屋にいた12人のうち11人が亡くなったことを知った。

▪ローラ・ランドストロムがロウアー・マンハッタンでローラーブレイドをしていると、信号で止まった車に女優のグウィネス・パルトローが乗っているのに気づいた。ローラは数分間、そこで立ち止まって彼女と話をしたせいでサウスタワーに向かう列車に乗り損ねてしまい、77階の仕事場に時間通りに行けなかった。

ほんの些細なシンクロニシティが、それぞれの人生に思わぬほどの影響を与えることがある。

シンクロニシティは科学である

初めてシンクロニシティに出会うと、とても不思議に思えるが、実は科学的に確固たる説明ができる。

原子から銀河まで、生態系には自然の秩序が生まれる。私たちの脳は地球の持つ周波数に同調している。夢やトランス状態、瞑想や催眠状態、さらにはひらめきなど、意識状態に変化が起こると、感覚をはるかに超えた普遍的な情報に接する楽しみがある。

フィールドは地球や私たちの肉体を含めて宇宙に行きわたる。シューマン共振によって脳波の周波数との共鳴が起これば、マクロとミクロは同調して活動する。肉体がフィールドと同調し、双方向に情報を交換する流れは、思考でも物質でも現実すべてのレベルで起こり、地球や電磁場にまで広がる。そして一見不思議に満ちたシンクロニシティが、まるでひとところに集まるように生まれる。

20世紀初頭の量子物理学ができたばかりの頃、偉大な科学者たちは、時と場所に制限を受ける人間の思考がどう働いているか、またフィールド自体が存在することを理解していた。アインシュタインは「科学を追究する人は誰でも、宇宙の意識をはっきり感じ取れるようになる。それは人間の英知をはるかに超えたものだ」と述べている[30]。

量子物理学の創始者マックス・プランクは、「すべての物質は、原子が振動し、その振動は太陽系にある微細な原子を集結させる力のおかげで生まれ、存在し続けている。私たちは、その力の先には何らかの意識と知性があると想定しておかなくてはならない。意識こそがすべての物質のマトリックス（母体）なのだから[31]」と述べている。

科学者は亜原子粒子からはるか銀河の果てまで物質を深く追求すればするほど、宇宙全体として同期するという調整がなされているに違いないと確信するようになる。

意識は脳にあるのか？

懐疑主義者や物質主義者は、「意識は『脳内』にある」つまり、「意識は脳がなすそのもの」であり、意識は脳が働く時の付帯現象であると信じている。この理論では、脳が進化するとどんどん巨大化して複雑になり、そこから意識が生じたことになっている。十分な神経細胞が同時に興奮すると、意識と呼ばれる人工産物が作り出されるとする。

ＤＮＡの二重らせん構造の共同発見者フランシス・クリック卿は、次のようにまとめる。

「人間の精神的活動とは、細胞や原子、イオン、分子などを作り上げつつ互いに影響を与え合う相互作用によるものである[32]」

逆に、意識が脳内に存在するという理論を支持する証拠はどこにもない。

行動学研究のケンブリッジ・センターの記事には、「脳を中心とした意識の理論には、克服できない困難があるようだ[33]」と書かれている。ところが現在、証拠が欠けているにもかかわらず、物質主義者や懐疑主義者は、将来科学が証拠を見つけ出し、そのギャップを埋めてくれると信じている。

その一方で、脳の外に意識が存在する証拠は豊富にある。意識は、脳内に閉じ込められたかのように振る舞ってはいない。時間や距離に制限がある頭蓋骨に閉じ込められていては説明のつかない、どこにでも存在する意識を数多く経験することがある。

意識は感覚を超えたところにある

変容意識の状態にあると、私たちの意識は感覚で捉えている世界を超えて、時や場所に制限を受けている自分の意識を大きく超えたところから情報を手に入れられる。

この数十年間に、臨死体験や幽体離脱など変容意識についての研究が科学的になされて公表されてきた[34]。臨死体験をした人のうち37％が、死は終わりではないと述べている[35]。こうした変容意識の経験にはいくつかの共通点があって、幽体離脱や臨死体験をした人々は、実際に自分が肉体から離れた感覚があったと述べており、それでも感覚はすべて残っており、時には感覚が鋭くさえなったという。自由に動き回り、自分が健康であると感じ、手術室の棚の上に何があったのか、近くのビルの屋上、その部屋にいなかった家族のことなど通常では目に見えないものが見えたという。同じ部屋にいる人の考えがわかったり、全身麻酔状態であっても部屋で交わされた会話の詳細がすべて聞こえていたというのだ。幽体離脱や臨死体験後に生還した人たちは、もはや死を恐れることもなく、宇宙には愛と優しさがあふれていると信じられるように変わる。

マリオ・ボーリガード博士は『脳の神話が崩れるとき』（黒澤修司訳　角川書店）の中で、脳の基本的な機能は情報をフィルターにかけることだと述べている。人の意識には、すべてがわかる無限の知覚力がある。幽体離脱や臨死体験をした人はその状態になるが、脳によって無限の知覚力は肉体の中で管理できる程度になるようフィルターにかけられる。[36]

ケネス・リング博士とシャロン・コッパーは、生まれつき目が見えない人たちの臨死体験に取り組んだ。[37]その研究結果は、意識が体の外にも存在するということの説得力のある証拠となる。何しろ彼らは、目でモノを見たことがまったくないので参考となるものがなく、臨死体験をした目の見える人たちが以前に見たことのある人や物体を語るのとはわけが違う。

見えないはずが見えたもの

目の見えない人たちが、それまでに見たことがないはずのものを臨死体験の間に見たとして詳細に語っている。その一人が、酸素過剰投与で生まれた時に視神経を完全に破壊されてしまったビッキー・ウミペグという45歳の女性だ。

「私は何も見えません、夢の中でも、あるいは黒という色さえ見えません」という彼女は、交通事故に遭って緊急治療室に連れていかれた時に自分が空中浮遊しているのに気づいた。

「私は病院にいる自分に何が起こっているかを見下ろしていましたが、怖くなりました。何しろ、それまでまったく見えたことがなかったからです」

混乱していたビッキーは、自分が見下ろしている体が自分のものだとはすぐにわからなかった。

「その体に誰もいないから、それが私だとわかりました」

ビッキーは後に、意識がなかった時に自分の世話をしてくれた医師と看護師の様子と言葉を詳細に語った。

「彼らはずっと『彼女は助かりそうにない』と言い続けていました。私は体から離れていくのを感じながら、どうして彼らが慌てているのかがわかりませんでした。

私は美しい鈴の音を聞きながら天井をすり抜け、木や鳥、人々がすべて光でできている世界に入りながらびっくりしました。何しろ私は、光がどんなものか想像もついていませんでしたから。私が行ったその場所は、すべての知恵がつまっているようでした。そして体に引き戻されると、とても苦しく、痛みを感じました」

ビッキーはまた、それまで実際に見たことがない、自分の指輪の模様などを詳細に話せるようになっていた。

「私は薬指に模様のない金の結婚指輪とその隣に父からもらった結婚指輪をつけていると思っていました。けれども私の結婚指輪の端にとても珍しいオレンジの花の模様があるのがはっきり見えたのです」

ビッキーは後に「ものが見えたり光が見えたのは、その時だけだった」と話している。

１３００年前、チベットの死について書かれた本には、高次元のいわゆるノンローカルマインドの状態についての記述がある。生と死の間に「中陰」状態と呼ばれる空間がある。その空間に浮かぶ体は感覚を介さなくとも世界中のことがわかるとされている。また、物体を通り抜けることも可能で、瞬時に宇宙のどこにでも移動できるが、これは幽体離脱や臨死体験をした人たちの記述とよく似ている。

インドのベーダ哲学には、偉大な宇宙の意識が私たちそれぞれに映し出されているという概念があるが、バケツに入った水に太陽の光が反射されるのと同じで、それぞれのバケツは異なっても同じ太陽の光が降り注いでいる。

最近になって、高次元の意識は「超常現象」や「超能力」として信じられるようになってはきたものの、いまだ従来の科学ではこうした現象の研究を扱うのは禁止されている。

何千年も続く人間の歴史上、聖人やシャーマンは特殊な種族と見なされ、この世界と高次元世界の間を行き来して、普通の世界の意識を超えた領域から知恵と癒しをもたらすと信じられていた。また、シャーマンは動物やこの世の存在でない意識と親しく交わり、高次元の宇宙から意味あるメッセージを運ぶため、夢やビジョンを得る才能が授けられているとされた。

夢や神秘的恍惚状態、自然との一体、臨死体験や幽体離脱といった意識変容状態は普通の人間が経験するものではないと思われるようになったのは、逆にほんの最近のことなのだ。

臨死体験や幽体離脱は人生を変えることがある。ジョンはエイズと診断を受けてから、どん底に落ちたと思ったが、エイズの勉強会に参加して、自分の苦しみだけに没頭するのではなく自分と同じように苦しんでいる人たちを助けたいという気持ちに変わっていった。その後、彼は幽体離脱の経験をする。次の話は、彼が語ったその時の経験である。(38)

神はみんなのものだ――ジョン

私は自分の体が浮いていると感じると、忘れもしない出来事が起こりました。空中に浮き上がった私が自分の体を見下ろすと、それはまるで乾燥プルーンのようにしなびた状態でした。そして、自分の体の上に浮いている魂も意識も、全部がバラバラになっていました。

異次元に入ったような感覚がしたかと思うと、まるで体を風で強打されたかのように感じ、私は神に向かって、「神様！　私は今死ぬわけにはいかないのです。やり残したことがあるのです」と言ったのを覚えています。すると、自分の意識と体がぶつかってひとつになり、再び強風が吹いたと感じたら、もとに戻っていました。あの経験は本当にこれまでに味わったことがないものでした。

私はいつも自分の居場所を探し、誰かから愛されたかったことに気づきました。すると、神に対する恐怖心を乗り越え、変化を恐れなくなり、神は誰のものでもないと確信できたのです。それからの私は自分を傷つけるような行動を改め、心からの望みに焦点を当てることにしました。そんなふうに変化できたのは、神に近づくことができ、自分を大事に、そして無条件の愛を抱くことができたからだと思います。

エイズ患者に関する研究で、優しい神や宇宙の慈悲深さを信じる患者は、神や宇宙は罰するものだと捉えている患者よりも良好な健康状態が保てることがわかった。また、エイズなどの病気の診断を受けた後に、精神的進歩を遂げる者が多いこともわかっている。

脳は宇宙フィールドの変換機

あなたのパソコン上の写真がスクリーンにないように脳内に意識があるわけではない。テレビをつけてコメディを観たとしても、その劇が画面の中にあるわけではない。多くの専門家が脳や意識についての研究を調べ、脳と意識はテレビとその画面の関係のように機能しているのではないかと主張してきた。[39][40]

テレビの画面がテレビ番組の信号を画像に変換するのと同じように、意識は変換機の役割を果たしているだけで脳に存在しているわけではない。さまざまな研究で、意識は脳内に存在しないことが示されている。

ブルース・グレイソン博士は、心臓治療室で臨死体験を研究し、「臨死体験における共通した特徴のすべてを、生理学だけでも心理学だけでも説明することはできない。人が明らかに死に向かっている際の意識のある状態とそれにともなう複雑な知覚の経過は、意識が脳だけにあるという概念に異議を唱えるものである」[41]と結論している。

あなたの意識は3次元のあなたを超えて広がっているが、脳はその意識を日常での経験へと変換する受信機のようなものだ。

通常、目が覚めている状態では、意識は3次元の現実世界に固定されている。運転や犬の散歩、子どもの野球の試合観戦、確定申告の作成、書類の作成をしている時、あなたの意識は現実的な側面に集中している。あなたが認識しているのは、車を運転し、信号機を見て、周りの車に気を配っている自分である。その場面でも高次元の自分は存在しているのだが、あなたの心がそれに同調することはない。ところが夢を見たり、恍惚状態に入ったり、瞑想をしたり、神秘的な恍惚感や催眠状態といった通常ではない状態になると、私たちの意識はもはや3次元の現実に縛られなくなり、自分の肉体への感覚や3次元に存在する自分という感覚を失う。「中陰」にいる霊魂のように、私たちは現実的な3次元世界の制限に縛られずに、瞬時にして遠く離れた宇宙にも移動できる。

毎晩見る夢の中で普通でない経験をすることもあるが、実際に森の奥に踏み入れて感動したり、海に足を浸して自然と一体化する中で超越的な経験をすることもあるだろう。そんな時には現実世界の自分の感覚がなくなり、すべての存在とひとつになった感覚が生まれる。神秘的な感覚にある時は、自分という感覚が消え、宇宙との一体感を持つ。

3次元と高次元の事実をつなぐ脳

脳は、3次元の現実世界と高次元とをつないでおり、たとえ高次元の意識のままでも3次元における経験として感じ取れるよう、常に周囲からの情報も処理している。白昼夢を見ていて意識が体から離れすぎてしまっている時でも、窓の外の車がエンジンをふかせば、それに注意を向けて現実に戻ってこられるし、目覚めている時にはとてもたどり着けない場所まで夢の中で旅してしまっていても、どこからか煙の臭いがしてきたら脳はすぐに危険を察知して意識を現実に引き戻す。

脳には外の世界から情報がもたらされ、もたらされた情報は意識まで運ばれるが、脳が外界の出来事にどの程度関わり、もたらされた情報をどう処理するかが人間としていかに機能しているかのカギとなっている。もし、外の世界に注意をすべて奪われたまま脳内でできあがる思考に夢中になってしまえば、高次元の世界とつながった意識になれるはずがない。このように3次元的な意識や現象に集中しているだけの人は、意識の持つ壮大な可能性のほんの少ししか経験しないことになってしまう。

最近の研究では、地球の周りには大規模なフィールドが存在しており、そのフィールドが人間の意識に同調し影響を与えていることがわかった[42]。人間の脳は生物学的に、大規模な高次元のフィールドと一人の個人の持つ意識との間を仲介しているのだ。

同期する信号を選択すること

私たちは意識と同期する周波数を選ぶことができる。何百万もの音楽の中からある曲を選択するように、高次元から流れてくる何百という信号の中のどれに同調するかを選べる。

信号の中には恐怖が伝わるものもあれば、愛の交換もある。私たちは、無限に広がるさまざまな信号の中から、意識という受信機でどの信号を受け取るかを選ぶことができる。どんな信号を受け取るかをきちんと意識することで、不思議な経験を選択できる。気まぐれに信号を受け取ることなく、受け取る信号をデフォルト設定しておけるようになる。

毎朝目を覚ました時に瞑想をすることで、宇宙から流れてくる信号に同調できているかどうかを、まったくの偶然まかせにすることなく決めることもできる。ストレスを感じた時、心配事でいっぱいになった感情の均衡を取り戻しながら、そして、より大きな視点と結びつける力を維持するためにタッピングを行う。私たちは恍惚感を得るために大好きな自然のある場所に行くこともできれば、気持ちが昂る音楽を聴くこともできる。よくないニュースが流れる番組はチャンネルを替えて、人を鼓舞するような言葉とエネルギーを発する師に同調すればよい。

これからは自分の意識を3次元にある現実に向けるのではなく、壮大な高次元から流れてくる宇宙の信号へと意識を移すのだと決心をすることもできる。こうした訓練を通じて、私たちの思考は超越的な状態へと意図的に作り上げることができるようになる。そうなると、幸せな出来事に偶然出会うのではなく、自分が意図して呼び込んだ日常へと日々を格上げできる。

浜辺の10ドル札

夢の中で私は講演をしている。真っ暗な講堂にいる何百万人という聴衆が私の話に熱心に耳を傾けている。

プレゼンテーション用のスライドに描かれた扉の両側には大きな木製の柱が立っていて、真ん中に黄色い看板がかかっている。その看板には「幸せな宇宙」と書かれていて、私は誰もがここから中に入る資格があると聴衆に告げる。中に入るのを邪魔するものは何もない。

そう言って、私は最後のページへとスライドを進めると、そこにはチケットが映し出されて、「1つだけ受け入れること」と書かれている。このチケットには代償が伴う。その代償とは、苦痛だ。ほんのわずかでも固執する気持ちがあれば、その入口から中には入っていけない。そのチケットを手に入れるには、どんな苦痛をも捨て去らなくてはならない。そうすれば、あなたは中に入れるが、チケットは一人1枚ずつ。大切な人でさえ、一緒に連れて入ることはできない。チケットを手に入れるかどうかは、自分で決めなくてはならない。

その世界に入るのに、自分で自分が抱えている苦痛をすべて捨て去る決心をしなくてはならず、誰か他の人のために苦痛を手放したところで、それは無駄なことだ。

そんな場面で私は夢から目が覚めたが、夢の内容は心にしっかり焼き付いたままだった。

この夢は、本書を書き終わる前日に見た夢である。

大みそかの夜、私がその年に祈ったことは、できるだけ深い瞑想状態にすぐに入れるようになろうということだった。いつも、何か心の中に残っているものをすべて消し去るのにしばらく時間がかかっていたので、心静かにすぐにでも深い瞑想状態に入れるようになりたかった。

そして数週間もしないうちに、私はすぐにその状態に入れるようになってきた。それから2か月後、講演を終えて少し休もうかと海岸に散歩に出かけた。私の頭の中は、意識と現実をつなぐ科学的根拠についての本を書くことでいっぱいだった。もう1冊の原稿も半分できあがっていたのだが、仕事が忙しすぎて原稿は途中まで仕上げていたものの出版社もまだ決まっていない状況で、それ以外にもこの先、書き続けていけないのではないかと思う理由が山ほどあった。

その日は冬の肌寒い日だったこともあり、妻は車で待っていることにして、私はどう本を書き進めようかと考えながら歩いていた。歩きながら、私は明確な答えが思いつかず、宇宙に向かって明確なサインを求めてみたが、はっきりとした答えが返ってきたとは思えずに車に戻ろうとした。

すると、波打ち際に何かが見えた。それは10ドル札だった。私はそれを拾い上げた。車に戻って妻に見せると、10ドル札に「私たちが信じるものに神が宿る」と印刷されていることに気づいた。私にとっては思わぬメッセージだったが、大事なことに思えた。

でも、なぜ10ドル札？　なぜ1ドルでも5ドルでも20ドル札でもないのだろう？

すると、あることを思い出した。私は自分の仕事を信じる気持ちを0～10点で評価していた。たとえば何かを強く信じていれば、その信念が10のうち10点というふうに点数で表すことにしていたので、10ドル札の表すこととは、宇宙を信じて本を出版する計画を進めていけば文字通り10点満点中10点の結果を出せるということだろうと思うことにした。

1週間後、概要ができあがり、それから2週間後に出版社の社長と話すと、私の原稿を気に入ってくれ、本の題名は、「Thoughts to Things」より「Mind to Matter」のほうがいいと彼がいい、最初のタイトル候補だった「Thoughts to Things」は、そのままオンラインコースのタイトルとなった。

私が詳細な企画書を書き上げ、それを出版社に郵送した当日、同じ出版社の著者マイク・ドゥーリーから会員向けのメッセージが送られてきたが、その題名は「Thoughts become things and dreams come true.」（思考は現実化し、夢はかなう）というものだった。これもシンクロニシティだ。

友人のデイビッドが、最初の3章分を読んだ後に貴重な感想を寄せてくれたが、ある朝、瞑想をした後で彼への感謝の念がわきあがってきたので、その日の午前中に電話をしようと決めた。私はどちらかというと電話よりメールですますことが多く、特に彼は1年のほとんどをあちこち移動しており、電話に出ることもあまりなかった。それでもボイスメールを送っておけば心からの感謝が彼に伝えられると思って、とりあえず電話をかけてみた。すると、驚くことにデイビッドが電話に出た。彼はちょうど前日に旅から戻り、携帯電話のスイッチを数分前に入れたばかりだと言って、普段は誰からの電話かわからないと電話に出ないのに直観的に出たのだという。またシンクロニシティが起こった。

この章のシューマン共振がなかなか理解できずに苦労していた時に、うっかり私は同じ週末に2つの講演予定を入れてしまった。1つはカリブ海で、もう1つは大陸の反対側のカリフォルニアでの講演だったので、1つを土曜日に終えて、それから日曜の朝早く飛行機でカリフォルニアに駆けつけて講演をしなくてはならなくなった。そうやって駆けつけた講演の日曜の午後、科学審査団の一員として座っていた私の隣席にいたのは、ハートマス研究所のローリン・マッカーティだった。彼はちょうど論文を発表したばかりで、その内容はもう皆さんは想像がつくだろうが、シューマン共振のことはもちろん、フィールドライン共鳴などについてで、私が聞いたこともなかったことまで話してくれたことがこの章の重要な部分となっている。シンクロニシティは、たくさん起こっている！

妻と私は会議に行く途中、友人のボブとリン・ホスを訪ねた。ボブは、夢の神経科学の専門家で、最近基調演説をすませていたが、その中でカール・ユングや集団意識、二重スリット実験についてまとめてから臨んだということもあって、彼のパワーポイントには私がどうしても埋められずにいた重要な知識を補う情報が含まれていた。またシンクロニシティが起こったのだ。

同じ日、ジャック・キャンフィールドとジョン・グレイ、エリック・レスコヴィッツがメールで私の本の推薦を引き受けてくれるという連絡をくれた。

そして、出版社が公式に本書の契約を結んだ日付を目にして、私は戦慄が走った。その日は私にとってとても意味ある日だった。1982年6月12日、私はニューヨークのセントラルパークに集ったアメリカと旧ソ連の間の核問題に抗議する何十万人という人たちに加わっていた。ジョージ・シュルツ国務長官はテレビで、アメリカの政策が変わることはないと断言していたが、それから数か月後、当時のアメリカ大統領ドナルド・レーガンが驚くべき路線変更をし、START（戦略兵器削減条約）の提案により核軍縮が語られた。毎年6月12日の記念日には、人々が集まって地球の破壊への道を進まないとともに決意した日のことを思い出す。

この本の原稿の締め切り日、近所の店に立ち寄った私は、レジの近くにあった雑誌が目に留まったが、最新号の「タイム」誌には「感情の科学」という題名がついていた。パラパラとページをめくると、シンクロニシティはどれだけ予測可能であるかという記事やシンクロニシティはただの偶然ではないという内容の見出しが目に入った。その雑誌が、シンクロニシティについて述べた章で必要だった４つの研究にたどり着くきっかけとなった。

毎日、私は宇宙と調和することから一日を始める。もしも自分の意識の中に恐れや欠如感があると、それらが私の注意をすべて吸い取ってしまうとわかっているので、意識的に心を自分にとって最高の可能性のあるフィールドに同調させることにしている。私たちは愛や平和、そして喜びのフィールドに同調することができる。

まるで自分が聴くラジオ局を選ぶように、自分の脳や体という道具をも地球のフィールドに共鳴する不思議や美しさの詰まったメロディーを奏でるよう選べる。自分がそれらの波動と一致すれば、自分の世界や私たちをつなぐシンクロニシティや運命が、最も可能性のあるものとなるよう共鳴し始める。

意識を向けて脳を作る

精神状態が高まった人の脳の状態を調べると、通常の脳とはとても異なる過程で情報が処理されていることがわかる。脳がまったく異なる機能を果たすようになると、デルタ波、ベータ波、アルファ波、シータ波、そしてガンマ波の発生する割合が劇的に変化する。これら神経興奮パターンが定期的に変化すると神経は新たなシナプス結合を始める。

脳内のさまざまな領域の大きさも変化する。脳では信号伝達がより効率的になる。脳が宇宙のフィールドから特定の信号を拾い上げ、その信号に同調し、シンクロニシティを促すより高度な神経路ができあがる。チューリッヒ大学での研究では、50人の参加者を募り、実験開始時に全員にある額のお金を与える約束がされた。その参加者の半数には自分だけのために、残りの半数には他人のためにお金を使うように告げられた。両グループの人々には、寛大な行動について自分がやれるかどうかいくつかの決定を下すようにと言われ、その意思決定の前後と途中の脳活動の様子がMRIで測定された。そして、最も寛大な行動をとった参加者は、幸せと関係がある脳の領域に最も大きな変化が見られた。ただ誰かのためにお金を使うようにという指示を受けただけで、まだ具体的な行動に移る以前に被験者の神経路に変化が引き起こされることに研究者は驚いた[43]。

どんな瞬間も、私たちは自分の意識をどこに向けるかという選択を迫られている。さて、そこでメディアが流す耐えがたいニュースに意識を向けるのだろうか？　それとも、果てしない「今」の瞬間に意識を向けるのだろうか？　人間の引き起こすささいな出来事に巻き込まれてしまうのか？それとも自分の思考を宇宙の知恵と同調させるのか？　私たちはそれぞれ選択をしながら、自分で脳を作り上げている。何か月も、何年もそれらの選択を常に繰り返す中で、文字通りあなたは高次元の意識に同調して脳を作り上げることができるのだ。

シンクロニシティが起こる状態に同調しよう

シンクロニシティはただ自然に起こるものだろうか？　それともそれを促すことができるのだろうか？

私にとってシンクロニシティというのは、時折起こる大きな出来事というより、訓練を積めば手に入る状態だ。練習を重ねていけば、シンクロニシティや、宇宙が繰り広げる調和の中で生きることが心のデフォルト設定になっていく。

シンクロニシティが起こったら、日記に大きな「S」という文字を書き込むようにしてから、私にとってその現象はますます起こっているように思う。同調した状態を観察すると、自分がそれに同調してくる。

新しいことを繰り返すと、その間に流れ込む情報が神経路を創り出す。また、観察者効果を意識すれば、自分が望む方向へと波動を導ける。現実になる過程に向けて、いつも意識的に働きかけるということだ。

たとえば、フランスによく旅行に行くからフランス語がいくらかでも話せるようになりたいと思ったとしよう。可能性の波動をいくら頭で落とし込んでみても、すぐにフランス語が話せるようになるわけではない。まずはオンラインコースに申し込み、発音を練習して語彙を学ぶというプロセスは必要で、こうした通常のプロセスに私自身の気持ちを後押しすることが起こり始める。

友人が、学ぶのにいい本があるよと話してくれ、その本を早速開いてみると家にあるさまざまな物に貼ってフランス語が学べるようになっているシールが付いていて、物を見るたびフランス語の単語が毎日のように目に入ってきて比較的すぐに単語を覚えられる。すると、私がすでに習得したスペイン語と、まだ覚えたてのフランス語の共通点に気がつき始める。お店に出かけると、フランス人に出会って、ちょっとした会話をする機会ができる。また別の友人が、フランス語の字幕が入った映画を観る時には英語とフランス語の両方に切り替えられる機能があることを教えてくれる。……などフランス語を学ぼうと決めたら、全宇宙がその目標を後押しするようなことを引き起こしてくれる。

思考の積み重ねと神経細胞の生成

ある思考を持ち続けることで、首尾一貫した意識を培うことができる。たとえば、夕食の準備をしている時、作ろうと思っている料理に使う白コショウが切れているのに気づく。何かが必要な時、あなたはただ台所に立っているだけではなく、調味料が置いてある店の陳列棚まで出向くことになる。きっとその途中には、いろいろなことがあるだろう。その過程において物事を創り出せるまでずっと思考を保ち続けることが必要なのだ。

ニューヨーク大学の研究では、デートをしたいと思っている恋愛志向の学生は、実際にデートに出かけることがわかり、幸運があると信じているゴルファーはパットの練習中にも実際にうまくいくことがあるという。ある意味運が求められる試合では、楽観的に考える人のほうが悲観的に考える人より勝利を収める確率が高い。

暗雲立ち込めるネガティブな出来事が起こった最中でもポジティブな思考に意識を向ける人は、中脳にある恐怖を感じる扁桃体の活動が抑えられる。心理学者リチャード・ワイスマンによると、そんな人たちは「最高の結果を期待し、その期待している予言を現実にする[44]」という。

ローチェスター大学のロバート・グラムリング博士が率いる研究チームが15年以上かけて35〜75歳までの2816人を心臓病のリスクを発見する目的で調査した。その結果、本人の信念が健康に多大な影響を与えていることがわかった。自分は心臓病になるリスクが少ないと信じている人が脳卒中や心臓発作に見舞われたのは、そう信じていない人のわずか3分の1に留まった。コレステロール値、喫煙、高血圧、家族の病歴などのリスク要因の変数を考慮に入れて数字を調整した後でも、その影響は明確だった[45]。いつか心臓病にかかるのではないかという不安は、かえって心臓の病につながることがある。これこそ、思考が物質となる過程である。自分で自分の心臓に対して病気にならないと常に信じる訓練を重ねれば、新しい神経が1つずつできあがっていく。

確かに、心臓病にかかるかもしれないというネガティブな思考をしたからといって、すぐに病に倒れて死に至るわけではないし、ポジティブな思考をちょっと持ったからといって永遠に病気にならないというわけでもない。それは、白コショウが欲しいと思った瞬間にお店に移動できないのと同じだ。欲しいと思ってから実際に手に入れるまでに、信じ続けながら生物学的に神経ができあがるまで、いくつかの段階があるのだ。

ある思考を常に抱き続けていれば、生物学的にも周囲の環境もその思考を実現するように物事を創り出していけるのだ。

思考フィールドと集合的無意識

ワークショップで私が気づいたのは、一般的に人生の側面の一部は誰でもうまくいっているということだ。私たちは次のような人生の5分野に取り組んでいる。

- 仕事（職業や引退も含む）
- 愛（親密な関係も含む）
- 金銭
- 健康（体重、食事、運動を含む）
- 精神的心理的状態

たいていの人は、この5分野のうち1分野ぐらいはまったく問題を抱えていない。普通は人生の5分野のうち1つぐらいは難なくマスターできても、他の分野では苦労することが少なくない。私の友人の一人は、1980年代後半に会社を大きくすることに成功して20代で大金持ちとなり、人生を楽しんでいた。ところがある会合で彼と一緒にワインを2杯ほど飲んだところで、彼は愛情に関して絶望的な状況にいると打ち明けた。「3番目の妻と離婚したばかりなんだ」と悲しそうに言う彼は、「離婚の慰謝料を払うのにジェット機を売らないといけないんだよ。なぜこうなったのか自分でもわかってるんだ。僕はろくでなしで、人間関係を全部だめにしてきたんだ」と続けた。

人生のある分野でうまくいっていても、他の分野で成功を収めるという保証はない。

ロジャー・カラハンという臨床心理学者は、治療に針を用いた先駆者で、いわゆる「思考フィールド療法」を開発したが、その当時「思考フィールド」という言葉自体が衝撃的だった。カラハンは人にはそれぞれ意識のパターンがあるという主張をし、それを「思考フィールド」と呼んだ。私たちが自分の「思考フィールド」に入ると、自分のフィールドというレンズを通じて物質界を見つめる。思考フィールドには、ユングが集団的無意識と呼んだ大規模なものも含まれる。

というのも、ユングが主張するように私たちの行動のほとんどは無意識になされており、自分で意識できている部分は、海に浮かぶ氷山のように全体のほんの一部でしかない。ところが、私たちは意識している部分がすべてだと思い込んでいる。実際には、私たちの振る舞いは、意識していなくとも水面下に沈んでいる集団的無意識によって作られるという。

集団的無意識のエネルギーは、さまざまな種類のフィールドを作り上げるが、わかりやすい例でいえばキルトを趣味にする人たちのフィールドのように、他の人々にとっては無害なものもある。昔いくつかの主催者が共同で開いたワークショップに出席したことがあるが、その中にキルトの会合があった。キルトがどんなものかさえ知らなかった私は、キルト愛好家とともに食事をしている間に、彼らのフィールドにしっかり浸かってしまい、その熱意に共鳴していると、キルトは世界で最も魅力のあることのように思えてきた。キルトという思考フィールドに特化して精通している人たちだけしかいないところに入っただけでそうなった。

投資家が2人集まれば、そこに共鳴が起こり、互いに投資情報を共有し始め、瞑想家が2人集まれば、互いに交わる中で瞑想の思考フィールドが強化される。同じようなパターンを持つ人たちは共鳴し合う。互いの思考フィールドが共鳴し合うのが習慣的になっていて、近くにいるとただそのフィールドに飲み込まれてしまう。

恐怖心があると、その恐怖が別の恐怖を生み、生まれた恐怖心の思考フィールドは、さらなる恐怖をもたらす刺激を探し求め、無限にある可能性の波から恐怖を引き起こす可能性を現実化する。ある問題が「自分ではない」誰かや会社、政府、あるいはいろいろな出来事など周囲のせいで起こっていると信じているかもしれないが、あなたの中にある思考フィールドが、あなたの周囲の現実としての物質界を創り上げている。

思考は、ポジティブなこともネガティブなことも現実化させる。聖書の中で古代の哲学者ヨブが、「私が恐れていたことが、私に起こる」と嘆いている。

フィールドを実現する訓練

アンドリュー・ビデックとともにワークショップで瞑想を行うと、瞑想がとても簡単に感じられるのは、彼の持つスピリチュアルな経験とそれに同調し続ける思考フィールドがどんどん広がって、あなたの中に同じような周波数が活性化されるからだ。アンドリューのフィールドの放つ周波数は、高次元のフィールドに共鳴したものだ。このように瞑想を極めた人によって作られたフィールドに共鳴をすると、そのエネルギーに入り込む練習となる。

私には、フィル・タウンのお金に関するワークショップに参加した時に同様のことが起こった経験がある。お金の専門家フィルが生み出すフィールドにいると、彼の説明がはっきり明確にわかる。あなたの意識をフィルのフィールドに一致させれば、株価や財務諸表への理解度が急に上がるはずであり、同じ部屋にいた200人はすべて同じ彼のフィールドにあり、心も頭もすべて共鳴している。

ところが、瞑想であれ、お金であれ、いったんその思考フィールドを去ると、それまで明確だった概念が薄れ始め、練習を重ねずにいると学んだはずの事柄や習得したはずのことを忘れ始めてしまう。そこで本を読んだり、ビデオを観たり、あるいはもっと学ぶ機会を増やせば、その思考フィールドに再び共鳴し、その状態をやがて維持できるようになっていく。その間にあなたの中では神経路ができあがり、その思考フィールド特有の脳の状態を身につける。自分が身につけたい思考フィールドに触れることで、自分のフィールドが強化される。それが、精通したマスターへの道筋なのだ。

このように思考や意識を使えるようになると、思ったことは実現するようになる。
あるフィールドを習得できるように意識して選択していけば、そのフィールドに存在するすべての要素との共鳴を活性化することができる。それらの要素の中には、自分のすぐそばにあるものもあれば、時空の離れた高次元のものもあるだろう。自分の意識をしっかり持つことが、シンクロニシティを引き起こす扉なのだ。

意識をコントロールできるまでになった指導者たちが集い、ともに時間を過ごすことで、私の思考やエネルギーはますます彼らの持つフィールドに共鳴し始める。だから、意識の高い人々に囲まれていることは精神的にも肉体的にも自分の波動を上げるのに効果がある。

次の話は、そうした指導者の一人が現実を創り出した素晴らしい経験について語ったものだ。何百万ドルものお金を手にすることを夢に見ない人がいるだろうか？

100万ドルを現実に――レイモンド・アーロン

私は、意識変容を目指す人々が宿泊する場所で指導にあたっており、それぞれのイベントを始める前やワークショップの間、参加者に最も実現したいものを決めるよう言います。

一晩中眠りたい、仕事としてどちらの道を選べばいいか知りたい、イベントの間は夫婦喧嘩をしないでいたいなど一般的な目標を掲げる人が多い中、ある一人の男性が100万ドルを手にしたいという目標を立てていました。

彼は、最先端の技術を目指して医療研究の会社を立ち上げていましたが、その技術を完成させる夢のためにお金が欲しかったのです。私は声にこそ出しませんでしたが、心の中で確かに大きな目標だと思って次の参加者の話を聞くと、彼もまた100万ドルが欲しいと言いました。

私は、内心うなり声をあげました。ここに宿泊してのワークショップの間に、2人ともが100万ドルを手にするなんて、とても不可能に思えたのです。

それから3日後、その2人が興奮してグループの人に知らせに来ました。

実は、2人目にお金が欲しいと目標を立てた男性の父親は投資家で、彼は幹細胞の研究を重ねる会社のことを父親に話し、最初に100万ドルが欲しいと話した男性と引き合わせることにしました。すると、父親はその会社の将来性に大きく期待し、最初の男性に対して1億ドルでも出資できると語ったそうです。100万ドルではなく1億ドルです。

「そして、私は1%の手数料を手にしました」と2番目の男性が言いました。

「それがちょうど100万ドルです」


自分の意識を最も可能性のある状態に同調させておくことには、思っている以上に深い意味があり、重要な結果を引き起こし、さまざまな出来事が不思議なほど次々と起こっていく。

実際のところ、シンクロニシティとは自分から最も離れたところにある高次元の時空と、最も身近な周囲の環境や思考が互いに調整され共鳴していることを示している。共鳴したフィールドから生まれるすべてのシンクロニシティと、自分が自分で下した選択とで、無限の可能性を持つ共鳴パターンを組み立てていく。

私たちの思考はとてつもない創造力を持っており、それに気づくと自分の思考を常に何に向ければいいかを意識できるようになるので、最も高められた可能性を持った意識がきちんと機能するよう調整していくことが何より大事だ。つまり、私たちの持つ創造力を意識して使うことだ。

思考の持つ創造力を理解すれば、自分の思考フィールドを意図的に愛、優しさ、創造力にうまく調整しながら、もっと思考の力を発揮できるようになる。

私が朝起きてまずやることは、調整だ。注意があちこち散漫になっている状態では、これから始まる一日で取り組まなくてはならない問題点やネガティブな側面にどうしても意識が奪われ、夢の中で起きた悪いことの断片や、テレビに流れる心乱されるような情報が頭に浮かんだり消えたりする。もし、何もしないまま私が一日をスタートしたとしたら、ネガティブな思考フィールドで現実を創ってしまうことになり、私は自分が創り出す物質界を機能不全なフィールドのエネルギーで創り出すことになる。だから私は、まず自分の思考をできるだけすべてが可能だという状態にするためにタッピングを行い、心配事やストレスを取り除き、静かに瞑想をする。

私は、自分が無限の可能性のあるフィールドに同調した時に自分の体がどう感じられるかを知っており、脳ではアルファ波、シータ波とデルタ波が生まれて、その周波数を維持する。その周波数に共鳴して、できるだけその中に浸りきると、私の思考は目覚めた時の混乱の渦から抜け出し、幸せを感じて春の豊かさのような気持ちが内側から湧いてくる。私はその感覚に浸り、その感覚を自分に刻み付けるよう再びタッピングを行う。

近くに草むらがあるなら、外に出て裸足で地面に立って、地球の持つ波動を足の裏で感じ、自分の意識をどこに向けるかを感じようと耳を傾ける。もし自宅にいるのなら、自分の将来のビジョンを描いたボードを見て、自分の目標を宣言し、これから先の未来の日記をポジティブな気持ちで書き込んでみる。意識には自分の人生を祝福する感謝の気持ちがあふれ、これから起こる素敵なシンクロニシティに期待で胸を膨らませる。そして、集中した気持ちのいい状態で、その日一日を始める。

以上のことを、まずは1か月間毎日行えば、あなたの日常は変化し始める。常に思考を意図的に使うことで、現実が変化し始めるのだ。そして自分でシンクロニシティを呼び込めるようにもなってくる。

解決しなくてはいけない問題が、金銭、健康、愛、仕事、精神などどんなものであろうと、思考を意図的に使って現実を創造していくことで、もっと素早く新たなレベルでの行動がとれるようになっていくだろう。望むエネルギーフィールドに同調することに精通すれば、すぐにそれは思うように現実となる。

時には、何気ない素晴らしいはずの人生に、突然豪雨のような災難が降ってくる日があるかもしれない。その時は途方に暮れ、涙ぐみ、受け入れがたく呆然と立ち止まってしまうかもしれないが、まず自分がやっていることをやめて感覚が広がるのを待つ。自分への祝福がすべて受け入れられるほどに意識を広げてみる。

自分の感覚や人生の美しさをすべて受けとめ、どんな問題も人生を完璧なものにするために感覚を広げるチャンスだとしっかり味わい、そんな瞬間をも楽しむ。意識して宇宙と調和して生きる人生こそ、素晴らしい人生である。

第7章　思考は現実を超える

宇宙の意識の流れと自分の意識が一致すると、シンクロニシティや宇宙の優雅さ、美しさ、知恵ともつながることができる。

あなたの一人の人間としての意識を、一番根底にあるあらゆるものの明確な意図を生み出す偉大な高次元の意識に一致させてひとつになると、もはや自分が孤立し、切り離され、一人ぼっちだという幻想を持たなくなる。代わりに、あなたには高次元の意識が流れ込み、あなたもその流れの一部となる。あなたは、もはや3次元の意識の存在ではなく、どこにでも存在できる意識を持てるようになる。そして、行動する時にももっと広い観点からとらえた状態で踏み出せるようになる。

創造の地平線ははるかあなたの前に広がっており、あらゆる可能性があなたの意識に流れ込んできて、自分が宇宙の知恵の一部であること、宇宙の知恵と愛に気づくだろう。その意識で知恵を得て、懸命に愛を抱いて自分の人生を送るようになる。だからもう、愛を求めて祈ったり、愛されたいと切望したりする必要もない。

あなたの本質はもともと平穏なのだから、もはや内なる平穏を探し求める必要もなくなる。今ここに存在したまま、宇宙にあるすべての知恵と、平穏と愛を手にすることができる。この状態こそが長い間、神秘主義者たちが経験したと語り継がれてきた超越的状態だ。

スポーツ選手が最高潮の実力を発揮する時、芸術家が素晴らしい感動的な作品を仕上げる時は、この精神状態に入っている。夢中で我を忘れて遊ぶ子どもたちも同じこと。つまり、自分の人生を常に思ったように生きている状態である。

これまで、こんな状態を手にするのは特殊なことであり、つらい日々の中に時々起こる異例なこととされてきた。けれども実際は、毎日をスタートさせる時の意識の持ち方次第であり、毎日シンクロニシティが繰り広げられる可能性が流れ込んでくるようにすればいい。

ワークショップで人々と出会って彼らの人生で経験した苦しみを耳にすると、私の心は痛み、どれだけつらいことを乗り越えてきたのだろうと衝撃が走る。彼らは苦しむために生まれてきたのではない。どう笑い、愛し、遊べばよいか、子どもの頃は知っていたはずである。

ところが、ネガティブな経験を重ねて大人になるにつれて、いつの間にか子どもの頃の自分を忘れて、心配で消耗したりストレスを抱えたりする大人になってしまう。

どうやったら子どもの頃のような気持ちを取り戻せるのだろうか？　これがひょっとしたら生き

ていく中で一番大事な疑問なのかもしれない。

その訓練は、きわめてシンプルである。毎朝目が覚めたら、自分の意識をできるだけ高次元の周波数に一致させる。静かに座り、あなたがやる気になるような言葉を読み、瞑想状態に入る。一日を始める前に、自分で何かを考えたり創造したりし始める前に、自分の状態を整え、できるだけ高い次元の周波数に自分を一致させよう。あなたが意識できる、最も高次元のエネルギーフィールドと調和する。

そうやって一日をスタートさせ、それを持続し続ければ、あなたの肉体にも変化が起こってくるのがわかるだろう。自分自身が変化してきていることが肉体的にも感じられるようになる。

毎朝、この空間に浸り、宇宙と一体になって創造を試みれば、思考も異なったものとなってくるだろうし、あなたの行動も、願いも、期待もすべてが変化してくる。こうだろうと思う仮定も以前とは異なり、人生もまったく異なる視点から見えてきて、創造もどんどん広がる。

そして可能性の詰まったフィールドは無限だと実感できるだろう。人間としての自分の姿も、これまでとはまったく異なって感じられることだろう。

宇宙のフィールドと調和して生きる

宇宙のフィールドと調和して生きることとは、3次元世界でさまざまな制限を受けて生きるのとはまったく異なる感覚だ。自分が宇宙の一部であると思いながら一日一日を過ごす間に、冷静さ、力強さ、平穏、喜び、豊かさを日々の中に感じ取れるようになれば、創造をするのにも才能を発揮し、宇宙の意識を持ったまま現実的なフィールドより高い視点から見た環境を周りに創り上げていくようになる。

当然のように、もはやいろいろな問題や困難にたった一人で立ち向かうことはなくなる。シンクロニシティの働きで、まるでオーケストラの一員のように自分が宇宙と一体化し、宇宙との一体化を果たした人たちとともにいる。

あなたが宇宙との一致を果たす時、心が同じように宇宙と共鳴を果たした人々とつながる。逆にあなたが共鳴できない人たちは、宇宙とも共鳴できていないことになる。共鳴できないでいる人たちをも愛し、祝福し、あなたが共鳴することで彼らを宇宙の波動に再び招き入れよう。たとえ愛する人のためにと、自分のほうが調和から外れて助けたい相手のいる場所に赴いても、あなたにできることは何もない。

もし、彼らが加わってきたら、きっと難なくあなたと調和できるだろうし、たとえ彼らが加わらない選択をしたとしても、その道を祝福しよう。誰も他人を説得したり、引き込んだりすることはできないのだ。彼らは自分のタイミングで加わることだろう。だから、放っておくことである。

宇宙があなたに望んでいることは、ただあなたが調和した状態に存在し続けてくれること。それには、あなたが自分を宇宙のフィールドに合わせて一日をスタートさせることだ。

3次元世界の幻想を捨てる

あなたが孤独だという幻想を捨てさえすれば、自分の意識は宇宙の意識とひとつであるということを現実として受けとめることができ、そして宇宙の意識の流れに乗れるはずだと宇宙は知っている。そうしてあなたは宇宙のダンスに加わっているすべての存在と一緒に踊る。

これまでに3次元世界で経験してきたすべての雑音は消え去り、人生は容易で、幸福に満ち、自然に創造していけると気づくだろう。あなたは宇宙との「ワンネス（ひとつになること）」を現実として生きていける。

毎朝調和を取っていれば日々の選択が自然と容易にできるようになり、日々の暮らしはまったく新たな、そして可能性に満ちた軌道を通り始めるだろう。その軌道には、喜び、活気、意欲が満ちている。今この瞬間、岐路に立っているあなたがどちらを進むかを選ぶ時が来ている。

宇宙のフィールドと一致して生きるか、そうしないかという選択は、人生の中で最も大事なものである。今、その選択をして次の瞬間宇宙のフィールドと一致し、そして次の瞬間もその次も、次の日も次の週も次の月も、何度もその選択を繰り返すことで、それは選択ではなく事実になってくる。人生はただ流れるものではなく、選択していくものである。そして、あなたが意識の中で宇宙のフィールドと常に一致して生きることができれば、新しい神経路がつながり、それを目印に物質ができあがる。

　また高次元の意識は、あなたの脳や肉体の神経路に新たな状態を作り出して、やがて細胞となり、その細胞がＤＮＡを生み出し、首尾一貫した思考、言葉、行動をも生み出す。このプロセスがやがては地球全体に影響を与えるほどの可能性を開き、物質界であなたとともに創造をなす。

　宇宙の意識とつながって創り出す物質界の現実は、宇宙から切り離されていた頃のあなたが創り出したものとは別物であり、宇宙の意識と一致したあなたの思考は現実化していく。

　あなたの体内の物質も変化するし、物質的現実も変化する。

　さあ、この無限の可能性を秘めたフィールドで、ともに何を創造しようか？

　やってみよう！

おわりに　意識はこの先、私たちをどこへ導くのか？

私は、素晴らしい創造者たちの中で生きていることを光栄に思っている。
あなたも私も自分の周りの世界をこの瞬間の自分の思考で創り上げている。
どんな瞬間も、自分で現実を創り上げ続けている。あなたは、これから先の瞬間、一日、一か月、一年、あるいは十年をどう創り上げていくのだろう？　私はきっと、平穏で慈愛に満ちた、美しい世界になると信じている。

私たちにはどんな世界を創り上げるか、創造を促すような思考も、感覚も、経験も、そして信念をも選ぶことができる力があるとわかった今、初めて自分たちの意識に秘められた創造の力を発見して、小さな一歩を踏み出した。人間という種としての私たちは今、自分たちの持つ力をほんの少しだけ理解し始めたところであり、本当にどれだけの力が私たちにあるのか、まだ誰も知らない。

私たちの持つ影響力は微小レベルから巨大なレベルにまで及び、微小な世界では私たちの思考によって分子を取り入れたり消し去ったりしながら、この瞬間にも私たちの細胞の構造や生理学的作用を形作っていることがわかってきたし、広大な世界では、これまでの歴史を塗り替えてしまうような創造のためには自分の思考を大勢の人の思考とひとつにする必要がある。

意識的な創造ができるのだから、きっと人は今までとは異なる選択をするようになるだろう。ネガティブな思いを選択せず、ポジティブな気持ちを選ぶことで、あなたの現実だけではなく人間全体の現実をも変えられる。あなたも新たな現実のフィールドを強化しながら、ポジティブなエネルギーを与えている何百万人の一人となり、歴史に逆らえない変革の波をもたらしている。

私たちは自分の持つ力の意味を知り、今までとは異なる選択ができる。

心地いいと考えれば、そういう気持ちで体内の分子ができあがる。

ポジティブな意見がたび重なると、そのことがさらにポジティブなことを創り出そうとする気持ちを強める。新しく発見した力に自信がつけば、もっと大胆な思考も浮かぶようになるだろう。

戦争、飢餓、貧困のない世界はどんな場所だろう？　と、一人ひとりがビジョンを思い描くことが客観的な現実を物質的に創り出す種となる。これこそ、私がみんなと一緒に成し遂げようとしていることである。人類の明るい未来を目指すと決めた何百万人の人に加わって、流れに逆らえないほどの愛のフィールドを作ろう。愛のフィールドを生み出すことができれば、新たな現実が物質的にも生まれるのだ。

物質という現実は、ある周波数のエネルギーから生じる。

他人に敬意を払い、他人の利益になることを優先することが、新たな人間関係の基準となり、その基準の中で育った子どもたちは、それを当たり前のこととして受け入れ、遊びながら、人と関わりながら、活気あふれた創造主となり、彼らの人生はきっと愛にあふれたものになる。愛の世界で育った子どもたちは、仕事でも家庭でも愛を創り出すだろう。

世界が変わると、子どもたちが経験するものも変化する。子や孫が何を創り出していくのか私には想像もつかないが、愛にあふれた人間が創り出す世界はきっと幸せなものだと確信している。そして、科学、技術、教育、芸術、音楽、哲学、宗教、建築、環境、文明、社会ではこれまでの世代では考えもつかなかった創造がなされるだろうと信じている。そんな世界こそ、私が毎朝目を覚ました瞬間から思考を巡らして創り上げようとしている世界である。

そして、あなたはあなたの思考で瞬間、瞬間の創造を成し遂げていってほしい。

私の探求の旅にお付き合いくださったことに感謝する。心が現実を創り出し、それぞれが自分の思考の持つ潜在的な力に気づき、その素晴らしい力を用いて人に優しい現実の世界を創っていこう。愛と喜びにあふれた世界をともに創り上げることを楽しみにしている。

参考文献

第1章

(1) Stoll, G., & Müller, H. W. (1999). Nerve injury, axonal degeneration and neural regeneration: Basic insights. *Brain Pathology, 9*(2), 313-325.

(2) Kim, S., & Coulombe, P. A. (2010). Emerging role for the cytoskeleton as an organizer and regulator of translation. *Nature Reviews Molecular Cell Biology, 11*(1), 75-81.

(3) Barinaga, M. (1998). New leads to brain neuron regeneration. *Science, 282*(5391), 1018-1019. doi: 10. 1126/science.282.5391.1018b.

(4) Kandel, E. R. (1998). A new intellectual framework for psychiatry. *American Journal of Psychiatry, 155*(4),457-469.

(5) Phillips, G. (2016). Meditation. *Catalyst*. Retrieved May 16, 2017, from www.abc. net.au/catalyst/stories/ 4477405. htm.

(6) Tang, Y. Y., Hölzel, B. K., & Posner, M. I. (2015). The neuroscience of mindfulness meditation. *Nature Reviews Neuroscience, 16*(4), 213-225.

(7) Goleman, D., & Davidson, R. J. (2017). *Altered traits: Science reveals how meditation changes your mind, brain, and body.* New York: Penguin.

(8) Schlam, T. R., Wilson, N. L., Shoda, Y., Mischel, W., & Ayduk, O. (2013). Preschoolers' delay of gratification predicts their body mass 30 years later. *The Journal of Pediatrics, 162*(1),90-93.

(9) Schweizer, S., Grahn, J., Hampshire, A., Mobbs, D., & Dalgleish, T. (2013). Training the emotional brain: Improving affective control through emotional working memory training. *Journal of Neuroscience, 33*(12), 5301-5311.

(10) Oschman, J. L. (2015). *Energy medicine: The scientific basis*. London: Elsevier Health Sciences.

(11) Frey, A. H. (1993). Electromagnetic field interactions with biological systems. *FASEB Journal, 7*(2), 272-281.

(12) Hameroff, S., & Penrose, R. (1996). Orchestrated reduction of quantum coherence in brain microtubules: A model for consciousness. *Mathematics and Computers in Simulation, 40*(3-4), 453-480.

(13) Smith, L. (2004). Journey of a Pomo Indian medicine man. In D. Church (Ed.), *The heart of healing* (pp. 31-41). Santa Rosa, CA: Elite Books.

（14）Radin, D., Schlitz, M., & Baur, C. (2015). Distant healing intention therapies: An overview of the scientific evidence. *Global Advances in Health and Medicine 4*(Suppl.):67-71. doi:10.7453/ gahmj.2015.012.suppl. Retrieved from http://deanradin.com/evidence/RadinDistantHealing2015. pdf.

（15）Chiesa, A., Calati, R., & Serretti, A. (2011). Does mindfulness training improve cognitive abilities? A systematic review of neuropsychological findings. *Clinical Psychology Review, 31*(3), 449-464.

（16）Bengston, W. F. (2010). *The energy cure: Unraveling the mystery of hands-on healing*. Boulder, CO: Sounds True.

（17）Bengston, W. F. & Krinsley, D. (2000). The effect of the "laying on of hands" on transplanted breast cancer in mice. *Journal of Scientific Exploration, 14*(3), 353-364.

（18）Lerner, L. J., Bianchi, A., & Dzelzkalns, M. (1966). Effect of hydroxyurea on growth of a transplantable mouse mammary adenocarcinoma. *Cancer Research, 26*(11), 2297-2300.

（19）Bengston, W. F. (2007). A method used to train skeptical volunteers to heal in an experimental setting. *The Journal of Alternative and Complementary Medicine, 13*(3), 329-332.

（20）Schmidt, S., Schneider, R., Utts, J., & Walach, H. (2004). Distant intentionality and the feeling of being stared at: Two meta-analyses. *British Journal of Psychology, 95*(2), 235-247.

（21）McTaggart, L. (2007). *The intention experiment: Using your thoughts to change your life and the world*. New York: Free Press.

（22）Eden, D., & Feinstein, D. (2008). *Energy medicine: Balancing your body's energies for optimal health, joy, and vitality*. New York: Penguin.

（23）Shealy, N., & Church, D. (2008). *Soul medicine: Awakening your inner blueprint for abundant health and energy*. Santa Rosa, CA: Energy Psychology Press.

（24）Siegel, D. (2017). *Mind: A journey into the heart of being human*. New York: Norton.

（25）Baker, S.J. (1925). *Child hygiene*. New York: Harper.

（26）King, C. R. (1993). *Children's health in America: A history*. New York: Bantam.

（27）Hugo, V. (1877). *The history of a crime*. (T. H. Joyce & A. Locker, Trans.). New York: A. I. Burt.

（28）Malik, T. (2006, March 26). Fuel leak and fire led to falcon 1 rocket failure,

SpaceX says. *Space. com*. Retrieved from www.space.com/2200-fuel-leak-fire-led-falcon -1-rocket -failure-spacex.html.

第2章

(1) Vardalas.J. (2013, November 8). A history of the magnetic compass. Retrieved from http://theinstitute.ieee.org/tech-history/technology-history/a-history-of-the -magnetic-compass.

(2) Clarke, D., Whitney, H., Sutton, G., & Robert, D. (2013). Detection and learning of floral electric fields by bumblebees. *Science, 340*(6128), 66-69.

(3) Czech-Damal, N. U., Liebschner, A., Miersch, L., Klauer, G., Hanke, F. D., Marshall, C., Dehnhardt, G., & Hanke, W. (2017). Electroreception in the Guiana dolphin *(sotalia guianensis). Proceedings of the Royal Society, Biological Sciences, 279*(1729),663-668. doi:10.1098/rspb.2011.1127.

(4) Burr, H. S., & Mauro, A. (1949). Electrostatic fields of the sciatic nerve in the frog. *Yale Journal of Biology and Medicine, 21*(6), 455.

Church, D. (2013). *The EFT manual* (3rd ed.). Santa Rosa, CA: Energy Psychology Press.

(5) Burr, H. S. (1973). *The fields of life: Our links with the universe*. New York: Ballantine.

(6) Langman, L., & Burr, H. S. (1947). Electrometric studies in women with malignancy of cervix uteri. *Obstetrical and Gynecological Survey, 2*(5), 714.

(7) Grad, B. (1963). A telekinetic effect on plant growth. *International Journal of Parapsychology, 5*(2), 117-133.

(8) Scofield, A. M., & Hodges, R. D. (1991). Demonstration of a healing effect in the laboratory using a simple plant model. *Journal of the Society for Psychical Research, 57*(822), 321-343.

(9) Kronn, Y. (2006, April 6). *Subtle energy and well-being*. Presentation at California State University, Chico, CA.

(10) Schwartz, S. A., De Mattei, R. J., Brame, E. G., & Spottiswoode, S. J. P. (2015). Infrared spectra alteration in water proximate to the palms of therapeutic practitioners. *Explore: The Journal of Science and Herling, 11*(2), 143-155.

(11) Lu, Z. (1997). Laser raman observations on tap water, saline, glucose, and medemycine solutions under the influence of external qi. In L. Hui & D. Ming (Eds.), *Scientific qigong exploration* (pp. 325-337). Malvern, PA: Amber Leaf Press.

(12) Rao, M. L., Sedlmayr, S. R., Roy, R., & Kanzius, J. (2010). Polarized microwave and RF radiation effects on the structure and stability of liquid water. *Current Science, 98*(11), 1500-1504.
(13) Bengston, W. (2010). *The energy cure: Unraveling the mystery of hands-on healing*. Boulder, CO: Sounds True.
(14) Radin, D., Hayssen, G., Emoto, M., & Kizu, T. (2006). Double-blind test of the effects of distant intention on water crystal formation. *Explore: The Journal of Science and Healing, 2*(5), 408-411.

第3章

(1) Millett, D. (2001). Hans Berger: From psychic energy to the EEG. *Perspectives in Biology and Medicine, 44*(4), 522-542.
(2) Hughes,J. R. (1964). Responses from the visual cortex of unanesthetized monkeys. In C. C. Pfeiffer & J. R. Smythies (Eds.), *International review of neurobiology 7* (pp. 99-153). New York: Academic Press.
(3) Nunez, P. L., & Srinivasan, R. (2006). *Electric fields of the brain: The neurophysics of EEG*. New York: Oxford University Press.
(4) Davidson, R. J., & Lutz, A. (2008). Buddha's brain: Neuroplasticity and meditation, *IEEE Signal Processing Magazine, 25*(1), 176.
(5) Llinás, R. R. (2014). Intrinsic electrical properties of mammalian neurons and CNS function: A historical perspective. *Frontiers in Cellular Neuroscience, 8*, 320.
(6) Tononi, G., & Koch, C. (2015). Consciousness: Here, there and everywhere? *Philosophical Transactions of the Royal Society of London B: Biological Sciences, 370*(1668),20140167,1-17.
(7) LeDoux, J. (2002). *Synaptic self : How our brains become who we are*. New York: Penguin.
(8) Kershaw, C. J., & Wade,J. W. (2012). *Brain change therapy: Clinical interventions for self-transformation*. New York: W. W. Norton.
(9) Cade, M., & Coxhead, N. (1979). *The awakened mind: Biofeedback and the development of higher states of awareness*. New York: Dell.
(10) Gruzelier, J. (2009). A theory of alpha/theta neurofeedback, creative performance enhancement, long distance functional connectivity and psychological integration. *Cognitive Processing, 10*(Suppl. 1), S101-109.

(11) Fehmi, L. G., & Robbins,J. (2007). *The open-focus brain: Harnessing the power of attention to heal mind and body*. Boston: Trumpeter Books.
(12)Groesbeck, G., Bach, D., Stapleton, P., Banton, S., Blickheuser, K., & Church, D. (2016, October 12). *The interrelated physiological and psychological effects of EcoMeditation: A pilot study*. Presented at Omega Institute for Holistic Studies, Rhinebeck, NY.
(13) Wright, R. (2017). *Why Buddhism is true: The science and philosophy of meditation and enlightenment*. New York: Simon and Schuster.
(14) Pennington, J. (in press). The brainwaves of creativity, insight and healing: How to transform your mind and life. *Energy Psychology: Theory, Research, and Treatment*.
(15) Hoyland, J. S. (1932). *An Indian peasant mystic: Translations from Tukaram*. London: Allenson.
(16) Smith, H. (2009). *The world's religions* (50th anniv. ed.). San Francisco: HarperOne.
(17) Thatcher, R. W, (1998) EEG normative databases and EEG biofeedback. Journal of *Neurotherapy, 2*(4), 8-39.
(18) Dispenza,J. (2017). *Becoming supernatural*. Carlsbad, CA: Hay House.
(19) ADInstruments. (2010). *Electroencephalography*. Retrieved May 21, 2017, from web.as.uky.edu/Biology/./Electroencephalography%20Student%20Protocol.doc
(20) Greeley, A. M. (1975). *The sociology of the paranormal: A reconnaissance*. Beverly Hills, CA: Sage Publications.
(21) Castro, M., Burrows, R., & Wooffitt, R. (2014). The paranormal is (still) normal: The sociological implications of a survey of paranormal experiences in Great Britain. *Sociological Research Online, 19*(3), 16.
(22) Benor, D.J. (2004). *Consciousness, bioenergy, and healing: Self-healing and energy medicine for the 21st century* (Vol. 2). Bellmar, NJ: Wholistic Healing Publications.
(23) Bengston, W. (2010). *The energy cure: Unraveling the mystery of hands-on healing*. Boulder, CO: Sounds True.
(24) Hendricks, L., Bengston, W. F., & Gunkelman, J. (2010). The healing connection: EEG harmonics, entrainment, and Schumann's Resonances. *Journal of Scientific Exploration, 24*(4), 655.
(25) Restak, R. M. (2001). *The secret life of the brain*. New York: Joseph Henry Press.
(26) Schwartz, J. M., & Begley, S. (2009). *The mind and the brain*. New York: Springer

Science & Business Media.
(27) Schwartz, J. M., Stapp, H. P., & Beauregard, M. (2005). Quantum physics in neuroscience and psychology: A neurophysical model of mind-brain interaction, *Philosophical Transactions of the Royal Society of London B: Biological Sciences, 360*(1458), 1309-1327.
(28) Cohen, S. (2017). Science can help you reach enlightenment–but will it mess with your head? *New York Post*, February 26,2017, retrieved at https://nypost. com/2017/02/26/science-can-help-you-reach-instant-enlightenment-but-will-it-mess-with-your-head/.
(29) Kotler, S., & Wheal,J. (2017). *Stealing fire: How silicon valley, the navy SEALs, and maverick scientists are revolutionizing the way we live and work*. New York: Harper Collins.
(30) Goleman, D. (1987, June 9). Personality: Major traits found stable through life. *New York Times*. Retrieved from www.nytimes.com/1987/06/09/science/personality-major-traits-found-stable-through-life.html.
(31) Harris, M. A., Brett, C. E., Johnson, W., & Deary, I. J. (2016). Personality stability from age 14 to age 77 years. *Psychology and Aging, 31* (8), 862.
(32) Goldhill, O. (2017, February 19). You're a completely different person at 14 and 77, the longest-running personality study ever has found. *Quartz Media*. Retrieved from https:/ /qz.com/914002/youre-a-completely-different-person-at-14-and-77-the-longest-running-personality-study-ever-has-found.
(33) Liu, Y., Piazza, E. A., Simony, E., Shewokis, P. A., Onaral, B., Hasson, U., & Ayaz, H. (2017). Measuring speaker-listener neural coupling with functional near infrared spectroscopy. *Scientific Reports, 7*, 43293.
(34) Morris, S. M. (2010). Achieving collective coherence: Group effects on heart rate variability coherence and heart rhythm synchronization. *Alternative Therapies in Health and Medicine, 16*(4), 62-72.
(35) Schaefer, M., Heinze, H. J., & Rotte, M. (2012). Embodied empathy for tactile events: Interindividual differences and vicarious somatosensory responses during touch observation. *Neuroimage, 60*(2), 952-957.
(36) Osborn, J., & Derbyshire, S. W. (2010). Pain sensation evoked by observing injury in others. *Pain. 148*(2),268-274.
(37) Zahn-Waxler, C., Radke-Yarrow, M., Wagner, E,. & Chapman, M. (1992).

Development of concern for others. *Developmental Psychology, 28*(1), 126.
(38) Hatfield, E., Cacioppo,J. T., & Rapson, R. L. (1994). *Emotional contagion*. New York: Cambridge University Press.
(39) Chapman, R., & Sisodia, R. (2015). *Everybody matters: The extraordinary power of caring for your people like family*. New York: Penguin.
(40) Fowler, J. H., & Christakis, N. A. (2008). Dynamic spread of happiness in a large social network: Longitudinal analysis over 20 years in the Framingham Heart Study. *British Medical Journal, 337*, a2338.
(41) Fredrickson, B. (2013). *Love 2.0: Finding happiness and health in moments of connection.* New York: Plume.
(42) Barsade, S. G. (2002). The ripple effect: Emotional contagion and its influence on group behavior. *Administrative Science Quarterly, 47*(4), 644-675.
(44) Reece, A. G., & Danforth, C. M. (2017). Instagram photos reveal predictive markers of depression. *EPJ Data Science, 6*(1), 15.
(45) Ferguson, N. (2008). *The ascent of money: A financial history of the world*. New York:Penguin.
(46) Shirer, W. (1941). *Berlin diary: The journal of a foreign correspondent, 1934-1941*. New York: Alfred A. Knopf.

第4章

(1) Bianconi, E., Piovesan, A., Facchin, F., Beraudi, A., Casadei, R., Frabetti, F., ... Perez - Amodio, S. (2013) An estimation of the number of cells in the human body. *Annals of Human Biology, 40*(6), 463-471.
(2) Wahlestedt, M., Erlandsson, E., Kristiansen, T., Lu, R., Brakebusch, C., Weissman, I. L., ... Bryder, D. (2017). Clonal reversal of ageing-associated stem cell lineage bias via a pluripotent intermediate. *Nature Communications, 8,* 14533.
(3) Azevedo, F A., Carvalho, L. R., Grinberg, L. T., Farfel, J. M., Ferretti, R. E., Leite, R. E., ... Herculano-Houzel, S. (2009). Equal numbers of neuronal and nonneuronal cells make the human brain an isometrically scaled-up primate brain *Journal of Comparative Neurology, 513*(5), 532-541.
(4) Sukel, K. (2011, March 15). The synapse–a primer. *Dana Foundation*. Retrieved from www.dana.org/News/Details.aspx?id=43512.
(5) Walløe, S., Pakkenberg, B., & Fabricius, K. (2014). Stereological estimation of

total cell numbers in the human cerebral and cerebellar cortex. *Frontiers in Human Neuroscience, 8*.

(6) Nadalin, S., Testa, G., Malagó, M., Beste, M., Frilling, A., Schroeder, T., ... Broelsch, C. E. (2004). Volumetric and functional recovery of the liver after right hepatectomy for living donation. *Liver Transplantation, 10*(8), 1024-1029.

(7) Laflamme, M. A., & Murry, C. E. (2011). Heart regeneration. *Nature, 473*(7347), 326-335.

(8) Boyd, W. (1966). *Spontaneous regression of cancer*. Springfield, Il: Thomas.

(9) Boyers, L. M. (1953). Letter to the editor. *JAMA, 152,* 986-988.

(10) Zahl, P. H., Mæhlen, J., & Welch, H. G. (2008). The natural history of invasive breast cancers detected by screening mammography. *Archives of Internal Medicine, 168*(21),2311-2316.

(11) Krikorian, J. G., Portlock, C. S., Cooney, D, P., & Rosenberg, S. A. (1980). Spontaneous regression of non-Hodgkin's lymphoma: A report of nine cases. *Cancer, 46*(9),2093-2099.

(12) O'Regan, B., & Hirshberg, C. (1993). *Spontaneous remission: An annotated bibliogra - phy.* Novato, CA: Institute of Noetic Sciences.

(13) Wu, M., Pastor-Pareja, J. C., & Xu, T. (2010). Interaction between RasV12 and scribbled clones induces tumour growth and invasion. *Nature, 463*(7280), 545- 548.

(14) Sood, A. K., Armaiz-Pena, G. N., Halder, J., Nick, A. M., Stone, R. L., Hu, W., ... Han, L. Y. (2010). Adrenergic modulation of focal adhesion kinase protects human ovarian cancer cells from anoikis. *Journal of Clinical Investigation, 120*(5), 1515.

(15) Sastry, K S., Karpova, Y., Prokopovich, S., Smith, A. J., Essau, B., Gersappe, A., ... Penn, R. B. (2007). Epinephrine protects cancer cells from apoptosis via activation of cAMP-dependent protein kinase and BAD phosphorylation. *Journal of Biological Chemistry, 282*(19), 14094-14100.

(16) Ventegodt, S., Morad, M., Hyam, E., & Merrick, J. (2004). Clinical holistic medicine: Induction of spontaneous remission of cancer by recovery of the human character and the purpose of life (the life mission). *Scientific World Journal, 4,* 362-377.

(17)Frenkel, M., Ari, S. L., Engebretson, J., Peterson, N., Maimon, Y., Cohen, L., & Kacen, L. (2011). Activism among exceptional patients with cancer. *Supportive Care in Cancer, 19*(8), 1125-1132.

(18) Foletti, A., Ledda, M., D'Emilia, E., Grimaldi, S., & Lisi, A. (2011). Differentiation of

human LAN-5 neuroblastoma cells induced by extremely low frequency electronically transmitted retinoic acid. *Journal of Alternative and Complementary Medi cine, 17*(8), 701-704. doi:10.1089/acm.2010.0439.
(19) Geesink, H. J., & Meijer, D. K. (2016). Quantum wave information of life revealed: An algorithm for electromagnetic frequencies that create stability of biological order, with implications for brain function and consciousness. *NeuroQuantology, 14*(1).
(20) Gronfier, C., Luthringer, R., Follenius, M., Schaltenbrand, N., Macher, J. P., Muzet, A., & Brandenberger, G. (1996). A quantitative evaluation of the relationships between growth hormone secretion and delta wave electroencephalographic activity during normal sleep and after enrichment in delta waves. *Sleep, 19*(10),817-824.
(21) Van Cauter, E., Leproult, R., & Plat, L. (2000). Age-related changes in slow wave sleep and REM sleep and relationship with growth hormone and cortisol levels in healthy men. *JAMA, 284*(7), 861-868.
(22) Ahmed, Z,. & Wieraszko, A .(2008). The mechanism of magnetic field-induced increase of excitability in hippocampal neurons. *Brain Research*, 1221, 30-40.
(23) Kang, J. E., Lim, M. M., Bateman, R. J., Lee, J. J., Smyth, L, P., Cirrito, J. R., ... Holtzman, D. M. (2009). Amyloid- β dynamics are regulated by orexin and the sleep-wake cycle. *Science, 326*(5955), 1005-1007.
(24) Cosic, I., Cosic, D., & Lazar, K. (2015). Is it possible to predict electromagnetic resonances in proteins, DNA and RNA? *EPJ Nonlinear Biomedical Physics, 3*(1), 5.
(25) Sisken, B. F., Midkiff, P., Tweheus, A., & Markov, M. (2007). Influence of static magnetic fields on nerve regeneration in vitro. *Environmentalist, 27*(4), 477-481.
(26) Becker, R. O.(1990). The machine brain and properties of the mind. *Subtle Eneregies and Energy Medicine Journal Archives, 1* (2).
(27) Kelly, R. (2011). *The human hologram: Living your life in harmony with the unified field*. Santa Rosa, CA: Elite Books.
(28) Tekutskaya, E. E., Barishev, M. G., & Ilchenko, G. P. (2015). The effect of a lowfrequency electromagnetic field on DNA molecules in aqueous solutions. *Biophysics, 60*(6), 913.
(29) Sakai, A., Suzuki, K., Nakamura, T., Norimura, T., & Tsuchiya, T. (1991). Effects of pulsing electromagnetic fields on cultured cartilage cells. *International Orthopaedics, 15*(4),341-346.
(30) Fumoto, M., Sato-Suzuki, I., Seki, Y., Mohri, Y., & Arita, H. (2004). Appearance

of high-frequency alpha band with disappearance of low-frequency alpha band in EEG is produced during voluntary abdominal breathing in an eyes-closed condition. *Neuroscience Research, 50*(3), 307-317.

(31) Lee, P. B., Kim, Y. C., Lim, Y. J., Lee, C. J., Choi, S. S., Park, S. H., ... Lee, S. C. (2006). Efficacy of pulsed electromagnetic therapy for chronic lower back pain: A randomized, double-blind, placebo-controlled study. *Journal of International Medical Research, 34*(2), 160 -167.

(32) Tekutskaya, E. E., & Barishev, M. G. (2013). Studying of influence of the lowfrequency electromagnetic field on DNA molecules in water solutions. *Odessa Astronomical Publications, 26*(2), 303-304.

(33) Fumoto, M., Oshima, T., Kamiya, K., Kikuchi, H., Seki, Y., Nakatani, Y., ... Arita, H. (2010). Ventral prefrontal cortex and serotonergic system activation during pedaling exercise induces negative mood improvement and increased alpha band in EEG. *Behavioural Brain Research, 213*(1), 1-9.

(34)Yu, X., Fumoto, M., Nakatani, Y., Sekiyama, T., Kikuchi, H., Seki, Y., ... Arita, H. (2011). Activation of the anterior prefrontal cortex and serotonergic system is associated with improvements in mood and EEG changes induced by Zen meditation practice in novices. *International Journal of Psychophysiology, 80*(2), 103-111.

(35) Takahashi, K., Kaneko, I., Date, M., & Fukada, E. (1986). Effect of pulsing electromagnetic fields on DNA synthesis in mammalian cells in culture. *Experientia, 42*(2), 185-186.

(36)Tang, Y. P., Shimizu, E., Dube, G. R, Rampon, C., Kerchner, G. A., Zhuo, M., ... Tsien, J. Z. (1999). Genetic enhancement of learning and memory in mice. *Nature, 401*(6748),63 - 69.

(37) Destexhe, A., McCormick, D. A., & Sejnowski, T.J. (1993). A model for 8-10 Hz spindling in interconnected thalamic relay and reticularis neurons. *Biophysical Journal, 65*(6), 2473-2477.

(38) Iaccarino, H. F., Singer, A. C., Martorell, A. J., Rudenko, A., Gao, F., Gillingham, T. Z., ... Adaikkan, C. (2016). Gamma frequency entrainment attenuates amyloid load and modifies microglia. *Nature, 540*(7632), 230-235.

(39) Yong, E. (2016, Dec 7). Beating Alzheimer's with brain waves. *Atlantic.* Retrieved from www.theatlantic.com/science/archive/2016/12/beating-alzheimers-with-brain-waves/509846.

(40) Saltmarche, A. E., Naeser, M. A., Ho, K. F., Hamblin, M. R., & Lim, L. (2017). Significant improvement in cognition in mild to moderately severe dementia cases treated with transcranial plus intranasal photobiomodulation: Case series report. *Photomedicine and Laser Surgery, 35*(8): 432-441.
(41) Lim, L. (2014, July 21). The potential of treating Alzheimer's disease with intrana - sal light therapy. *Mediclights Research*. Retrieved from www.mediclights.com/the -potential-of-treating-alzheimers - disease - with - intranasal-light-therapy.
(42) Lim, L. (2017). *Inventor's notes for Vielight "Neuro Alpha" and "Neuro Gamma*." Retrieved September 4, 2017, from http://vielight.com/wp-content/uploads/2017/02 /Vielight - Inventors - Notes-for-Neuro-Alpha-and_Neuro_Gamma. pdf.
(43) Ardeshirylajimi, A., & Soleimani, M. (2015). Enhanced growth and osteogenic differentiation of induced pluripotent stem cells by extremely low-frequency electromagnetic field. *Cellular and Molecular Biology, 61*(1), 36-41.
(44) Lin, H., Goodman, R., & Shirley-Henderson, A. (1994). Specific region of the cmyc promoter is responsive to electric and magnetic fields. *Journal of Cellular Biochemistry, 54*(3), 281-288.
(45) Ying, L., Hong, L., Zhicheng, G., Xiauwei, H. & Guoping, C. (2000). Effects of pulsed electric fields on DNA synthesis in an osteoblast-like cell line (UMR-106). *Tsinghua Science and Technology, 5*(4), 439-442.
(46) Lomas, T., Ivtzan, I., & Fu, C. H. (2015). A systematic review of the neurophysiology of mindfulness on EEG oscillations. *Neuroscience and Biobehavioral Reviews, 57*, 401-410. doi:10.1016/j.neubiorev.2015.09.018.
(47) Kim, D. K., Rhee, J. H., & Kang, S. W, (2013). Reorganization of the brain and heart rhythm during autogenic meditation, *Frontiers in Integrative Neuroscience, 7*, 109. doi: 10.3389 /fnint.2013.00109.
(48) Jacobs, T. L., Epel, E. S., Lin, J., Blackburn, E. H., Wolkowitz, O. M., Bridwell, D. A., ... King, B. G. (2011). Intensive meditation training, immune cell telomerase activity, and psychological mediators. *Psychoneuroendocrinology, 36*(5), 664-681.
(49) Church, D., Yang, A., Fannin, J., & Blickheuser, K. (2016, October 14). *The biological dimensions of transcendent states: A randomized controlled trial*. Presented at Omega Institute for Holistic Studies, Rhinebeck, New York. Submitted for publication.
(50) Church, D., Geronilla, L., & Dinter, I. (2009). Psychological symptom change in veterans after six sessions of Emotional Freedom Techniques (EFT): An observational

study. *International Journal of Healing and Caring, 9*(1), 1-14.
(51) Church, D., Hawk, C., Brooks, A., Toukolehto, O., Wren, M., Dinter, I., & Stein, P.(2013). Psychological trauma symptom improvement in veterans using Emotional Freedom Techniques: A randomized controlled trial. *Journal of Nervous and Mental Disease, 201*(2),153-160. doi:10.1097/NMD.0b013e31827f6351.
(52) Geronilla, L., Minewiser, L., Mollon, P., McWilliams, M., & Clond, M. (2016). EFT (Emotional Freedom Techniques) remediates PTSD and psychological symptoms in veterans: A randomized controlled replication trial. *Energy Psychology: Theory, Research, and Treatment, 8*(2), 29-41. doi:10.9769/EPJ.2016.8.2.LG.
(53) Church, D., Yount, G., Rachlin, K., Fox, L., & Nelms, J. (2016). Epigenetic effects of PTSD remediation in veterans using clinical Emotional Freedom Techniques:
(54) Maharaj, M. E. (2016). Differential gene expression after Emotional Freedom Techniques (EFT) treatment: A novel pilot Protocol for salivary mRNA assessment. *Energy Psychology: Theory, Research, and Treatment, 8*(1), 17-32. doi:10.9769/EPJ.2016.8.1.MM.
(55) Park, E. J., Grabińska, K. A., Guan, Z., & Sessa, W. C. (2016). NgBR is essential for endothelial cell glycosylation and vascular development. *EMBO Reports, 17*(2), 167-177.
(56) Cantagrel, V., Lefeber, D. J., Ng, B. G., Guan, Z., Silhavy, J. L., Blelas, S. L., ... De Brouwer, A. P. (2010). SRD5A3 is required for the conversion of polyprenol to dolichol, essential for N-linked protein glycosylation. *Cell, 142*(2), 203.
(57) Hall-Glenn, F., & Lyons, K. M. (2011). Roles for CCN2 in normal physiological processes. *Cellular and Molecular Life Sciences, 68*(19), 3209-3217.
(58) Deutsch, D., Leiser, Y., Shay, B., Fermon, E., Taylor, A., Rosenfeld, E., ... Mao, Z. (2002). The human tuftelin gene and the expression of tuftelin in mineralizing and nonmineralizing tissues. *Connective Tissue Research, 43*(2-3), 425-434.
(59) Salvatore, D., Tu, H., Harney, J. W., & Larsen, P. R. (1996). Type 2 iodothyronine deiodinase is highly expressed in human thyroid. *Journal of Clinical Investigation, 98*(4),962.
(60) Akarsu E., Korkmaz, H., Balci, S. O., Borazan, E., Korkmaz, S., & Tarakcioglu, M. (2016). Subcutaneous adipose tissue typeII deiodinase gene expression reduced in. obese individuals with metabolic syndrome. *Experimental and Clinical Endocrinology and Diabetes, 124*(1), 11-15.

(61) Wei, G., Luo, H., Sun, Y., Li, J., Tian, L., Liu, W., ... Chen, R. (2015). Transcriptome profiling of esophageal squamous cell carcinoma reveals a long noncoding RNA acting as a tumor suppressor. *Oncotarget, 6*(19), 17065-17080.
(62) Omary, M. B., Ku, N. O., Strnad, P., & Hanada, S. (2009). Toward unraveling the complexity of simple epithelial keratins in human disease. *Journal of Clinical Investigation, 119*(7), 1794-1805. doi: 10.1172/JCI37762.
(63) Hong, Y., Ho, K. S., Eu, K. W., & Cheah, P. Y. (2007). A susceptibility gene set for early onset colorectal cancer that integrates diverse signaling pathways: Implication for tumorigenesis. *Clinical Cancer Research, 13*(4), 1107-1114.
(64) Lee, D. J., Schönleben, F., Banuchi, V. E., Qiu, W., Close, L. G., Assaad, A. M., & Su, G. H. (2010). Multiple tumor-suppressor genes on chromosome 3p contribute to head and neck squamous cell carcinoma tumorigenesis. *Cancer Biology and Therapy, 10*(7), 689-693.
(65) Xiang, G., Yi, Y., Weiwei, H., & Weiming, W. (2016). RND1 is up-regulated in esophageal squamous cell carcinoma and promotes the growth and migration of cancer cells. *Tumor Biology, 37*(1), 773.
(66)Groesbeck, G., Bach, D., Stapleton, P., Banton, S., Blickheuser, K., & Church, D. (2016, October 15). *The interrelated physiological and psychological effects of EcoMeditation: A pilot study.* Presented at Omega Institute for Holistic Studies, Rhinebeck, New York.

第5章

(1) Klinger, E. (1996). The contents of thoughts: Interference as the downside of adaptive normal mechanisms in thought flow. In I. G. Sarason, G. R. Pierce, & B. R. Sarason (Eds.), *Cognitive interference: Theories, methods, and findings* (pp. 3-23). Hillsdale, NJ: Lawrence Erlbaum.
(2) Hanson, R. (2013). *Hardwiring happiness: The practical science of reshaping your brain-and your life*. New York: Random House.
(3) Russ, T. C., Stamatakis, E., Hamer, M., Starr, J. M., Krvimäki, M., & Batty, G. D. (2012). Association between psychological distress and mortality: Individual participant pooled analysis of 10 prospective cohort studies. *British Medical Journal, 345*, e4933.
(4) Church, D., & Brooks, A. J. (2010). The effect of a brief EFT (Emotional Freedom Techniques) self-intervention on anxiety, depression, pain and cravings in healthcare workers. *Integrative Medicine: A Clinician's Journal, 9*(5), 40-44.

（5）McMillan, P. J., Wilkinson, C. W., Greenup, L., Raskind, M. A., Peskind, E. R., & Leverenz,

（6）Joergensen, A., Broedbaek, K., Weimann, A., Semba, R. D., Ferrucci, L., Joergensen, M. B., & Poulsen, H. E. (2011). Association between urinary excretion of cortisol and markers of oxidatively damaged DNA and RNA in humans. *PLoS ONE, 6*(6), e20795. doi:10.137l/journal.pone.0020795

（7）Sapolsky, R. M., Uno, H., Rebert, C. S., & Finch, C. E. (1990). Hippocampal damage associated with prolonged glucocorticoid exposure in primates. *Journal of Neuroscience, 10*(9), 2897-2902.

（8）Ward, M. M., Mefford, I. N., Parker, S. D., Chesney, M. A., Taylor, B. C., Keegan, D. L., & Barchas, J. D. (1983). Epinephrine and norepinephrine responses in continuously collected human plasma to a series of stressors. *Psychosomatic Medicine, 45*(6),471-486.

(9)Nesse, R. M., Curtis, G. C., Thyer, B. A., McCann, D. S., Huber-Smith, M. J., & Knopf, R. F. (1985). Endocrine and cardiovascular responses during phobic anxiety. *Psychosomatic Medicine, 47*(4), 320-332.

（10）Church, D., Yount, G., & Brooks, A. J. (2012). The effect of Emotional Freedom Techniques on stress biochemistry: A randomized controlled trial. *Journal of Nervous and Mental Disease, 200*(l0), 891-896. doi : l0.1097/NMD.0b013e31826b9fcl.

（11）Bach, D., Groesbeck, G., Stapleton, P., Banton, S., Blickheuser, K., & Church, D. (2016, October 15). *Clinical EFT (Emotional Freedom Techniques) improves multiple Physiological markers of health*. Presented at Omega Institute for Holistic Studies, Rhinebeck, New York.

（12）Nakamura, T. (2013, November 14). One man's quest to prove how far laser pointers reach. Retrieved from http://kotaku.com/one-mans-quest-to-prove-how-far-laser -pointers-reach-1464275649.

（13）Shelus, P. J., Veillet, C., Whipple, A. L., Wiant, J. R., Williams, J. G., & Yoder, C. F. (1994). Lunar laser ranging: A continuing legacy of the Apollo program. *Science, 265,* 482.

（14）LeDoux, J. (2003). The emotional brain, fear, and the amygdala. *Cellular and Molecular Neurobiology, 23*(4), 727-738.

（15）Davidson, R. J. (2003). Affective neuroscience and psychophysiology: Toward a synthesis. *Psychophysiology, 40*(5), 655-665.

(16) Yan, X., Lu, F., Jiang, H., Wu, X., Cao, W., Xia, Z., ... Zhu, R. (2002). Certain physical manifestation and effects of external qi of Yan Xin life science technology. *Journal of Scientific Exploration, 16*(3),381-411.

(17) Bengston, W. (2010). *The energy cure: Unraveling the mystery of hands-on healing*.Boulder, CO: Sounds True.

(18) Kronn, Y., & Jones, J. (2011). Experiments on the effects of subtle energy on the electro-magnetic field: Is subtle energy the 5th force of the universe? *Energy Tools International*. Retrieved July 5, 2017, from www.saveyourbrain.net/pdf/testreport .pdf.

(19) Moga, M. M., & Bengston, W. F. (2010). Anomalous magnetic field activity during a bioenergy healing experiment. *Journal of Scientific Exploration, 24*(3), 397-410.

(20) Kamp, J. (2016). It is so not simple: Russian physicist Yury Kronn and the subtle energy that fills 96 percent of our existence but cannot be seen or measured. *Optimist,* Spring, 40-47.

(21) McCraty, R., Atkinson, M., & Tomasino, D. (2003). *Modulation of DNA conformation by heart-focused intention*. Boulder Creek, CA: HeartMath Research Center, Institute of HeartMath, Publication No. 03-008.

(22) Yan, X., Shen, H., Jiang, H., Zhang, C., Hu, D., Wang, J., & Wu, X. (2006). External Qi of Yan Xin Qigong differentially regulates the Akt and extracellular signalregulated kinase pathways and is cytotoxic to cancer cells but not to normal cells. *International Journal of Biochemistry and Cell Biology, 38*(12), 2102-2113.

(23) Hammerschlag, R., Marx, B. L., & Aickin, M. (2014). Nontouch biofield therapy: A systematic review of human randomized controlled trials reporting use of only nonphysical contact treatment. *The Journal of Alternative and Complementary Medicine, 20*(12), 881-892.

(24) Feynman, R. P., Leighton, R. B., & Sands, M. (1965). The Feynman lectures on physics (Vol. 1). *American Journal of Physics, 33*(9), 750-752.

Blake, W. (1968). *The portable Blake*. New York: Viking.

(25) Hensen, B., Bernien, H., Dréau, A. E., Reiserer, A., Kalb, N., Blok, M. S., ... Amaya, W. (2015). Loophole-free Bell inequality violation using electron spins separated by 1.3 kilometres. *Nature, 526*(7575), 682-686.

(26) Radin, D., Michel, L., & Delorme, A. (2016). Psychophysical modulation of fringe visibility in a distant double-slit optical system. *Physics Essays, 29*(1), 14-22.

(27) Moreva, E., Brida, G., Gramegna, M., Giovannetti, V., Maccone, L., & Genovese,

M. (2014). Time from quantum entanglement: An experimental illustration. *Physical Review A, 89*(5), 052122-052128.

（28） Heisenberg, W. (1962). *Physics and philosophy: the revolution in modern science*. New York: Harper & Row.

（29） Goswami, A. (2004). *Quantum doctor: A physicist's guide to health and healing*. Hampton Roads, VA: Hampton Roads Publishing.

（30） Fickler, R., Krenn, M., Lapkiewicz, R., Ramelow, S., & Zeilinger, A. (2013). Realtime imaging of quantum entanglement. *Nature-Scientific Reports*, 3, 2914.

（31） Ironson, G., Stuetzle, R., Ironson, D., Balbin, E., Kremer, H., George, A., ... Fletcher, M. A. (2011). View of God as benevolent and forgiving or punishing and judgmental predicts HIV disease progression. *Journal of Behavioral Medicine, 34*(6), 414-425.

（32） Rosenthal, R., & Fode, K. (1963). The effect of experimenter bias on performance of the albino rat. *Behavioral Science, 8,* 183-189.

（33） Rosenthal, R., &. Jacobson, L. (1963). Teachers' expectancies: Determinants of pupils' IQ gains. *Psychological Reports, 19,* 115-118.

（34） Sheldrake, R. (2012). *Science set free: 10 paths to new discovery*. New York: Deepak Chopra Books.

（35） Wolf, F. A. (2001). *Mind into matter: A new alchemy of science and spirit*. Newburyport, MA: Red Wheel/Weiser.

（36） Hoss, R. (2016, June 12). *Consciousness after the body dies*. Presentation at the International Association for the Study of Dreams, Kerkrade, Netherlands.

（37） Chambless, D., & Hollon, S. D. (1998). Defining empirically supported therapies. *Journal of Consulting and Clinical Psychology, 66,* 7-18.

（38） Begley, C. G., & Ellis, L. M. (2012). Drug development: Raise standards for preclinical cancer research. *Nature, 48*3(7391), 531-533.

Bem, D. J. (2011). Feeling the future: Experimental evidence for anomalous retroactive influences on cognition and affect. *Journal of Personality and Social Psychology, 100*(3), 407.

（39） eLife. (2017). Reproducibility in cancer biology: The challenges of replication. *eLife, 6,* e23693. doi: 10.7554/eLife.23693.

（40） Kaiser, J. (2017, January 18). Rigorous replication effort succeeds for just two of five cancer papers. *Science*. Retrieved from www.sciencemag.org/news/2017/01/rigorous-replication-effort-succeeds-just-two-five-cancer-papers.

(41) Open Science Collaboration. (2015). Estimating the reproducibility of psychological science. *Science, 349*(6251), aac4716.
(42) Baker, M. (2016). 1,500 scientists lift the lid on reproducibility. *Nature, 533*(7604), 452-454.
(43) Cooper, H., DeNeve, K., & Charlton, K. (1997). Finding the missing science: The fate of studies submitted for review by a human subjects committee. *Psychological Methods, 2*(4), 447.
(44) Sheldrake, R. (1999). How widely is blind assessment used in scientific research? *Alternative Therapies in Health and Medicine, 5*(3), 88.
(45) Watt, C., & Nagtegaal, M. (2004). Reporting of blind methods : An Interdisciplin ary survey. *Journal of the Society for Psychical Research, 68,* 105-116.
(46) Radin, D. I. (2011). Predicting the unpredictable: 75 years of experimental evidence. *AIP Conference Proceedings, 1408*(1),204-217.
(47) Wagenmakers, E. J., Wetzels, R., Borsboom, D., & Van Der Maas, H. L. (2011). Why psychologists must change the way they analyze their data : The ease of psi: Comment on Bem (2011). *Journal of Personality and Social Psychology, 100*(3), 426-432.
(48) Bem, D. J., Utts, J., & Johnson, W. O. (2011). Must psychologists change the way they analyze their data? *Journal of Personality and Social Psychology, 101*(4), 716-719.
(49) Ritchie, S. J., Wiseman, R., & French, C. C. (2012). Failing the future: Three unsuccessful attempts to replicate Bem's 'Retroactive Facilitation of Recall' Effect. *PLoS ONE, 7*(3), e33423.
(50) Bem, D., Tressoldi, P., Rabeyron, T., & Duggan, M. (2015). Feeling the future: A meta-analysis of 90 experiments on the anomalous anticipation of random future events. *F1000Research, 4,* 1188.
(51) Born, M., (Ed.). (1971). *The Born-Einstein letters: Correspondence between Albert Einstein and Max and Hedwig Born from 1916-1955* (I. Born, Trons.). New York: Macmillan.
(52) Romero, E., Augulis, R., Novoderezhkin, V. I., Ferretti, M., Thieme, J., Zigmantas, D., & Van Grondelle, R. (2014). Quantum coherence in photosynthesis for efficient solar-energy conversion. *Nature Physics, 10*(9), 676-682.
(53)Gane, S., Georganakis, D., Maniati, K., Vamvakias, M., Ragoussis, N., Skoulakis, E. M., & Turin, L. (2013). Molecular vibration-sensing component in human olfaction. *PLoS*

one, 8(1), e55780.
(54) Thiagarajan, T. C., Lebedev, M. A., Nicolelis, M. A., & Plenz, D. (2010). Coherence potentials: Loss-less, all-or-none network events in the cortex. *PLoS Biology, 8*(1), e1000278.
(55) Grinberg-Zylberbaum, J., Delaflor, M., Attie, L., & Goswami, A. (1994). The Einstein-Podolsky-Rosen paradox in the brain: The transferred potential. *Physics Essays, 7*, 422.
(56) McCraty, R., & Deyhle, A. (2016). *The science of interconnectivity*. Boulder Creek, CA: HeartMath Institute.
(57) McCraty R. & Childre, D. (2010). Coherence: Bridging personal, social, and global health. *Alternative Therapies in Health and Medicine, 16*(4), 10.
(58) Leskowitz, R. (2014). The 2013 World Series: A Trojan horse for consciousness studies. *Explore: The Journal of Science and Healing, 10*(2), 125-127.
(59) Nelson, R. (2015). Meaningful correlations in random data. *The Global Consciousness Project.* Retrieved August 20, 2017, from http://noosphere.princeton.edu/results.html#alldata.
(60) Jung, C. G. (1952). The structure of the psyche. In *Collected works, vol. 8: The structure and dynamics of the psyche*. London: Routledge & Kegan Paul.
(61) Standish, L. J., Kozak, L., Johnson, L. C., & Richards, T. (2004). Electroencephalographic evidence of correlated event-related signals between the brains of spatially and sensory isolated human subjects. *Journal of Alternative and Complementary Medicine, 10*(2), 307-314.
(62) Powell, C. S. (2017, June 16). Is the universe conscious? Some of the world's most renowned scientists are questioning whether the cosmos has an inner life similar to our own. National Broadcasting Company (NBC). Retrieved from www.nbcnews.com/mach/science/universe-conscious-ncna772956.
(63) Tiller, W. A. (1997). *Science and human transformation: Subtle energies, intentionality and consciousness*. Walnut Creek, CA: Pavior Publishing.
(64) Giltay, E. J., Geleijnse, J. M., Zitman, F. G., Hoekstra, T., & Schouten, E. G. (2004). Dispositional optimism and all-cause and cardiovascular mortality in a prospective cohort of elderly Dutch men and women. *Archives of General Psychiatry, 61*(11), 1126-1135.
(65) Diener, E., & Chan, M. Y. (2011). Happy people live longer: Subjective well-being

contributes to health and longevity. *Applied Psychology: Health and Well-Being, 3*(1), 1-43.

第6章

(1) Jung, C. G. (1952). Synchronicity: An acausal connecting principle. In *Collected works, vol. 8: The structure and dynamics of the psyche.* London: Routledge & Kegan Paul.
(2) Burk, L. (2015, October 13). Dreams that warn of breast cancer. *Huffington Post blog*. Retrieved from www.huffingtonpost.com/larry-burk-md/dreams-that-warn-of-breas_b_8167758.html.
(3) Hoss, R. J., & Gongloff, R. P. (2017). *Dreams that change our lives*. Asheville, NC: Chiron.
(4) Oschman, J. L. (2015). *Energy medicine: The scientific basis*. London: Elsevier Health Sciences.
(5) Radin, D. I. (2011). Predicting the unpredictable: 75 years of experimental evidence. In *AIP Conference Proceedings 1408*(1), 204-217.
(6) Bem, D., Tressoldi, P., Rabeyron, T., & Duggan, M. (2015). Feeling the future : A meta-analysis of 90 experiments on the anomalous anticipation of random future events. *F1000Research, 4,* 1188.
(7) Calaprice, A. (Ed.). (2011). *The ultimate quotable Einstein*. Princeton, NJ: Princeton University Press.
(8) McClenon, J. (1993). Surveys of anomalous experience in Chinese, Japanese, and American samples. *Sociology of Religion, 54*(3), 295-302.
(9) Shermer, M. (2014, October 1). Anomalous events that can shake one's skepticism to the core. *Scientific American*. Retrieved from www.scientificamerican.com/article/anomalous-events-that-can-shake-one-s-skepticism-to-the-core.
(10) Cambray, J. (2009). *Synchronicity: Nature and psyche in an interconnected universe* (Vol. 15). College Station: Texas A&M University Press.
(11) Ho, M. W. (2008). *The rainbow and the worm: The physics of organisms*. London: World Scientific.
(12) Oschman, J. L. (1997). What is healing energy? Part 3: Silent pulses. *Journal of Bodywork and Movement Therapies, 1*(3), 179-189.
(13) Jacobs, J. A., Kato, Y., Matsushita, S., & Troitskaya, V. A. (1964). Classification of

geomagnetic micropulsations. *Journal of Geophysical Research, 69*(1), 180-181.
(14) Anderson, B. J., Engebretson, M. J., Rounds, S. P., Zanetti, L. J., & Potemra, T. A. (1990). A statistical study of Pc 3-5 pulsations observed by the AMPTE/CCE Magnetic Fields Experiment. *Journal of Geophysical Research: Space Physics, 95*(A7), 10495-10523.
(15) McCraty, R. (2015). Could the energy of our hearts change the world? *GOOP.* Retrieved from http://goop.com/could-the-energy-of-our-hearts-change-the-world.
(16) Bengston, W. (2010). *The energy cure: Unraveling the mystery of hands-on healing*. Boulder, CO: Sounds True.
(17) Selmaoui, B., & Touitou, Y. (2003). Reproducibility of the circadian rhythms of serum cortisol and melatonin in healthy subjects: A study of three different 24-h cycles over six weeks. *Life Sciences, 73*(26), 3339-3349.
(18) Brown, E. N., & Czeisler, C. A. (1992). The statistical analysis of circadian phase and amplitude in constant-routine core-temperature data. *Journal of Biological Rhythms, 7*(3), 177-202.
(19)Halberg, F., Cornélissen, G., McCraty, R., Czaplicki, J., & Al-Abdulgader, A. A. (2011). Time structures (chronomes) of the blood circulation, populations' health, human affairs and space weather. *World Heart Journal, 3*(1), 73.
(20) HeartMath Institute. (n.d.). Global coherence research: The science of interconnectivity. Retrieved August 6, 2017, from www.heartmath.org/research/global-coherence.
(21) Geesink, H. J., & Meijer, D. K. (2016). Quantum wave information of life revealed: An algorithm for electromagnetic frequencies that create stability of biological order, with implications for brain function and consciousness. *NeuroQuantology, 14*(1).
(22) Strogatz, S. H. (2012). *Sync: How order emerges from chaos in the universe, nature, and daily life*. London: Hachette.
(23) Johnson, S. (2002). *Emergence: The connected lives of ants, brains, cities, and software*. New York: Simon & Schuster.
(24) Corning, P. A. (2002). The re-emergence of "emergence": A venerable concept in search of a theory. *Complexity, 7*(6), 18-30. doi:10.1002/cplx.10043.
(25) Nova. (2007, July 10). Emergence. *NOVA*. Retrieved from www.pbs.org/wgbh/nova/nature/emergence.html.
(26) Hogenson, G. B. (2004). Archetypes: Emergence and the psyche's deep structure.

In J. Cambray & L. Carter (Eds.), *Analytical psychology: Contemporary perspectives in Jungian analysis*. London: Routledge.
(27) Cambray, J. (2002). Synchronicity and emergence. *American Imago*, 59(4),409-434.
(28) Kaufman, S. A. (1993). *The origins of order: Self-organization and selection in evolution*. Oxford: Oxford University Press.
(29) Cauchon, D. (2001, December 20). For many on Sept. 11, survival was no accident. *USA Today*. Retrieved from http://usatoday30.usatoday.com/news/sept11/2001/12/19/usatcov-wtcsurvival.htm.
(30) Calaprice, A. (Ed.). (2002). *Dear Professor Einstein: Albert Einstein's letters to and from children*. Amherst, NY: Prometheus.
(31) Braden, G. (2008). *The spontaneous healing of belief: Shattering the paradigm of false limits*. Carlsbad, CA: Hay House.
(32) Crick, F., & Clark, J. (1994). The astonishing hypothesis. *Journal of Consciousness Studies, 1*(1), 10-16.
(33) Tonneau, F. (2004). Consciousness outside the head. *Behavior and Philosophy, 32*(1),97-123.
(34) Facco, E., & Agrillo, C. (2012). Near-death experiences between science and prejudice. *Frontiers in Human Neuroscience, 6,* 209.
(35) Clark, N. (2012). *Divine moments*. Fairfield, IA: First World Publishing.
(36) Beauregard, M. (2012). *Brain wars: The scientific battle over the existence of the mind and the proof that will change the way we live our lives*. San Francisco: HarperOne.
Bem, D. J. (2011). Feeling the future : Experimental evidence for anomalous retroactive influences on cognition and affect. *Journal of Personality and Social Psychology, 100*(3), 407.
(37) Ring, K., & Cooper, S. (2008). *Mindsight: Near-death and out-of-body experiences in the blind* (2nd ed.). iUniverse.
(38) Church, D. (2013). *The genie in your genes: Epigenetic medicine and the new biology of intention*. Santa Rosa, CA: Energy Psychology Press.
(39) Kelly, R. (2011). *The human hologram: Living your life in harmony with the unified field.* Santa Rosa, CA: Elite Books.
(40) Dossey, L. (2013). *One mind: How our individual mind is part of a greater*

consciousness and why it matters. Carlsbad, CA: Hay House.
(41) Greyson, B. (2003). Incidence and correlates of near-death experiences in a cardiac care unit. *General Hospital Psychiatry, 25*(4), 269-276.
(42) McCraty, R. & Deyle, (2016). *The science of interconnectivity*. Boulder Creek, CA: HeartMath Institute.
(43) Park, S. Q., Kahnt, T., Dogan, A., Strang, S., Fehr, E., & Tobler, P. N. (2017). A neural link between generosity and happiness. *Nature Communications, 8*.
(44) Rockwood, K. (2017). *Think positive, get lucky*. In Gibbs, N. (Ed.), *The science of emotions* (pp. 62-65). New York: Time.
(45) Gramling, R., Klein, W., Roberts, M., Waring, M. E., Gramling, D., & Eaton, C. B. (2008). Self-rated cardiovascular risk and 15-year cardiovascular mortality. *Annals of Family Medicine, 6*(4), 302-306.

［著者］
ドーソン・チャーチ（Dawson Church）
1979年、ベイラー大学大学院修了。ホロス大学で、米国ホリスティック医療協会創立者であり神経外科医のノーマン・シーリー博士の指導を受けて博士号を取得。その後、出版業界で編集者として仕事をしながら自然療法の博士号、エネルギー心理学の臨床資格を取得し、エネルギー心理学を健康と運動能力発揮に応用するための研究を続けている。著書に『The Genie in Your Genes』などがある。

［監修者］
工藤玄恵（くどうもとしげ）
医学博士。東京医科大学名誉教授。1975年、東邦大学医学部大学院修了。米国Dartmouth Hitchcock Medical Center、University of Rochester Medical Center病理学レジデント、東邦大学医学部助教授などを経て、1995年より2010年まで東京医科大学教授。

［訳者］
島津公美（しまづくみ）
大学卒業後、公立高校英語教師として17年勤務。イギリス留学を経て退職後、テンプル大学教育学指導法修士課程修了。訳書に『思考のパワー』『アフターライフ』『エイブラハムの教えビギニング』『パワー・オブ・エイト』（いずれもダイヤモンド社）などがある。

思考が物質に変わる時
——科学で解明したフィールド、共鳴、思考の力

2019年３月27日　第１刷発行
2024年４月16日　第６刷発行

著　者——ドーソン・チャーチ
監修者——工藤玄恵
訳　者——島津公美
発行所——ダイヤモンド社
〒150-8409　東京都渋谷区神宮前6-12-17
https://www.diamond.co.jp/
電話／03･5778･7233（編集）　03･5778･7240（販売）
装幀————斉藤よしのぶ
編集協力——磯野純子、佐藤悠美子
DTP制作——伏田光宏（F's factory）
製作進行——ダイヤモンド・グラフィック社
印刷————三松堂
製本————ブックアート
編集担当——酒巻良江

ISBN 978-4-478-10554-2